T0226256

Einführung in die Heterogene Katalyse

Wladimir Reschetilowski

Einführung in die Heterogene Katalyse

Wladimir Reschetilowski
Institut für Technische Chemie
Technische Universität Dresden
Dresden, Deutschland

ISBN 978-3-662-46983-5   ISBN 978-3-662-46984-2 (eBook)
DOI 10.1007/978-3-662-46984-2

Die Deutsche Nationalbibliothek verzeichnet diese Publikation in der Deutschen Nationalbibliografie;
detaillierte bibliografische Daten sind im Internet über http://dnb.d-nb.de abrufbar.

Springer Spektrum

Planung: Rainer Münz

Gedruckt auf säurefreiem und chlorfrei gebleichtem Papier

Springer-Verlag Berlin Heidelberg ist Teil der Fachverlagsgruppe Springer Science+Business Media
(www.springer.com)

Vorwort

In der modernen Chemie und chemischen Technologie nehmen heterogen kataly-
sierte Reaktionen einen immer bedeutenderen Platz ein. So laufen großtechnische
Prozesse in der chemischen Industrie zu mehr als 85 % unter Nutzung von festen
Katalysatoren ab. Auch große Bereiche des Umwelt- und Klimaschutzes sowie der
nachhaltigen Energieversorgung profitieren seit Ende des zurückliegenden Jahrhunderts in einem bis dahin unbekanntem Ausmaß von Katalyseverfahren. Ziel dieser
Verfahren ist es, die ökonomische und ökologische Dimension bei den chemischen
Stoffwandlungsprozessen unter Einsatz von heterogenen Katalysatoren in optimaler Weise zusammenzuführen. Demzufolge kommen immer mehr Chemiker und
Chemie-Ingenieure ständig mit der heterogenen Katalyse in Berührung. Einerseits,
weil sie nach Wegen suchen, um die Geschwindigkeit chemischer Reaktionen und
somit die Produktivität und Energieeffizienz von technisch-chemischen Prozessen
zu erhöhen. Andererseits, weil sie die Maximierung der Ausbeute gewünschter
Produkte bei diesen Prozessen anstreben, um die eingesetzten Rohstoffe möglichst
rückstandsfrei zu Produkten mit hoher Wertschöpfung umzuwandeln. Beides ist
heutzutage weitgehend allgemeingültige Prämisse der modernen Industriegesell-
schaft geworden, und nicht nur die Fachexperten wissen, dass erst Katalysatoren
eine ressourcen- und energieschonende Produktion ermöglichen. Zur Erreichung
dieser Ziele benötigt man jedoch geeignete Mittel, Methoden und Techniken, mit
deren Hilfe eine rationelle Entwicklung von aktiven und hochselektiven Katalysatoren erleichtert wird.

Während die heterogene Katalyse in ihrer Frühzeit und darüber hinaus als
„schwarze Kunst" und „reine Empirie" verschrien war und noch lange um ihre
Geltung als wissenschaftliche Disziplin zu kämpfen hatte, ist sie heute dank des
immensen Fortschrittes auf den Gebieten der Feststoff- und Oberflächenchemie,
der Oberflächenphysik sowie der chemischen Reaktionstechnik zu einer bedeuten-
den und anerkannten Wissenschaft gereift. Die Aufdeckung von neuen Struktur-
Wirkungs-Beziehungen und die Aufstellung von einprägsamen Theorien führten in
vielen Fällen zum besseren Verständnis der Wirkungsweise heterogener Katalysatoren sowie zu einer übersichtlichen Systematisierung der Erkenntnisse und darauf
aufbauend zu praktisch wertvollen Hinweisen oder sogar Vorhersagen für die Katalysatorentwicklung. Heute wird das Design von heterogenen Katalysatoren trotz
ihrer enormen Komplexität und Vielfalt nicht mehr (nur) dem Zufall überlassen,
sondern unterliegt einer gezielten wissenschaftlichen Suche.

Das vorliegende Buch soll dazu dienen, den Studierenden und jungen Natur- und Ingenieurwissenschaftlern, die sich in das Gebiet der heterogenen Katalyse einarbeiten wollen, eine erste Orientierungshilfe zu geben. Diese besteht in der Vermittlung wesentlicher Grundzüge des Handwerks und der Kompetenzen eines Katalyseforschers, wie das Wissen über die physikalisch-chemischen Aspekte der Wirkungsweise fester Katalysatoren, die traditionellen und speziellen Methoden ihrer Herstellung, die Möglichkeiten der texturellen, strukturellen und oberflächenchemischen Charakterisierung sowie der labortechnischen Beurteilung der Aktivität, Selektivität und Langzeitstabilität von maßgeschneiderten Katalysatorsystemen. Schließlich sollen an ausgewählten Beispielen Ergebnisse eines erfolgreichen Zusammenwirkens von wissenschaftlicher Grundlagenforschung und praktischer Erfahrung bei der Entwicklung metallischer, oxidischer und bifunktioneller Katalysatoren demonstriert werden. Das wesentliche Anliegen des Buches ist es, das theoretische Fundament mit industrieller Anwendung zu verknüpfen, um nicht nur die Einsteiger, sondern auch die im Beruf stehenden Chemiker und Chemie-Ingenieure zur intensiven Beschäftigung mit dem fortwährend faszinierenden Gebiet der heterogenen Katalyse anzuspornen.

Im Fokus des Buches steht eine generalisierte inhaltliche Darlegung der heterogenen Katalyse. Als Quellen dienten eine Vielzahl an Lehrbüchern, Monografien und Nachschlagewerken, die am Ende des Buches aufgeführt sind. Manche Bücher sind etwas älteren Datums, doch viele darin enthaltenen Ausführungen besitzen auch heute noch ihre Gültigkeit und werden durch Bezüge zu modernen Entwicklungen auf dem Gebiet der Katalyse ergänzt bzw. durch eigene Beiträge erweitert. Einige Teilaspekte konnten aus Platzgründen nicht erschöpfend behandelt werden und müssen den Fachbüchern mit thematischen Schwerpunkten vorbehalten bleiben. Wer sich einer weiterführenden Beschäftigung mit den einzigartigen Beobachtungen bzw. Entdeckungen von herausragenden Katalyseforschern widmen möchte, dem sei das Studium von Originalpublikationen empfohlen, von denen einige stellvertretend ebenfalls genannt sind.

Das Buch beruht auf Erfahrungen, die ich während meiner 40-jährigen Tätigkeit auf dem Gebiet der Katalyse gesammelt habe, sowie auf eigenen Vorlesungen, die seit vielen Jahren fester Bestandteil der Ausbildung von Chemikern und Chemie-Ingenieuren an der Technischen Universität Dresden ist. Bei der Abfassung des Manuskriptes fanden wertvolle Hinweise und Anregungen vieler Katalytiker-Kollegen und Freunde aus meiner Merseburger, Leipziger, Frankfurter und Dresdner Zeit Berücksichtigung, denen dafür herzlicher Dank gebührt. In besonderem Maße danke ich meiner Frau, Dipl.-Chem. Karin Reschetilowski, und meiner Tochter Ina Alexandra für das Mitwirken an den Korrekturen sowie für viel Geduld, Verständnis und Rücksichtnahme in den langen Monaten des Zustandekommens des Manuskriptes. Ferner danke ich allen Mitarbeiterinnen und Mitarbeitern sowie Doktoranden des Institutes für Technische Chemie der TU Dresden für hilfreiche Diskussionen, insbesondere Frau Dr.-Ing. Ekaterina Borovinskaya, Herrn Dr. Oliver Busse und Herrn Dipl.-Chem. Axel Thomas für die kritische Durchsicht von Einzelabschnitten sowie Frau Ina Wittig für die viele Mühe bei der Anfertigung von Abbildungen und Formelschemata. Ein besonderer Dank gilt Herrn Dr. Rainer Münz, Cheflektor Chemie des Springer-Verlages, der mich zur Abfassung dieses Buches ermutigte, sowie dem Springer-Verlag, namentlich Frau Barbara Lühker, für die sachkundige Unterstützung und hervorragende Zusammenarbeit bei der Erstellung des Buches.

Radebeul, Dezember 2014 Wladimir Reschetilowski

Inhaltsverzeichnis

Von kuriosen Phänomenen bis zur wissenschaftlichen Deutung und industriellen Anwendung der Katalyse

1

1.1 Anfänge der Katalyseforschung

Die katalytischen Vorgänge waren bereits im Altertum bei der durch Hefen beschleunigten und gelenkten Herstellung von Wein, Bier oder Weinessig beobachtet
worden. Die ersten Berichte über die katalytische Wirkung fester Stoffe auf chemische Reaktionen erschienen Ende des 18. bis Anfang des 19. Jahrhunderts, ohne
dass man diese Erscheinung schon begrifflich erfasst hätte. Das Wort „Katalyse"
existierte noch nicht. Die Beobachtungen einer Zunahme der Umsatzrate bei chemischen Umwandlungen durch Zusatz eines Stoffes, der an der Reaktion scheinbar nicht beteiligt war, dessen bloße Gegenwart jedoch die Reaktion hervorrief,
bezeichnete man als „kuriose Phänomene". Dass solche Vorgänge in jenen Zeiten
bereits in beachtlicher Anzahl bekannt geworden waren, zeigt eine ausgewählte Zusammenstellung in Tab. 1.1.

Im Jahre 1783 beschrieb der englische Universalgelehrte Joseph Pristley (1733–
1804) ein Experiment, bei dem er Weingeistdämpfe durch ein erhitztes Pfeifenrohr
aus Ton leitete und dabei ein mit weißgelber Flamme brennendes Gas, das Ethylen, erhielt. Später erkannten die französischen Chemiker Joseph L. Gay-Lussac
(1778–1850) und Louis J. Thénard (1777–1857), dass erhitzte Metalle und Metalloxide die Zersetzung von Ammoniak, Cyanwasserstoff oder Wasserstoffperoxid
spürbar beschleunigten. Zur gleichen Zeit konnte der englische Chemiker Humphry
Davy (1778–1829) zeigen, dass sich Wasserstoff und Kohlenwasserstoffe in einer
Mischung mit Luft durch bloße Berührung mit erhitztem Platin-Draht entzünden
lassen. Dessen Vetter und irischer Chemiker Edmund Davy (1785–1857) verwendete fein verteiltes Platin, das sogenannte Platin-Mohr-, um Whiskey zu Essigsäure
schon bei Raumtemperatur zu oxidieren.

Der deutsche Chemiker Johann Wolfgang Döbereiner (1780–1849) nutzte die
auch von anderen Forschern vielfach beobachtete Glüherscheinung des Platin-
schwamms in Gemischen aus Luft und brennbaren Gasen, um im Jahre 1823 das
nach ihm benannte Feuerzeug zu entwickeln (Abb. 1.1). Das Döbereiner-Feuerzeug

© Springer-Verlag Berlin Heidelberg 2015
W. Reschetilowski, *Einführung in die Heterogene Katalyse*,
DOI 10.1007/978-3-662-46984-2_1

Tab. 1.1 „Kuriose Phänomene" als Anfänge der Katalyseforschung (Auswahl)

Jahr	Name des Forschers	Erscheinung/Beobachtung
1783	J. Pristley	Dehydratisierung von Alkohol zu Ethylen an erhitztem Ton
1813	L. J. Thénard	Zersetzung von Ammoniak an erhitzten Metallen
1815	J. L. Gay-Lussac	Spaltung von Cyanwasserstoff an Eisen
1818	L. J. Thénard	Zersetzung von Wasserstoffperoxid an Metallen, Oxiden und organischen Substanzen wie Fibrin und dgl.
1817	H. Davy	Verbrennung von Methan und Wasserstoff an glühendem Platin-Draht
1820	E. Davy	Oxidation von Whiskey zu Essigsäure an Pt-Mohr
1823	J. W. Döbereiner	Entflammung von Wasserstoff in Gegenwart von Platinschwamm bei gewöhnlicher Temperatur

Abb. 1.1 Döbereiner-Feuerzeug zur „Entfachung von Feuer im Alltagsgebrauch"

funktionierte nach dem Prinzip der Kipp'schen Apparatur. Durch die Einwirkung der Schwefelsäure auf das in den Feuerzeug-Säurebehälter herabgelassene Zinkstück erzeugte man einen Wasserstoffstrom, den man auf den „schwammigen Platinstaub" richtete. Dabei wurde Platin zum Glühen gebracht und entzündete bei starkem Gasstrom den Wasserstoff, der mit dem Luftsauerstoff zu Wasser verbrannte. Der glühende Platinschwamm eignete sich zum Anzünden von Papierstreifen oder zum Anstecken einer Zigarre. Mit dieser Erfindung ebnete Döbereiner anfangs unbewusst den Weg zur ersten kommerziellen Nutzung der heterogenen Katalyse.

1.2 Begriffsentwicklung der Katalyse

In der Folgezeit verfiel man geradezu darauf, chemische Vorgänge in alchemistischer Art und Weise durch Hinzufügen eines fremden Stoffes unterstützen zu wollen. Auf der anderen Seite verstärkte sich jedoch auch der ausgeprägte Drang vieler Forscher, die beobachteten „Berührungsphänomene" nicht einfach als „Zauberei" oder „Wunder" abzutun, sondern auf der Grundlage plausibler Ansätze klassifizieren und erklären zu wollen. Tabelle 1.2 zeigt einen Überblick der vielfältigen Deutungsversuche von den stark hypothetischen Definitionen mit leicht schlummernden katalytischen Gedanken über die Einführung des Begriffes „Katalyse" zwecks Vereinens mannigfacher Beobachtungen nach gleichem Prinzip bis hin zur wissenschaftlich fundierten und bis heute tragfähigen Definition der Katalyse.

Im Bemühen um eine denkbare Erklärung der „Berührungsphänomene" ging der Italiener Ambrogio Fusinieri (1775–1853) von einer möglichen Bindung der Reaktanden an die Metalloberfläche und von der Kopplung von Reaktion und Wärmeübertragung aus. Im Jahre 1834 untersuchte der englische Naturforscher Michael Faraday (1791–1867) eine bereits von Davy und Döbereiner entdeckte Glüherscheinung von Platin in Gemischen aus Luft und brennbaren Gasen. Bei seinen Versuchen beobachtete er, dass ein Gemisch aus Wasserstoff und Sauerstoff in Gegenwart von feinverteiltem Platin auf Asbest bereits bei Raumtemperatur entflammte. Faraday erklärte den Befund wie folgt: „Feste Körper üben auf Gase eine Attraktion aus, durch welche die Elastizitätskraft der letzteren auf der Oberfläche

Tab. 1.2 Begriffsentwicklung der Katalyse

Jahr	Name des Forschers	Deutung/Begriff/Definition
1825	A. Fusinieri	Bindung der Reaktanden an Metalloberflächen; Kopplung von Reaktion und Wärmeübertragung
1834	M. Faraday	Zusammenwirken von Adsorption und Reaktion im stationären Zustand
1834	E. Mitscherlich	Kontakt mit Metallen und Metalloxiden als Ursache vieler Zersetzungen oder Verbindungen
1835	J. J. Berzelius	Einführung des Begriffes „Katalyse"
1839	J. v. Liebig	Mischschwingungshypothese
1894	W. Ostwald	Klassische Definition der Katalyse

des festen Körpers bedeutend vermindert wird. Das Wasserstoffgas und Sauer-
stoffgas kommen hier in einen solchen Zustand von Zusammendrücken, dass ihre
gegenseitige Verwandtschaft bei der vorhandenen Temperatur erregt wird". Mit der
Annahme einer Anreicherung von Gasen in der Oberfläche eines Festkörpers als
Vorstufe einer Oberflächenreaktion begründete Faraday die spätere Adsorptions-
theorie der Katalyse. Eilhard Mitscherlich (1794–1863), Professor der Chemie in
Berlin, sprach bei durch Zusatz eines Stoffes bewirkten Zersetzungen oder Verbindungen von „Kontaktprozessen" und nannte die Stoffe, die diese Umsetzungen her-
vorbrachten, „Kontakte". Auch heute bezeichnet man industrielle heterogene Katalysatoren häufig noch als „Kontakte", obwohl der Begriff abstrus ist: Bei heterogen
katalysierten Reaktionen bedarf es *immer* eines Kontaktes zwischen den Stoffen.

Den Begriff „Katalyse" (altgriech. *katálysis*, Auflösung, Zersetzung) führte dann
im Jahre 1835 der berühmte schwedische Chemiker Jöns Jacob Berzelius (1779–
1848) ein. Er bezeichnete damit die zu jener Zeit sich häufenden Beobachtungen
vieler Forscher über spontan einsetzende chemische Reaktionen nur bei Zusatz eines weiteren Stoffes zum Reaktionsgemisch, ohne dass sich dieser dabei erkennbar
veränderte. Zur Charakterisierung dieses rätselhaften Verhaltens von ganz bestimmten Stoffen formulierte Berzelius die Wirkung einer „katalytischen Kraft". In einem
Brief vom 10. April 1835 an einen der prominentesten deutschen Chemiker der da-
maligen Zeit, Justus von Liebig (1803–1873), äußerte er sich wie folgt: „Es kommt
hier in unseren Untersuchungen eine neue Kraft hinein, auf die wir aufmerksam
sein müssen. […] Ich nenne die Kraft (mag sie sein, was sie will) katalytische Kraft
der Körper und das Zerlegen durch katalytische Kraft […] Katalysis." Die Annahme einer „katalytischen Kraft" lieferte zwar keine ursächliche Erklärung der beobachteten Phänomene, wie Berzelius ausdrücklich vermerkte, jedoch vereinte diese
Bezeichnung und auch der daraus abgeleitete Begriff „Katalyse" systemspezifisch
eine Vielzahl von chemischen Reaktionen, die auf den ersten Blick gar nicht ver-
wandt erschienen. Doch gerade die physikalisch unbegründete Spekulation über die
geheimnisvolle „katalytische Kraft" veranlasste Liebig zu heftiger Kritik: „Die Annahme dieser neuen Kraft ist der Entwicklung der Wissenschaft nachteilig, indem
sie den menschlichen Geist scheinbar zufrieden stellt und auf diese Art den weiteren
Forschungen eine Grenze setzt." Liebig selbst schrieb den Stoffen, die offenbar nur
durch ihre Gegenwart den Ablauf von chemischen Reaktionen bewirkten, die Fähigkeit zu, „in einem anderen ihn berührenden Körper dieselbe chemische Tätigkeit
hervorzurufen oder ihn fähig zu machen, dieselben Veränderungen zu erleiden, die
er selbst erfährt". Befänden sich beispielsweise die Bestandteile des zugesetzten
Stoffes in einem schwingenden Zustand, so müsste diese Eigenschaft auf die Reaktanden übertragbar sein, sodass aufgrund der Lockerung des Zusammenhalts der
Verbindungen die heftige Reaktion eingeleitet werden würde. Diese Erklärung von
Liebig aus dem Jahre 1839 ging als *Mitschwingungshypothese* in die Literatur ein,
blieb jedoch ohne jeglichen heuristischen Wert für die weitere Katalyseforschung.

Fast 60 Jahre nach der Einführung des Begriffes „Katalyse" durch Berzelius er-
kannte der Leipziger Physicochemiker und spätere Nobelpreisträger Friedrich Wilhelm Ostwald (1853–1932, Nobelpreis für Chemie 1909) das Wesen der Katalyse
als kinetisches Phänomen und die Reaktionsgeschwindigkeit als exakt messbares

Abb. 1.2 Persönlichkeiten, die wesentlich zur Prägung der heterogenen Katalyse beigetragen haben: Wolfgang Döbereiner (**a**), Jöns Jakob Berzelius (**b**) und Wilhelm Ostwald (**c**)

quantitatives Maß der Katalyse. Auf der Grundlage von vergleichenden Untersuchungen zahlreicher chemischer Gleichgewichte und Messungen von Reaktionsgeschwindigkeiten kam er 1894 zu dem Schluss: „Katalyse ist die Beschleunigung eines langsam verlaufenden Vorgangs durch die Gegenwart eines fremden Stoffes." Diese Definition der Katalyse erwies sich in der Folgezeit als sehr fruchtbar, denn sie verband die Katalyse mit der Zeitskala und wies somit den Weg zur experimentellen Erforschung der Wirkung eines Katalysators durch kinetische Messungen. Zugleich legte sie die notwendige Unterscheidung zwischen kinetischem und thermodynamischem Aspekt einer katalytischen Reaktion fest. Aus diesem Grunde charakterisierte Ostwald einen Katalysator als einen Stoff, „der die Geschwindigkeit einer chemischen Reaktion erhöht, ohne selbst dabei verbraucht zu werden und ohne die Lage des thermodynamischen Gleichgewichts zu verändern", d. h., ein Katalysator kann nur den Ablauf thermodynamisch möglicher Reaktionen beschleunigen. Überdies ist es möglich, durch die Wahl eines geeigneten Katalysators den Reaktionsweg im gewünschten Sinne zu steuern.

In Abb. 1.2 sind Persönlichkeiten dargestellt, die die Entwicklung der heterogenen Katalyse von den seltsamen „Berührungsphänomenen" oder „Kontaktprozessen" bis hin zur ersten wissenschaftlichen Deutung der Wirkungsweise eines Katalysators und seiner klaren Definition wesentlich geprägt haben.

1.3   Industrielle Anwendung der heterogenen Katalyse

Im Jahre 1909 anlässlich der Verleihung des Nobelpreises für Chemie an Ostwald in „Anerkennung seiner Arbeiten über die Katalyse sowie seiner grundlegenden Untersuchungen über chemische Gleichgewichtsverhältnisse und Reaktionsgeschwindigkeiten" resümierte er in seinem Nobelvortrag „Über Katalyse" den erreichten Erkenntnisstand und die erforderliche weitere Entwicklung der Katalyse als Wissenschaftsgebiet wie folgt:

- Das Gebiet der Katalyse befindet sich in den ersten Stadien seiner Entwicklung.
- die Hauptarbeit besteht zurzeit noch darin, die verschiedenen Fälle der Katalyse ausfindig zu machen.
- Es gilt, die Frage zu beantworten: Welche Arten von Reaktionen werden wie katalysiert und welche Zwischenreaktionen sind dabei von Bedeutung?
- Schließlich ergibt sich die Frage nach der Vorausberechnung einer chemischen Reaktionsgeschwindigkeit als Funktion der chemischen Beschaffenheit der beteiligten Stoffe, d. h. der chemischen Konstitution der Reaktanden, um das Problem der Katalyse wissenschaftlich umfassend zu klären.

Damit stellte Ostwald die Weichen zur exakten Erforschung der Katalyse, durch deren systematische Benutzung – seiner prophetischen Einschätzung zufolge – „die tiefgreifendsten Umwandlungen in der Technik" bald erwartet würden. In der Tat beschleunigten die bis dahin gewonnenen Erkenntnisse der Forscher über die katalytischen Vorgänge die ohnehin schon von den Praktikern auf empirischem Weg geglückten Entwicklungen und den Einsatz von heterogenen Katalysatoren für die aufstrebende Großchemie. Obwohl die ersten großtechnischen Synthesen unter Verwendung fester Katalysatoren bereits an der Schwelle zum 20. Jahrhundert eingeführt wurden, hält der Siegeszug vieler Verfahren bis in die Gegenwart unvermindert an. In Tab. 1.3 sind einige der bekanntesten heterogen katalysierten Synthesen des letzten Jahrhunderts und deren maßgebliche Entdecker aufgeführt.

Das Paradebeispiel der industriellen Katalyseforschung mit ausgeprägt empirischem Charakter stellt die Entwicklung eines geeigneten Katalysators nebst der gesamten Technologie für die wirtschaftlich bedeutsame Ammoniaksynthese sowie die spätere Aufklärung der Wirkungsweise des Katalysators dar. Persönlichkeiten, die einen entscheidenden Anteil daran hatten, sind in Abb. 1.3 dargestellt.

Innerhalb von wenigen Jahren, zwischen 1905 und 1913, gelang es Fritz Haber (1868–1934, Nobelpreis für Chemie 1918), Alwin Mittasch (1869–1953) und Mitarbeitern bei der BASF in ca. 20.000 Versuchen mit 3000 verschiedenen Substanzen die optimale Zusammensetzung des ersten technischen Kontaktes für die Synthese von Ammoniak aus den Elementen zu ermitteln, wie sie im Prinzip auch heute noch angewandt wird. Die anschließende technische Realisierung des Verfahrens gemeinsam mit Carl Bosch (1874–1940, Nobelpreis für Chemie 1931) wurde durch die Verleihung des Nobelpreises an Haber „für die Synthese von Ammoniak aus dessen Elementen" und an Bosch „für die Verdienste um die Entdeckung und Entwicklung der chemischen Hochdruckverfahren" belohnt. Das Haber-Bosch-Verfahren wurde zur Grundlage der Produktion von künstlichen Düngemitteln, ohne die Milliarden von Menschen hätten Hunger leiden müssen.

Die wissenschaftliche Erfassung des Phänomens der heterogenen Katalyse liefert wiederum die Erfolgsgeschichte des technischen Katalysators für die Ammoniaksynthese, die in jüngster Zeit um ein weiteres Kapitel reicher geworden ist. Das Verständnis des Reaktionsmechanismus dieser Synthese war seit ihrer Entdeckung ein begehrtes Forschungsobjekt gewesen. Aber erst 70 Jahre nach der Inbetriebnahme der ersten Produktionsanlage gelang es dem deutschen Forscher Gerhard Ertl (geb. 1936), das Geheimnis zu lüften. In Anerkennung dieser Leistung erhielt er im

Tab. 1.3 Großtechnische heterogen katalysierte Synthesen des 20. Jahrhunderts (Auswahl)

Jahr	Reaktion/Synthese bzw. Verfahren	Katalysator	Entdecker/Bemerkungen
1901	SO_2-Oxidation; Kontaktverfahren zur Herstellung rauchender Schwefelsäure, später Doppelkontakt-Verfahren	Pt auf Asbest, heute: $V_2O_5(+K_2SO_4)$ auf SiO_2	Rudolf Knietsch (1854–1906); die Grundlagen waren schon von Peregrine Phillips (1800–1888, Patent im Jahre 1831) und Clemens Winkler (1838–1904) erarbeitet worden
1906	NH_3-Oxidation; Herstellung von Salpetersäure (Ostwald-Brauer-Verfahren)	Pt-Netze, heute: Pt/Rh-Netze	Wilhelm Ostwald (1853–1932) mit Eberhard Brauer (1875–1958); die Grundlage legte Frédéric Kuhlmann (1803–1881) mit einem Patent im Jahre 1838
1913	NH_3-Synthese aus den Elementen (Haber-Bosch-Verfahren)	Fe_3O_4–$Al_2O_3(+K_2O)$, heute: nahezu unverändert	Fritz Haber (1868–1934) mit Carl Bosch (1874–1940) unter Mitarbeit von Alwin Mittasch (1869–1953)
1923	Methanolherstellung aus Synthesegas CO und H_2 (BASF-Hochdruckverfahren, später ICI- bzw. Lurgi- Niederdruckverfahren)	ZnO-Cr_2O_3, heute: CuO-ZnO/Al_2O_3	Matthias Pier (1882–1965) unter Mitarbeit von Alwin Mittasch
1925	Herstellung langkettiger Kohlenwasserstoffe oder sauerstoffhaltiger Verbindungen aus Synthesegas CO und H_2 (Fischer-Tropsch-Synthese, ARGE- bzw. Synthol-Verfahren)	$Co/MgO/ThO_2$ auf Kieselgur, heute: meist Fe mit unterschiedlichen Zusätzen	Franz Fischer (1877–1947) mit Hans Tropsch (1889–1935)
1930	Dehydrodimerisierung von Ethanol zu 1,3-Butadien (Lebedew-Prozess)	MgO–SiO_2 oder Al_2O_3–SiO_2, heute: geringfügig modifiziert	Sergej W. Lebedew (1874–1934)
1930	Ammoxidation von Methan zu Blausäure (Andrussow-Verfahren)	Pt/Rh-Netze, heute: nahezu unverändert	Leonid Andrussow (1896–1988)
1931	Direktoxidation von Ethen mit Sauerstoff zu Ethylenoxid (UCC-Verfahren)	Ag auf α–Al_2O_3, heute: Ag mit Alkalimetallzusätzen	Théodore Lefort (?)
1937	Spaltung von schweren Erdölfraktionen zur Benzinherstellung (Houdry-Verfahren, später FCC-Verfahren)	amorphe Alumosilicate $Al_2O_3^-$ $SiO_2(+MnO)$, heute: kristalline Alumosilicate (meist acider Y-Zeolith mit Seltenerd-Kationen)	Eugene Houdry (1892–1962)

Tab. 1.3 (Fortsetzung)

Jahr	Reaktion/Synthese bzw. Verfahren	Katalysator	Entdecker/Bemerkungen
1940	Direktsynthese von Methylchlorsilanen aus Methylchlorid und Silicium (Müller-Rochow-Synthese)	Cu(+Zn), heute: weitestgehend unverändert	Richard Müller (1903–1999) und Eugene G. Rochow (1909–2002), zeitgleich und unabhängig voneinander
1949	Katalytisches Reformieren von Naphtha zur Erhöhung der Oktanzahl (Platforming-, später Rheniforming-Verfahren)	Pt auf Al_2O_3(+F), heute: mit Re modifiziert	Vladimir Haensel (1914–2002)
1957	Ammoxidation von Propen zu Acrylnitril (SOHIO-Verfahren)	Bismutmolybdat (+Fe), heute: mit Zusätzen modifiziert	James D. Idol (geb. 1928) unter Mitarbeit von Evelyn Jonak (?)
1975	Umsetzung von Methanol zu Kohlenwasserstoffen (MTG-, MTO- oder MTA-Verfahren)	Acider ZSM-5-Zeolith, heute: vielfältige Modifizierungen je nach bezwecktem Produktspektrum	Mobil Oil Company

Abb. 1.3 Persönlichkeiten, denen die Menschheit die Erfolgsgeschichte der Ammoniaksynthese zu verdanken hat: Fritz Haber (**a**), Carl Bosch (**b**) und Gerhard Ertl (**c**)

Jahr 2007 den Nobelpreis für Chemie „für seine Studien von chemischen Verfahren auf festen Oberflächen". Mit modernen oberflächenphysikalischen Methoden konnte er nachweisen, dass bei der Ammoniaksynthese die dissoziative Adsorption der Stickstoff-Moleküle in der Oberfläche der Eisenkristalle, die zur Bildung von Oberflächennitriden führt, der langsamste und damit der geschwindigkeitsbestimmende Schritt der gesamten Reaktion ist. Sind die so auf dem Katalysator gebundenen Stickstoff-Atome erst einmal vorhanden, reagieren sie rasch mit den in der Eisenoberfläche ebenfalls dissoziativ adsorbierten Wasserstoff-Atomen in drei Reaktionsschritten über NH- und NH_2-Oberflächenspezies bis hin zum Ammoniak. Will man den Katalysator für das Haber-Bosch-Verfahren optimieren, muss man demnach diesen entscheidenden Schritt intensivieren. Ertl konnte zeigen, dass die schon im Mittasch-Katalysator verwendeten Zusätze von Kalium auf der Eisenoberfläche die dissoziative Adsorption der Stickstoff-Moleküle beförderten. Aber auch die dem Eisen chemisch verwandten Elemente Osmium und Ruthenium erfüllen diese Forderung. Daher ist es nur folgerichtig, dass inzwischen Katalysatorsysteme auf Ruthenium-Basis entwickelt worden sind, die in ihrer Effizienz den klassischen Eisenkatalysatoren überlegen sind und in Zukunft wohl in zunehmendem Maß in industriellen Anlagen eingesetzt werden können.

Diese Beispiele lassen erkennen, dass trotz der überragenden wirtschaftlichen Erfolge der Großchemie durch die Einführung heterogen katalysierter Synthesen die Erforschung der Ursachen und der Natur der katalytischen Wirkung stets dem technischen Reifegrad hinterherhinkten. Um diesen Abstand möglichst gering zu halten oder erst gar nicht aufkommen zu lassen, muss man sich eingehend mit der schier unübersehbaren Komplexität der heterogenen Katalyse beschäftigen, die eine Vielzahl von miteinander verflochtenen Arbeitsebenen umfasst, bestehend aus Aktivzentrum (oder mehreren katalytisch aktiven Zentren) in der Feststoffoberfläche, Katalysatorformkörpern, Katalysatorbett und katalytischem Reaktor. Eine schnellere Aufklärung von Struktur-Wirkungs-Beziehungen kann außerdem gelingen, wenn man in der Lage ist, die Experimente zur Charakterisierung heterogener Katalysatoren auch unter realen Reaktionsbedingungen durchzuführen. Dies konnte bisher erst an ausgewählten katalytischen Modellsystemen und beim Einsatz hochwertiger *In-situ*-Experimentiertechniken zunehmend erfolgreicher bewältigt werden. Es ist davon auszugehen, dass künftig ein ganzes Arsenal neuer oberflächenphysikalischer Methoden in der Katalyseforschung Einblicke bis in den atomaren Bereich der Katalysatoroberfläche ermöglichen werden, um nicht nur den Aufbau und die Wirkungsweise heterogener Katalysatoren besser verstehen zu können, sondern auch den Weg für die rationelle Entwicklung von effektiven Katalysatorsystemen zu weisen.

1.4   Modellversuche zu „kuriosen Phänomenen"

Zerfall von Wasserstoffperoxid 20 ml 30 %iges Wasserstoffperoxid werden in einem Weithals-Erlenmeyerkolben mit einer Spatelspitze Braunstein versetzt. Nach kurzer Zeit beginnt die heftige Zerfallsreaktion unter Sauerstoffentwicklung.

Glüherscheinung an Platin In einen Weithals-Erlenmeyerkolben mit 30 ml schwach erwärmtem Methanol wird ein gewendelter angerauter Pt-Draht reingehalten. Nach kurzer Zeit beginnt der Draht zu glühen.

2.1 Zum Selbstverständnis der Katalyse

Der Begriff „Katalyse" und die Geschichte seiner Entstehung sind im vorangegangenen Kapitel beleuchtet worden. Wenn man sich eingehend mit der Katalyse beschäftigen will, muss man sich auch über die weiteren allgemein gebräuchlichen Begriffe und Definitionen zur qualitativen und quantitativen Beschreibung und Bewertung von katalytischen Reaktionen im Klaren sein. Definitionsgemäß können alle Stoffe als Katalysatoren fungieren, die unabhängig von ihrem Aggregatzustand schon in geringsten Mengen die Geschwindigkeit einer thermodynamisch möglichen chemischen Reaktion verändern, ohne im Endprodukt zu erscheinen und selbst dabei irgendeine Veränderung zu erfahren. Da ein Katalysator die Lage eines chemischen Gleichgewichtes nicht zu ändern vermag, wird im Gleichgewicht nach dem Prinzip der mikroskopischen Reversibilität sowohl die Hin- als auch die Rückreaktion durch den Katalysator gleichmäßig beschleunigt bzw. verzögert. Demzufolge unterscheidet man zwischen der *positiven Katalyse*, wenn der Katalysator die Reaktionsgeschwindigkeit erhöht, und der *negativen Katalyse* für den Fall der Reaktionshemmung durch den Katalysator, den man dann als *Inhibitor* bezeichnet. Ein Sonderfall der positiven Katalyse stellt die *Autokatalyse* dar, bei der eine Erhöhung der Reaktionsgeschwindigkeit nach einem langsamen Reaktionsstart aufgrund der katalytischen Wirkung eines der gebildeten Produkte erfolgt. Die weiteren Ausführungen werden sich im Wesentlichen auf die positive Katalyse beschränken.

Von der *heterogenen Katalyse* spricht man gewöhnlich, wenn der Katalysator als fester Stoff eingesetzt wird und die Reaktanden gasförmig oder/und flüssig vorliegen, wohingegen man es bei der *homogenen Katalyse* mit einer einheitlichen Phase des Reaktionssystems zu tun hat. Im heterogenen System kann die katalytische Reaktion nur an den Phasengrenzflächen stattfinden, d. h. im Falle von festen Katalysatoren auf der Feststoffoberfläche. Heterogen katalysierte Reaktionen, bei denen ein fester Katalysator die Geschwindigkeit der chemischen Reaktion zwischen den gasförmigen oder/und flüssigen Reaktionspartnern beschleunigt, sind in der indus-

© Springer-Verlag Berlin Heidelberg 2015
W. Reschetilowski, *Einführung in die Heterogene Katalyse,*
DOI 10.1007/978-3-662-46984-2_2

triellen Praxis viel häufiger anzutreffen als die homogen katalysierten Reaktionen, bei denen der Katalysator und die Edukte innig vermischt in derselben Phase vorliegen. Die Gründe hierfür sind die leichte Abtrennbarkeit der heterogenen Katalysatoren von Edukten und Produkten nach erfolgter Reaktion sowie die einfache Regenerierung „gealterter" Katalysatoren, die unter technischen Bedingungen nur eine begrenzte Lebensdauer haben.

Eine Zwischenstellung zwischen der heterogenen und homogenen Katalyse nimmt die *Biokatalyse* ein. Biokatalysatoren sind größtenteils die in lebenden Organismen vorkommenden hochmolekularen Enzyme oder auch ganze Zellen, die in kolloidaler Form in wässrigen Suspensionen und unter milden Bedingungen eine sehr effiziente katalytische Wirksamkeit bei Stoffwandlungen entfalten. Ebenso können die *Elektrokatalyse*, die *Photokatalyse* und die *Phasentransferkatalyse* als Sonderfälle der heterogenen Katalyse aufgefasst werden, deren Spezifika jedoch in diesem Buch unter Verweis auf spezielle Literatur nicht behandelt werden. Gleichwohl kann behauptet werden, dass die traditionellen Modellvorstellungen über den Ablauf heterogen katalysierter Reaktionen auch für das theoretische Verständnis elektrokatalytischer, photokatalytischer und phasentransferkatalytischer Prozesse unentbehrlich sind und in der Praxis der Katalysatorentwicklung erfolgreich genutzt werden können.

Allen Katalyseformen liegt die Vorstellung zugrunde, dass die entsprechenden Katalysatoren *katalytisch aktive Zentren* bzw. *Spezies* aufweisen, die in den Reaktionsmechanismus durch die Wechselwirkung mit den Reaktanden unter Ausbildung von intermediären, hochreaktiven Zwischenstufen eingreifen und damit einen neuen, energetisch günstigeren Reaktionsweg zu den gewünschten Zielprodukten eröffnen. Dabei werden die katalytisch aktiven Zentren im Idealfall am Ende der Reaktionsfolge in ihrer ursprünglichen Form wiederhergestellt und sind für einen erneuten Reaktionszyklus verfügbar. Der katalytische Vorgang kann demnach in einfachster Form als ein *zyklischer Prozess* beschrieben werden, den man von einer, sich nicht ständig wiederholender Reaktionsfolge zu unterscheiden hat.

In Abb. 2.1 ist zum besseren Verständnis des zyklischen Charakters einer katalytischen Reaktion der typische Verlauf der potenziellen Energie als Funktion der Reaktionskoordinate für eine einfache monomolekulare exotherme Reaktion der Form $A \rightarrow P$ dargestellt.

In Abwesenheit des Katalysators verläuft die Reaktion entlang der Reaktionskoordinate über einen Übergangszustand Z_1 des aktivierten Moleküls am Punkt der höchsten potenziellen Energie. Die Energiedifferenz zwischen dieser Potenzialschwelle und dem Energieniveau der Eduktmoleküle bezeichnet man *Aktivierungsenergie* (E_A). Je niedriger die Aktivierungsenergie, desto schneller läuft die Reaktion ab. Ist die Potenzialschwelle so groß, dass die Ausbildung einer aktivierten Molekülkonfiguration erschwert wird, ist die Reaktionswahrscheinlichkeit sehr gering.

Läuft dieselbe Reaktion in Gegenwart eines Katalysators ab, besteht die gesamte Reaktionsfolge aus mehreren Teilschritten. Zunächst bildet der Reaktand A mit dem Katalysator K eine reaktive Zwischenstufe bzw. ein Zwischenprodukt AK gemäß

$$A + K \rightleftarrows AK,$$

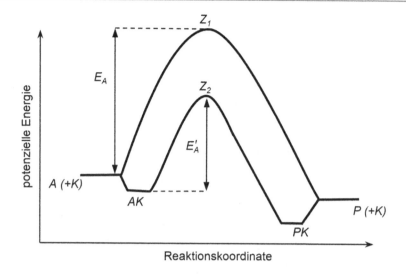

Abb. 2.1 Vereinfachtes Energieschema für den Ablauf der Reaktion $A \to P$ ohne und mit Katalysator

danach kommt es zur Um- oder Verwandlung dieses Intermediats in eine Zwischenstufe bzw. ein Zwischenprodukt PK

$$A + K \rightleftarrows PK$$

und schließlich erfolgt die Bildung des Zielproduktes P unter Wiederherstellung des Katalysators K nach

$$PK \rightleftarrows P + K.$$

Durch die Summation der einzelnen Teilschritte ergibt sich die stöchiometrische Bruttogleichung $A \to P$, die auch die unkatalysierte Reaktion beschreibt. Der Unterschied besteht darin, dass durch die Wechselwirkung der an der Reaktion beteiligten Moleküle mit dem Katalysator ein neuer Reaktionspfad über einen Übergangszustand Z_2 mit verringerter Aktivierungsenergie (E_A') geschaffen wird. Dadurch kommt es sowohl zur Erhöhung der Reaktionsgeschwindigkeit als auch zur ausgeprägten Reaktionslenkung in Richtung einer (oder einiger weniger) thermodynamisch möglichen Reaktionen. Somit eröffnet der Katalysator einen Reaktionsweg, auf dem alle Teilreaktionen mit niedrigerer Aktivierungsenergie (und daher schneller) verlaufen als die unkatalysierte Reaktion. Bereits eine marginale Verringerung der Aktivierungsenergie ruft eine enorme Reaktionsbeschleunigung hervor. Würde man die Aktivierungsenergie einer chemischen Reaktion lediglich um 5 kJ mol^{-1} verringern, hätte es eine Erhöhung der Reaktionsgeschwindigkeit um mehrere Größenordnungen zur Folge.

2.2 Katalysatorleistung

Die Leistung eines Katalysators wird gewöhnlich danach beurteilt, in welchem Maße er die Geschwindigkeit einer chemischen Reaktion erhöht (*Katalysatoraktivität*) und ihren Verlauf beeinflusst (*Katalysatorselektivität*), als auch wie lange seine Wirksamkeit anhält (*Katalysatorstandzeit*).

2.2.1 Katalysatoraktivität

Unter der katalytischen Aktivität versteht man die unter sonst gleichen Prozessbedingungen erzielte Beschleunigung einer oder auch mehrerer chemischen Reaktionen in Gegenwart eines Katalysators gegenüber der unkatalysierten Reaktion. Werden mehrere Katalysatoren auf ihre katalytische Wirksamkeit hin in ein und derselben Reaktion untersucht, so gibt es verschiedene Möglichkeiten, die Aktivität dieser Katalysatoren anzugeben und untereinander zu vergleichen.

Als mögliches Aktivitäts- und Vergleichsmaß kann für die Reaktion des Typs $A \rightarrow P$ die durch kinetische Messungen ermittelte Reaktionsgeschwindigkeit als zeitliche Änderung der Stoffmenge des Reaktanden A (dn_A / dt) bezogen auf das Reaktionsvolumen (V) oder die Katalysatormasse (W) angegeben werden:

$$r_V = -\frac{dn_A}{dt} \cdot \frac{1}{V} \quad \text{bzw.} \quad r_W = -\frac{dn_A}{dt} \cdot \frac{1}{W}.$$

Ist die spezifische Oberflächengröße S (in m^2 g^{-1}) der verwendeten heterogenen Katalysatoren bekannt, die in der Regel der Katalysatormasse proportional ist, lässt sich die auf die Oberflächeneinheit bezogene Geschwindigkeit der Reaktion als *spezifische Reaktionsgeschwindigkeit* (r_S) bzw. als *spezifische katalytische Aktivität* definieren:

$$r_S = -\frac{dn_A}{dt} \cdot \frac{1}{S}.$$

Je nach gewählter Bezugsgröße ändern sich die Dimension und die ermittelten Werte der Reaktionsgeschwindigkeit.

Da sich die Wahrscheinlichkeit der Wechselwirkung zwischen Reaktand und Katalysator umso mehr erhöht, je größer die Feststoffoberfläche ist, erscheint der Vergleich der Wirksamkeit verschiedener Katalysatoren nach dieser spezifischen katalytischen Aktivität besonders zweckmäßig zu sein. Die Katalysatoraktivitäten können dann unter formalkinetischen Gesichtspunkten über die gemessene Geschwindigkeit der Reaktion an einem festen Katalysator bei vorgegebenen Konzentrationen des Reaktanden (c_A) und konstanter Temperatur (T) miteinander verglichen werden. Allgemein gilt:

$$r = r_S(S) = k(T) \cdot f(c_A)$$

mit $k(T)$ – temperaturabhängige Reaktionsgeschwindigkeitskonstante, und $f(c_A)$ – Funktion, die den Einfluss der Konzentration auf die Reaktionsgeschwindigkeit beschreibt.

Durch die Messung der Reaktionsgeschwindigkeit bei verschiedenen Temperaturen und Reaktanden-Konzentrationen lassen sich empirische Geschwindigkeitsgleichungen ableiten. Diese können nicht nur zur Gewinnung von wertvollen Informationen über den Reaktionsmechanismus dienen, sondern bilden die Grundlage für die Berechnung von technischen Reaktoren.

Wird die Temperaturabhängigkeit der Reaktionsgeschwindigkeitskonstante $k(T)$ durch die Arrhenius-Beziehung angegeben, erhält man:

$$r = r_S(S) = k_0 \cdot e^{-\frac{E_A'}{RT}} \cdot f(c_A)$$

mit k_0 – vorexponentieller Faktor (Häufigkeitsfaktor), der die Wechselwirkungswahrscheinlichkeit zwischen Reaktand und Katalysatoroberfläche enthält, und E_A' – scheinbare Aktivierungsenergie der Oberflächenreaktion.

Daraus folgt, dass neben der *Reaktionsgeschwindigkeitskonstanten* bzw. dem *Häufigkeitsfaktor* auch die sogenannte *scheinbare Aktivierungsenergie* als geeignetes Maß zum Vergleich der Katalysatoraktivität in einer bestimmten Reaktion herangezogen werden können. Die für eine heterogen katalysierte Reaktion zutreffende „scheinbare" Aktivierungsenergie ist nicht identisch mit der „wahren" Aktivierungsenergie dieser Reaktion. Die Differenz ist diejenige Energie, die freie Reaktanden von den oberflächengebundenen Reaktanden unterscheidet. Die für heterogen katalysierte Reaktionen ermittelten Aktivierungsenergien liegen typischerweise im Bereich von 50–100 kJ mol^{-1}, wohingegen die Aktivierungsenergien für unkatalysierte Reaktionen Werte von 200–400 kJ mol^{-1} erreichen können.

Im Allgemeinen – also auch bei heterogen katalysierten Reaktionen – wird zur Bestimmung der Aktivierungsenergie die logarithmische Form der Arrhenius-Gleichung genutzt:

$$\ln k = \ln k_0 - \frac{E_A'}{RT}.$$

Liegen genaue Kenntnisse über die kinetische Gleichung der zu untersuchenden Oberflächenreaktion vor, so können als Erstes die Geschwindigkeitskonstanten bei verschiedenen Temperaturen ermittelt werden. Danach sollte sich bei der Auftragung von $\ln k$ gegen $1/T$ in der Regel eine Gerade ergeben, aus deren Neigung $(-E_A'/R)$ sich problemlos die Aktivierungsenergie bestimmen lässt (Abb. 2.2). Werden die Aktivierungsenergien für ein und dieselbe Reaktion in Gegenwart verschiedener Katalysatoren I und II miteinander verglichen, so zeigt die niedrigere Aktivierungsenergie im Fall des Katalysators I, dass dieser Katalysator unter sonst gleichen Prozessbedingungen aktiver als der Katalysator II ist. Gleichzeitig ist die Reaktionsgeschwindigkeit bei niedrigerer Aktivierungsenergie für den Katalysator I weniger temperaturabhängig als bei höherer Aktivierungsenergie für den Kataly-

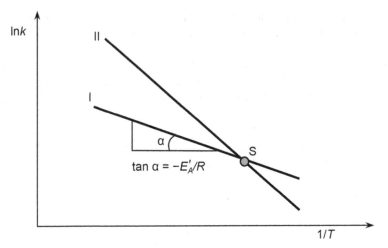

Abb. 2.2 Vergleich von Aktivierungsenergien anhand der Temperaturabhängigkeit der Reaktionsgeschwindigkeitskonstanten für zwei verschiedene Katalysatoren

sator II. Das hängt damit zusammen, dass der Verringerung der Aktivierungsenergie eine Erniedrigung des Häufigkeitsfaktors entgegenwirkt. Da sich beide Aktivitätsparameter in gleicher Weise verändern, liegt hier ein isokinetisches Verhalten der Katalysatoren vor. Dieser unter der Bezeichnung *Kompensationseffekt* bekannte Zusammenhang wird durch die Cremer-Constable-Beziehung quantitativ beschrieben:

$$\ln k_0 = \alpha E_A^{'} + \beta.$$

In diesem Fall lassen sich die Aktivitätsparameter nicht unabhängig voneinander variieren. Als Konsequenz erhält man für verschieden modifizierte Katalysatoren vom gleichen Typ Arrhenius-Geraden mit unterschiedlichen Neigungen und im Idealfall mit einem gemeinsamen Schnittpunkt (S). Dieser Punkt repräsentiert die *isokinetische Temperatur*, bei der die Reaktionsgeschwindigkeit an allen Katalysatoren gleich ist. Trägt man die zusammengehörigen Wertepaare $\ln k_0$ und $E_A^{'}$ gegeneinander auf, so entsteht eine Gerade, wie dies in Abb. 2.3 am Beispiel der Methanisierung von Kohlenstoffmonoxid für einige Metall-Katalysatoren demonstriert ist. Der Anstieg der Geraden entspricht dem reziproken Wert der isokinetischen Temperatur, die im vorliegenden Beispiel 436 K beträgt. Bei Temperaturen oberhalb der isokinetischen Temperatur ist bei Reaktionen mit einer höheren Aktivierungsenergie die Reaktionsgeschwindigkeit höher und umgekehrt, bei Temperaturen unterhalb der isokinetischen Temperatur ist die Geschwindigkeit der Reaktion mit einer niedrigeren Aktivierungsenergie höher. Berücksichtigt man, dass jeder Katalysator seine eigene optimale *Arbeitstemperatur* besitzt, muss daher zum Vergleich verschiedener Katalysatoren der gesamte in Frage kommende Aktivitäts-Temperatur-Verlauf untersucht werden.

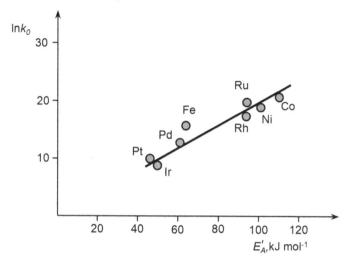

Abb. 2.3 Zusammenhang zwischen dem Häufigkeitsfaktor und der Aktivierungsenergie in der Methanisierung von Kohlenstoffmonoxid an verschiedenen Metall-Katalysatoren

Eine einfache Möglichkeit zur schnellen Charakterisierung der Katalysatoraktivität bei vergleichenden Messungen (*Katalysatorscreening*) besteht in der Bestimmung des Umsatzgrades eines Reaktanden an verschiedenen Katalysatoren bei konstanter Temperatur. Der *Umsatzgrad* (U_A, auch kurz Umsatz genannt) gibt die während einer Reaktion umgesetzte Menge des Reaktanden $A\left(n_{A,0} - n_A\right)$ an, ausgedrückt in Bruchteilen (bzw. Prozenten) der eingesetzten Menge dieses Reaktanden $n_{A,0}$:

$$U_A = \frac{n_{A,0} - n_A}{n_{A,0}}.$$

Der aktivste Katalysator liefert unter sonst gleichen Prozessbedingungen den höchsten Umsatz. Abbildung 2.4 veranschaulicht beispielhaft die Änderung des Umsatzes in Abhängigkeit von der Temperatur für eine einfache endotherme Reaktion des Typs $A \rightarrow P$, die durch zwei verschiedene Katalysatoren I und II katalysiert wird. In beiden Fällen nimmt der Umsatz mit steigender Temperatur in Anlehnung an die Arrhenius-Beziehung exponentiell zu und nähert sich aufgrund der fortschreitenden Abnahme der Reaktanden-Konzentration asymptotisch seinem Maximalwert von 100 % an. Der unterschiedliche S-förmige Umsatzverlauf lässt aber auch erkennen, dass die Katalysatoren untereinander Unterschiede in ihrem Aktivitätsverhalten aufweisen, wobei der Katalysator I in einem wirtschaftlich günstigeren Temperaturbereich arbeitet und bei einer vorgegebenen Temperatur $T_1 = T_2$ auch den höheren Umsatz $U_{A,1} > U_{A,2}$ hervorbringt.

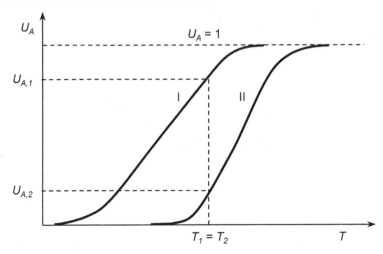

Abb. 2.4 Vergleich der Katalysatoraktivität über den Umsatz für die endotherme Reaktion des Typs $A \rightarrow P$ bei vorgegebener Temperatur

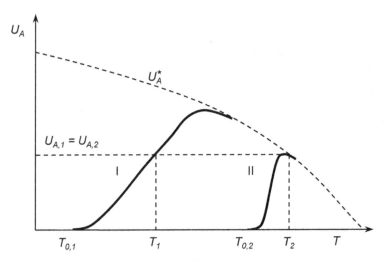

Abb. 2.5 Vergleich der Katalysatoraktivität über die Temperatur zur Erreichung eines vorgegebenen Umsatzes für die exotherme Gleichgewichtsreaktion des Typs $A \rightleftarrows P$

Umgekehrt kann die Katalysatoraktivität auch anhand der zur Erzielung eines vorgegebenen Umsatzes erforderlichen Temperatur verglichen werden. In diesem Fall gilt als Aktivitätsmaß die niedrigste Temperatur, bei der man mit einem Katalysator jeweils den gleichen Umsatzgrad erreicht. In Abb. 2.5 werden zwei Katalysatoren I und II in ihrer katalytischen Aktivität bei einer exothermen Gleichgewichtsreaktion des Typs $A \rightleftarrows P$ auf diese Weise miteinander verglichen. Der mit dem Katalysator II erzielte maximale Umsatz bei der Temperatur T_2 wird mit dem Katalysator I bereits bei einer niedrigeren Temperatur T_1 erreicht. Je aktiver der Katalysator ist, umso tiefer liegt seine *Anspringtemperatur* ($T_{0,1} < T_{0,2}$) und umso höher der maximal mögliche Umsatz $U_{A,1} > U_{A,2}$.

Dabei muss beachtet werden, dass obwohl die Temperatur stets den stärksten Einfluss auf die Reaktionsgeschwindigkeit ausübt, diese jedoch noch von zahlreichen weiteren Parametern abhängt (z. B. Änderung der Kinetik bei hohen Temperaturen, Katalysatordesaktivierung etc.), sodass beide Methoden zur Bestimmung der Katalysatoraktivität nur eine grobe Näherung darstellen.

Häufig wird bei der Untersuchung heterogener Katalysatoren in kontinuierlich betriebenen Testreaktoren als Aktivitätsmaß der erzielte Umsatz bei konstanter *Kontaktzeit* miteinander verglichen. Die Letztere ist definiert als das Verhältnis der Katalysatormasse (W) zu dem in den Reaktor zugeführten Reaktanden-Volumenstrom (F) und keineswegs identisch mit der Zeit, in der sich ein Reaktand in Wechselwirkung mit der Katalysatoroberfläche befindet:

$$\text{Kontaktzeit} = \frac{W}{F} \left(\text{kg m}^{-3} \text{ h} \right).$$

In Abb. 2.6 werden zwei Katalysatoren I und II in ihrer Aktivität anhand des am Reaktorausgang festgestellten Umsatzes verglichen, der unter sonst identischen Prozessbedingungen nur durch die Masse des verwendeten Katalysators und den Volumenstrom des Reaktanden bestimmt ist. Daraus folgt, dass der Katalysator I dem Katalysator II überlegen ist. Da der Quotient W/F die Dimension einer Zeit besitzt, lässt sich aus der ersten Ableitung der erhaltenen Umsatz-Zeit-Kurven in Anlehnung an die Kinetik homogener Reaktionen die jeweilige Reaktionsgeschwindigkeit

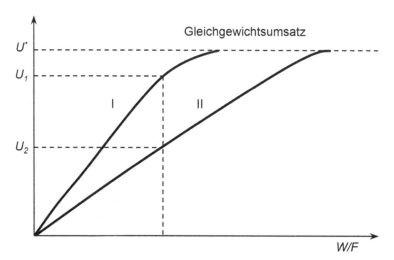

Abb. 2.6 Vergleich der Katalysatoraktivität über die Kontaktzeit zur Erreichung des vorgegebenen Umsatzes für die endotherme Gleichgewichtsreaktion des Typs $A \rightleftarrows P$

$$r = \frac{dU_A}{d\left(\dfrac{W}{F}\right)}$$

ermitteln.

Die zur Kontaktzeit reziproke Größe (F/W) wird entsprechend ihrer physikalischen Bedeutung als *Katalysatorbelastung* bzw. *Raumgeschwindigkeit* bezeichnet, die ebenfalls geeignet ist, um die Katalysatoraktivität anhand von unter isothermen Bedingungen erhaltenen Umsatzkurven für verschiedene Katalysatoren bei gleicher Katalysatorbelastung untereinander vergleichen zu können. In der Literatur werden als Maß für die Katalysatorbelastung das in der Zeiteinheit dosierte Volumen oder die Masse des flüssigen oder gasförmigen Reaktanden, bezogen auf das Katalysatorvolumen angegeben: *LHSV* (*Liquid Hourly Space Velocity* in $VV^{-1} h^{-1}$), *GHSV* (*Gas Hourly Space Velocity* in $VV^{-1} h^{-1}$) oder *WHSV* (*Weight Hourly Space Velocity* in $WV^{-1} h^{-1}$). Es ist offensichtlich, dass mit steigender Katalysatorbelastung die Umsetzung von Reaktanden zurückgehen muss und umgekehrt, eine Verringerung der Katalysatorbelastung eine Umsatzsteigerung zur Folge haben sollte.

Ein korrektes Maß für die Beurteilung der Aktivität eines heterogenen Katalysators stellt die von Michel Boudart (1924–2012) vorgeschlagene sogenannte *Umlauffrequenz* (engl. *turnover frequency, TOF*) dar, die die Zahl der pro Sekunde an einem katalytisch aktiven Zentrum umgesetzten Reaktandenmoleküle angibt. Für die meisten heterogen katalysierten Reaktionen liegt diese Zahl je nach Prozessbedingungen im Bereich von 10^{-2} bis 10^2 s^{-1}. Die Anzahl der aktiven Zentren in der Oberfläche fester Katalysatoren lässt sich jedoch nur sehr schwer exakt ermitteln. Außerdem kann sich diese in Abhängigkeit von der Temperatur auch stark verändern.

2.2.2 Katalysatorselektivität

Unter der selektiven Wirkung eines Katalysators versteht man seine Fähigkeit, in das Reaktionsgeschehen so einzugreifen, dass der neue Reaktionsweg, der zur Erhöhung der Reaktionsgeschwindigkeit durch die Herabsetzung der Aktivierungsenergie führt, zugleich auch die Bildung möglichst nur eines gewünschten Produktes begünstigt und dabei die Entstehung anderer unerwünschter Produkte unterdrückt.

Ein selektiver Katalysator sollte also in der Lage sein, bei einer größeren Anzahl von thermodynamisch möglichen Reaktionen vornehmlich nur die Geschwindigkeit der gewünschten Reaktion zu beschleunigen. Das bedeutet, dass bei einer heterogen katalysierten Reaktion je nach Katalysatortyp und Prozessbedingungen völlig unterschiedliche Reaktionsprodukte erhalten werden können. Eine durch verschiedene Katalysatoren erzielte Reaktionslenkung wird in Tab. 2.1 am Beispiel der heterogen katalysierten Umwandlung von Ethanol veranschaulicht.

Quantitativ wird die *Selektivität* bzgl. eines Produktes P (S_P, auch *integrale Selektivität* bezeichnet) als die gebildete Menge dieses Produktes n_P bezogen auf

Tab. 2.1 Reaktionslenkung durch Katalysatoren am Beispiel der heterogen katalysierten Umwandlung von Ethanol

Reaktion	Katalysator	Reaktionstemperatur
Dehydratisierung von Ethanol zu Diethylether $C_2H_5OH \rightarrow 0,5C_2H_5OC_2H_5 + 0,5H_2O$	Tonerde oder entwässerter Alaun	180–200 °C
Dehydrierung von Ethanol zu Acetaldehyd $C_2H_5OH \rightarrow CH_3CHO + H_2$	Cu-Schwamm oder Kupferchromit	250–350 °C
Dehydratisierung von Ethanol zu Ethen $C_2H_5OH \rightarrow C_2H_4 + H_2O$	Al_2O_3 bzw. H_3PO_4/SiO_2	300–400 °C
Dehydrodimerisierung von Ethanol zu Butadien (Lebedew-Verfahren) $C_2H_5OH \rightarrow 0,5C_4H_6 + 0,5H_2 + H_2O$	$ZnO\text{-}Al_2O_3$ bzw. $MgO\text{-}SiO_2$	400–450 °C
Dehydrodecarbonylierung von Ethanol zu Methan $C_2H_5OH \rightarrow CH_4 + CO + H_2$	Ni/SiO_2	400–450 °C
Dehydrocyclisierung von Ethanol zu Aromaten $C_2H_5OH \rightarrow BTX\text{-Aromaten}$	P/H-ZSM-5	482 °C

die umgesetzte Menge des Reaktanden A $\left(n_{A,0} - n_A\right)$ unter Berücksichtigung der jeweiligen stöchiometrischen Koeffizienten $\left(v_A, v_P\right)$ angegeben:

$$S_P = \frac{n_P}{n_{A,0} - n_A} \cdot \frac{|v_A|}{v_P}.$$

Die so erhaltene Selektivität hängt vom verwendeten Katalysator, den Prozessbedingungen und vom Umsatz ab. Sie ist bei den heterogen katalysierten Reaktionen von der sogenannten *differenziellen* bzw. *intrinsischen* Selektivität für ein einzelnes Katalysatorkorn bzw. für ein aktives katalytisches Oberflächenzentrum zu unterscheiden.

Durch Kombination der Definitionsgleichungen für den Umsatz und die Selektivität lässt sich die *Produktausbeute* A_P als die gebildete Menge des Produktes $P\left(n_P - n_{P,0}\right)$ bezogen auf die eingesetzte Menge des Reaktanden $A\left(n_{A,0}\right)$ unter Berücksichtigung der stöchiometrischen Verhältniszahlen wie folgt quantifizieren:

$$A_P = U_A \cdot S_P.$$

Läuft nur eine einzige stöchiometrisch unabhängige Reaktion des Typs $A \rightarrow P$ ab, sind die Zahlenwerte für den Umsatz und die Ausbeute identisch und die Selektivität $S_P = 100\%$ Treten Konkurrenzreaktionen beispielsweise als Parallel- oder Folgereaktionen auf, lässt sich als Selektivitätsmaß das Verhältnis der Geschwindigkeitskonstanten der Haupt- und Nebenreaktion angeben. Diese als *kinetische*

Selektivität bezeichnete Größe hat den Vorteil, von den jeweiligen Stoffkonzentrationen unabhängig zu sein.

2.2.3 Katalysatorstandzeit

Unter der Standzeit eines Katalysators versteht man die Dauer seines Betriebseinsatzes, bei der ein vorgegebener Wert für die katalytische Aktivität und Selektivität nicht unterschritten wird.

Verfolgt man die katalytische Aktivität und Selektivität eines Katalysators über die Zeit, so beobachtet man stets eine mehr oder weniger ausgeprägte zeitliche Abnahme der Katalysatorleistung. Diese spiegelt sich in der Verringerung der Reaktionsgeschwindigkeit zu einer beliebigen Zeit des Prozesses gegenüber der Reaktionsgeschwindigkeit zu Beginn des Katalysatoreinsatzes wieder. In manchen Fällen geht mit abnehmender Aktivität gleichzeitig eine Selektivitätsverschlechterung einher. Dieser partielle (oder komplette) Verlust der Katalysatorleistung, der gewöhnlich als *Katalysatordesaktivierung* bezeichnet wird, hat vielfältige Ursachen und hängt vom Katalysatortyp, von der Reaktionsart und von den Prozessbedingungen ab. Zu den wichtigsten Ursachen der Katalysatordesaktivierung gehören die Blockierung oder Vergiftung der katalytisch aktiven Zentren sowie der Verlust von aktiver Oberfläche infolge chemischer, thermischer oder mechanischer Einwirkungen auf den Katalysator (Abb. 2.7).

Unter einer Blockierung versteht man die physikalische Abdeckung bzw. *Selbstvergiftung* von katalytisch aktiven Zentren durch Ablagerungen, die infolge von

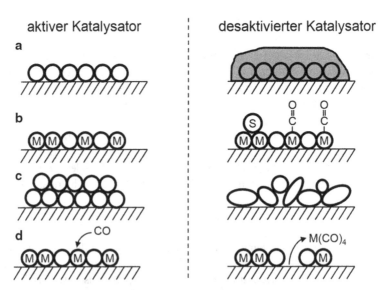

Abb. 2.7 Die wichtigsten Ursachen der Katalysatordesaktivierung: Ablagerung/Blockierung (**a**), Vergiftung (**b**), Sinterung (**c**), Verlust über die Gasphase (**d**)

Tab. 2.2 Beispiele für typische Gifte heterogener Katalysatoren

Reaktion/Verfahren	Katalysator	Katalysatorgift	Wirkung
Ammoniak-Synthese	Fe_3O_4-Al_2O_3(+K_2O)	CO	Carbonylbildung, in der Folge verstärkte Methanbildung, beschleunigt Sinterung
		O_2, H_2O	Oxidation der Fe-Oberfläche
		CO_2	Reaktion mit alkalischer Komponente
Direktoxidation von Ethen zu Ethenoxid	Ag/α-Al_2O_3	Ethin	Vergiftung aktiver Zentren
FCC-Verfahren	acider Y-Zeolith in einer Matrix	NH_3, organische Basen	Reaktion mit sauren Zentren
		Koks	Blockierung aktiver Zentren
Katalytisches Reformieren	Pt-Re/γ-Al_2O_3(+F)	S-, Se-, Te-, P-, As-Verbindungen, Halogene	Vergiftung aktiver Zentren
		Koks	Blockierung aktiver Zentren

Nebenreaktionen entstehen, wie z. B. Koks beim katalytischen Cracken von hochsiedenden Kohlenwasserstoffen. Wenn die aktive Oberfläche mit einer für die katalytisch aktiven Zentren giftigen Verunreinigung im Reaktanden eine chemische Wechselwirkung eingeht, dann spricht man von *Fremdvergiftung*. Je nach Bindungsstärke des Giftes mit dem aktiven Zentrum und den Prozessbedingungen kann die Katalysatorvergiftung reversibel oder irreversibel sein. In Tab. 2.2 sind einige für wichtige Katalysatorsysteme typische Katalysatorgifte und ihre Wirkung aufgeführt.

Die Vergiftung eines Katalysators kann in seltenen Fällen auch erwünscht sein, wenn es darum geht, die Wirksamkeit von katalytisch aktiven Zentren für eine unerwünschte Reaktion zu verringern. Beispielsweise lässt sich mitunter durch sogenannte selektive Vergiftung von Hydrierkatalysatoren mit Schwefel-Verbindungen erreichen, dass Alkine selektiv zu Alkenen, nicht aber weiter zu Alkanen hydriert werden. Schließlich führt auch eine örtliche Überhitzung der Katalysatoroberfläche während des Betriebseinsatzes oft zur *Katalysatoralterung* durch das sogenannte *Sintern* der katalytisch wirksamen Oberfläche bzw. durch die irreversible Umwandlung der katalytisch aktiven Phase bis hin zu deren Verlust über die Gasphase.

Eine schnelle Aussage über das Desaktivierungsverhalten verschiedener Katalysatoren im Betriebseinsatz lässt sich gewöhnlich in kontinuierlich betriebenen Testreaktoren durch das Verfolgen des zeitlichen Verlaufs der Katalysatoraktivität unter möglichst harten Prozessbedingungen gewinnen. In Abb. 2.8 sind mögliche Typen von Aktivitätsverläufen veranschaulicht.

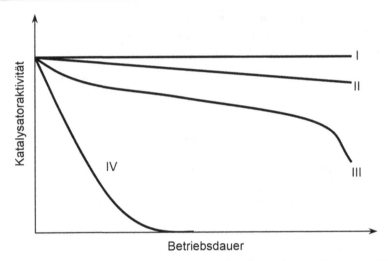

Abb. 2.8 Beispiele für mögliche Aktivitäts-Zeit-Verläufe an Katalysatoren mit unterschiedlichem Desaktivierungsverhalten

Während der betrachteten Betriebsdauer zeigt der Katalysator I keine Abnahme der Katalysatoraktivität, die Katalysatoren II und III erleiden eine mehr oder weniger schnelle Desaktivierung, wohingegen die Aktivität des Katalysators IV schon am Prozessbeginn drastisch absinkt. Je nach Reaktionsart und Katalysatortyp kann die Katalysatorstandzeit demnach von Bruchteilen einer Minute (FCC-Verfahren) bis zu mehreren Monaten (Ostwald-Verfahren) oder Jahren (Haber-Bosch-Verfahren) betragen. Sind die Effekte, die zur Aktivitätsabnahme führen, bzw. die Art der Katalysatordesaktivierung bekannt, können gezielt Gegenmaßnahmen zur Erhöhung der Katalysatorstandzeit getroffen werden. Andererseits kann ein desaktivierter Katalysator, dessen Leistung im Betriebseinsatz die geforderte Spezifikation unterschreitet, häufig wieder regeneriert werden. Die genaue Wahl einer wirtschaftlich optimalen Methode der *Katalysatorregenerierung* ist wichtig für eine erfolgreiche Prozessführung und für die Sicherung einer hohen *Katalysatorlebensdauer*. Die Letztere schließt mehrere, immer kürzer werdende Standzeitzyklen bis zum letzten noch ökonomisch sinnvollen Regenerationsschritt ein (Abb. 2.9). Mit steigender Anzahl der Regenerationszyklen verliert der Katalysator jedoch nach jedem Regenerationsschritt aufgrund von sekundären Desaktivierungserscheinungen immer mehr an Aktivität, bis er schließlich komplett ausgetauscht werden muss.

2.3 Katalysatorbeschaffenheit

Während homogene Katalysatoren eine definierte molekulare Struktur besitzen und über eine exakte Anzahl von einheitlichen aktiven Zentren verfügen, zeichnen sich die festen Katalysatoren durch eine Heterogenität hinsichtlich physikalischer und chemischer Eigenschaften der Oberflächenzentren aus. Man nimmt deshalb an,

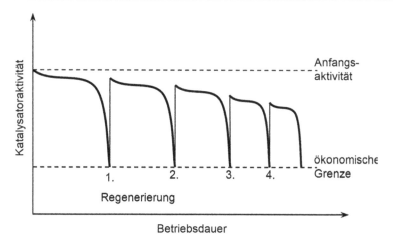

Abb. 2.9 Einfluss der Katalysatorregenerierung auf die Katalysatorstandzeit und -lebensdauer

dass sich in der Regel nur ein enger Bereich von Oberflächenzuständen an der Reaktion beteiligt und der katalytisch aktive Anteil der Oberfläche verhältnismäßig gering ist. Folglich können heterogene Katalysatoren ihre Leistung erst dann voll entfalten, wenn sie eine möglichst große Oberfläche mit gewünschten Eigenschaften besitzen. Dies erreicht man am besten durch die feine Verteilung von Katalysatorpartikeln bzw. von katalytisch aktiven Oberflächenzentren und – im Falle von porösen Feststoffen – durch die hohe innere Oberfläche in Form von unzähligen Submikro-, Mikro- und Mesoporen im Bereich mittlerer Porendurchmesser zwischen 0,5 und 50 nm.

Die Fülle der effektiven heterogenen Katalysatoren erstreckt sich von verschiedenen natürlichen Mineralstoffen, die bereits ohne spezielle Vorbehandlung als Katalysatoren fungieren können, über einkomponentige Metalloxide und einfache Metalle bzw. Metalllegierungen bis hin zu komplexen Katalysatorsystemen mit genau definierter Zusammensetzung, Textur und Struktur. Diese lassen sich gezielt und reproduzierbar durch verschiedene Präparationstechniken im Zuge der Katalysatorsynthese einstellen. In einigen Fällen durchlaufen die frisch hergestellten Katalysatorsysteme zu Beginn des Betriebseinsatzes eine mehr oder weniger ausgeprägte *Formierungsphase*, die mit aktivitätssteigernden Veränderungen ihrer nominellen, texturellen, strukturellen und oberflächenchemischen Eigenschaften verbunden ist. Dieser Anfangsphase folgt dann die eigentliche stabile Betriebsphase nach, die schließlich von der Desaktivierungsphase überlagert wird (Abb. 2.10). Dabei kann sich die katalytische Aktivität von komplexen Katalysatorsystemen – bestehend aus mehreren Komponenten in vergleichbaren Anteilen, beispielsweise bei zweikomponentigen Mischoxid-Katalysatoren – in Abhängigkeit von der Zusammensetzung nicht immer additiv verhalten. Es kann sogar zur gegenseitigen Verstärkung der katalytischen Wirksamkeit von Mehrkomponentenkatalysatoren, dem sogenannten *Synergieeffekt*, kommen.

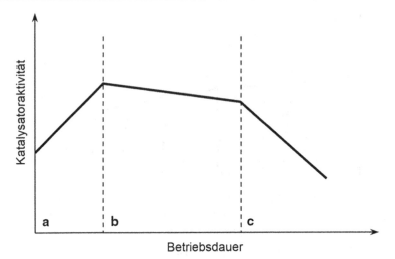

Abb. 2.10 Beispiel eines Aktivität-Zeit-Verlaufs für ein Katalysatorsystem mit der „Einfahrtzeit":
Formierungsphase (**a**), stabile Betriebsphase (**b**), Desaktivierungsphase (**c**)

Häufig lassen sich die katalytische Aktivität, Selektivität und Standzeit eines
heterogenen Katalysators auch durch die Zugabe verschiedener Stoffe erhöhen, die
selbst nicht katalytisch aktiv sein müssen. Diese Stoffe, die nur in geringfügigen
Mengen (*Dotierungen*) der aktiven Komponente eines Katalysators zugesetzt werden, bezeichnet man *Promotoren*. Die Stoffe, die das Gegenteil bewirken, also die
Wirksamkeit eines Katalysators verringern, z. B. Katalysatorgifte, nennt man *In-
hibitoren*.

Die Promotoren werden nach der Art ihrer Wirkung in texturelle, strukturelle
und elektronische Promotoren unterteilt. Ein texureller Promotor ist in der Regel
ein inerter Stoff, der in Form von kleinsten Partikeln in der Katalysatoroberfläche
zwischen den katalytisch aktiven Zentren verteilt ist und dadurch das Zusammen-
sintern dieser Zentren bei örtlichen Überhitzungen verhindert. Somit erhöht er die
thermische Katalysatorstabilität und ermöglicht es, eine größere Anzahl von Kata-
lysatorregenerierungen durchzuführen. Das setzt voraus, dass ein solcher Promotor nicht nur in feinster Verteilung (*Dispersität*) vorliegt, sondern auch von Natur
aus einen hohen Schmelzpunkt aufweisen muss. Im Unterschied zu den texturellen
Promotoren greifen die strukturellen Promotoren in das chemische Gefüge der Aktivkomponente ein. Dabei können beispielsweise die Ausbildung von katalytisch
besonders aktiven Kristallstrukturen begünstigt oder die katalytisch aktiven Phasen
modifiziert bzw. Oberflächenzentren stabilisiert werden. Ein elektronischer Promotor geht wiederum über die Wirkung des strukturellen Promotors hinaus, da er
zusätzlich auch den elektronischen Charakter der katalytisch aktiven Zentren und
somit ihre Wirkung in gewünschter Weise beeinflusst. In vielen Fällen ist die Wirkungsweise solcher Promotoren noch nicht endgültig verstanden und daher weiterhin Gegenstand intensiver Forschung. In Tab. 2.3 sind Beispiele einiger Promotoren

Tab. 2.3 Beispiele von Promotoren heterogener Katalysatoren

Reaktion/Verfahren	Katalysator	Promotor	Wirkung
Ammoniak-Synthese	Fe_3O_4	Al_2O_3	Strukturpromotor, vermindert die Sinterneigung der Fe-Kristalle
		K_2O	Elektronendonator, begünstigt die N_2-Dissoziation
Direktoxidation von Ethen zu Ethenoxid	$Ag/\alpha\text{-}Al_2O_3$	CaO	Begünstigt und stabilisiert die Dispersität der Ag-Kristalle
FCC-Verfahren	Y-Zeolith in einer Matrix	Pt	CO-Verbrennungspromotor
Katalytisches Reformieren	$Pt/\gamma\text{-}Al_2O_3$	Re	Verringert die Sinterung und Hydrogenolyseaktivität von Pt

sowie deren Wirkung bei heterogenen Katalysatoren für ausgewählte technisch interessante Verfahren aufgeführt.

Im Hinblick auf komplexe katalytische Reaktionen nimmt häufig auch die Komplexität heterogener Katalysatoren zu. Nicht selten lässt sich eine optimale Reaktionsführung hinsichtlich der Produktqualität erst durch den Einsatz von Katalysatoren mit multifunktionalen Eigenschaften erreichen. Das einfachste Beispiel für eine solche *Katalysatormultifunktionalität* ist die dem Reforming-Prozess zugrunde liegende bifunktionelle Katalyse. Dabei werden Katalysatorsysteme verwendet, die eine hydrier-/dehydrieraktive Metallkomponente auf einem ebenfalls katalytisch aktiven aciden Träger enthalten. Da jede Komponente die Fähigkeit besitzt, unterschiedliche chemische Reaktionen zu katalysieren, resultiert daraus der Begriff der Bifunktionalität. Während metallische Zentren typischerweise für Hydrier-/Dehydrierreaktionen verantwortlich sind, laufen an aciden Zentren des Trägermaterials vor allem Spalt- und Isomerisierungsreaktionen ab. Jedoch werden nur bei räumlicher Nähe dieser beiden Komponenten in einem einzelnen Katalysatorteilchen Synergieeffekte entwickelt, die zu den signifikanten Prozessvorteilen führen. Anderenfalls würde man die gewünschte Produktqualität erst durch zusätzliche und teure Prozessausrüstungen erzielen können.

Um zu den optimalen multifunktionalen Katalysatoren zu gelangen, ist jedoch nicht nur die Kenntnis über die Art der Funktionalitäten erforderlich, sondern auch das Verständnis darüber, an welchen Stellen, in welcher Weise und durch welche *Additive* eine synergieerzeugende Integration von Funktionalitäten erfolgen soll. Die Verwirklichung des Konzeptes der Katalysatormultifunktionalität kann am Beispiel eines FCC-Katalysators (FCC, engl. *Fluid Catalytic Cracking*) für das katalytische Spalten hochsiedender Erdölfraktionen verdeutlicht werden (Abb. 2.11).

Die gegenwärtig kommerziell eingesetzten FCC-Katalysatoren bestehen generell aus zwei Hauptkomponenten, aus der eigentlichen spaltaktiven Komponente auf der Basis von acidem Y-Zeolith und aus einer amorphen Matrix. Die amorphe Matrix, in der Regel ein synthetisches $SiO_2\text{-}Al_2O_3$-Material in Kombination mit einem natürlichen Tonmineral, häufig Kaolin, übernimmt mehrere Funktionen. Zum einen dient sie als *Bindemittel* für die zeolithischen Partikel bzw. zur *Form-*

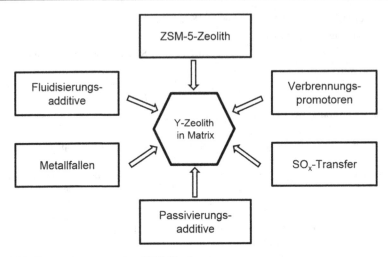

Abb. 2.11 Zusammensetzung eines FCC-Katalysators

gebung von abriebfestem Katalysatorsystem mit einer durchschnittlichen Partikelgröße von 60–80 μm. Zum anderen stellt sie Transportporen zur Verfügung, damit die Eduktmoleküle ungehindert zu den katalytisch aktiven Zentren in der zeolithischen Komponente gelangen können. Viele der eingesetzten Matrixtypen sind auch selbst katalytisch aktiv, wobei deren katalytische Funktion primär zum Vorspalten von voluminösen bzw. hochsiedenden Kohlenwasserstoffen der umzusetzenden Erdölfraktion dient. Schließlich fungiert die amorphe Matrix auch als Aufnahmereservoir für weitere Additive mit speziellen funktionalen Eigenschaften. So werden Katalysatorzusätze zur Verbesserung der CO-Oxidation (Pt), zur Reduzierung von SO_x-Emissionen (Al_2O_3, MgO) und zur Oktanzahlsteigerung (ZSM-5-Zeolith) hinzugefügt. Ferner setzt man Passivierungsadditive (Sn, Sb, Bi) sowie sogenannte Metall-Fallen (verschiedene Metalloxide) für Ni und V zu. Diese Schwermetalle verursachen unerwünschte Nebenreaktionen (Ni) bzw. wirken zerstörend auf die zeolithische Aktivkomponente (V). Erst ein Katalysatorsystem mit diesem multifunktionalen Profil ist daher in der Lage, die Umsetzung von Vakuumrückständen der Erdöldestillation in gewünschter Weise zu ermöglichen.

Katalysatorklassifizierung, -vorauswahl und -präparation

3

3.1 Grundtypen heterogener Katalysatoren

Einen einheitlichen Ansatz zur Klassifizierung von festen Katalysatoren gibt es nicht. Sie lassen sich jedoch nach bestimmten Gesichtspunkten, z. B. nach ihrer stofflichen Zusammengehörigkeit, dem Aufbau oder dem Wirkprinzip, sinnvoll in Gruppen einteilen. In Tab. 3.1 sind heterogene Katalysatoren anhand ihrer Wirkung in Redoxreaktionen (homolytische Reaktionen) sowie in Säure/Base-katalysierten (heterolytische Reaktionen) bzw. bifunktionell katalysierten Reaktionen zusammengefasst. Daraus ergeben sich vier Grundtypen von Katalysatoren: Metalle, Metalloxide bzw. Mischoxidphasen, Festkörpersäuren/-basen und bifunktionelle Katalysatorsysteme.

Zur besseren Orientierung bei der Katalysatorvorauswahl bedient man sich der objektiven und verallgemeinernden Verwandschaftsmerkmale, die durch die Lage der chemischen Elemente im Periodensystem gegeben sind. Beispielsweise gibt es eindeutige wissenschaftliche Erkenntnisse und Belege zur Natur der Wechselwirkung von einfachen Molekülen wie Wasserstoff, Sauerstoff oder Kohlenstoffmonoxid mit den Oberflächen der Übergangsmetalle. Danach werden Hydrierungsreaktionen vornehmlich durch die Metalle der d-Gruppen-Elemente, vor allem der VIII. Nebengruppe (Fe, Co, Ni) und der Platinmetalle (Ru, Rh, Pd, Os, Ir, Pt) sowie durch die Metalllegierungen (Ni-Cu, Pd-Ag) bzw. intermetallische Verbindungen (GaPd$_2$, Al$_{13}$Fe$_4$) katalysiert. Metalle, die mit Sauerstoff keine feste Bindung eingehen, z. B. Ag, Au und die Platinmetalle, katalysieren Oxidationsreaktionen. Metallische Katalysatoren in Form von Metall-Drahtnetzen oder feinmaschigem Metallgewirk gehören in die Kategorie *kompakter Katalysatoren*, bei denen sich katalytisch aktive Zentren nur in der äußeren (geometrischen) Oberfläche befinden.

Bei den Metalloxiden unterscheidet man zwischen den Oxidstrukturen mit vorwiegend ionischem oder kovalentem Charakter. Metalloxide (MnO$_2$, V$_2$O$_5$, MoO$_3$, TiO$_2$) bzw. komplexe Mischoxidphasen wie Chromite (CuO-Cr$_2$O$_3$, ZnO-Cr$_2$O$_3$), Molybdate (Bi$_2$O$_3$-2MoO$_3$) oder Wolframate (CoO-WO$_3$) mit schwach gebundenen

© Springer-Verlag Berlin Heidelberg 2015
W. Reschetilowski, *Einführung in die Heterogene Katalyse*,
DOI 10.1007/978-3-662-46984-2_3

Tab. 3.1 Klassifizierung heterogener Katalysatoren nach dem Wirkprinzip

Katalysatortyp	Katalysatorbeispiel	Katalysatorfunktion
Metalle	Ni, Pd, Pt	Hydrierung, Hydrogenolyse[a]
	Ag, Pt, (Au)	Oxidation
Metalloxide und Mischoxidphasen	MnO_2, V_2O_5, MoO_3, Metall-Chromite, -Molybdate oder -Wolframate	Partielle Oxidation
	ZnO, Cr_2O_3/Al_2O_3	Dehydrierung
Festkörpersäuren und -basen	Al_2O_3-SiO_2, acide Zeolithe	Hydratisierung, Dehydratisierung, Cracking, Wasserstoffübertragung[b]
Metalle auf Trägern	Pt/Al_2O_3(+F)	Hydroisomerisierung
	Ni, Mo/H-Zeolith	Hydrocracking

[a] Hydrogenolyse ist die Spaltung einer C-C-Bindung unter Beteiligung von Wasserstoff, z. B. $C_2H_6 + H_2 \rightarrow 2CH_4$
[b] Wasserstoffübertragungsreaktion beinhaltet die Spaltung einer C-H-Bindung und Übertragung des Protons oder des Hydrid-Ions zum anderen Molekül, z. B. Naphthen + Olefin $\rightarrow$ Aromat + Paraffin

Sauerstoffatomen im Kristallgitter eignen sich besonders gut für die Durchführung von partiellen Oxidationen. Hingegen werden oxidische Systeme, in denen Sauerstoffatome im Kristallgitter viel fester gebunden sind und sich unter den Prozessbedingungen nicht mit Wasserstoff reduzieren lassen, vorwiegend als Dehydrierkatalysatoren eingesetzt (MgO, ZnO, Cr_2O_3). Oxidische Katalysatoren sind vor allem durch die Fällung der aktiven Komponenten in Form eines kristallinen Niederschlages oder eines Gels aus ihren wässrigen Lösungen und anschließende thermische Behandlung erhältlich. Man bezeichnet sie daher auch als *Fällungskatalysatoren*. Besteht der gesamte Feststoff aus der katalytisch aktiven Komponente, so spricht man von einem *Vollkatalysator*. Um in einigen Fällen den negativen Einfluss der Porenstruktur auf die Selektivoxidationen auszuschließen, bei denen eine Weiterreaktion von Zwischenprodukten unerwünscht ist, wird die katalytisch wirksame Oberfläche als eine dünne Schicht auf einen inerten, kompakten Träger, z. B. Sinterkorund, durch Dragieren aus einer Lösung der Aktivkomponente und anschließendes Verdampfen des Lösungsmittels aufgebracht. Dabei entstehen die sogenannten *Mantel-* oder *Schalenkatalysatoren*.

Viele Festkörper besitzen acide oder basische Eigenschaften und sind in der Lage, chemische Reaktionen zu katalysieren, die unter Einsatz von Säuren oder Basen beschleunigt ablaufen, wie z. B. Hydratisierungs-, Dehydratisierungs-, Alkylierungs-, Isomerisierungs- oder Polymerisationsreaktionen. Zu solchen Festkörpern gehören auf verschiedene Weise modifizierte amorphe und kristalline Alumosilicate (*Zeolithe*), Aluminiumoxide, Heteropolysäuren, saure und basische Ionenaustauscher etc. Die saure bzw. basische katalytische Wirkung eines Feststoffs ist nicht nur von seiner Zusammensetzung, sondern auch von der Natur der sauren oder basischen Zentren, deren Oberflächenkonzentration und Stärke abhängig. Die Katalysatoren auf der Basis solcher Festkörper zeichnen sich im Gegensatz zu kompakten Katalysatoren durch beachtliche oberflächenreiche Strukturen aus. Sie lassen sich in einem weiten Bereich der gewünschten Oberflächeneigenschaften sowie Poren-struktur und -größe durch etablierte Herstellungsverfahren gezielt maßschneidern.

Werden acide Festkörper (H-Zeolith, Fluor-behandeltes γ-Al_2O_3) mit metalli-schen Komponenten (Pt, Pd) beladen, erhält man sogenannte *Trägerkatalysatoren* mit Doppelfunktion, die beispielsweise bei hydrierenden Prozessen der Erdölver-arbeitung eine breite Skala von Reaktionen katalysieren können. So kommen sie bei der Hydroisomerisierung von Leichtbenzin, dem katalytischen Reformieren von Schwerbenzin oder dem Hydrospalten hochsiedender Kohlenwasserstoffe zum Ein-satz. Da die metallische Aktivkomponente meistens durch Imprägnieren des porö-sen Trägers mit wässriger Metallsalz-Lösung in die Feststoffoberfläche eingebracht wird, werden die resultierenden Katalysatoren auch *Imprägnier-* bzw. *Tränkkataly-satoren* genannt. Die katalytisch wirksame Aktivmasse erhält man durch die ther-mische Behandlung der Imprägnierkomponente und deren Überführung zunächst in die Oxide, bevor diese dann zum Metall reduziert werden.

Wie in Kap. 2 bereits beschrieben, steht die katalytische Aktivität eines festen Ka-talysators in unmittelbarem Bezug zu seiner Oberfläche. Deshalb ist man allgemein bestrebt, eine hohe katalytische Aktivität durch eine große spezifische Oberfläche (Oberflächengröße bezogen auf die Masseneinheit des Festkörpers) zu gewährleis-ten. Diese wird jedoch nur dann in einer Reaktion effektiv genutzt, wenn die kata-lytisch aktiven Zentren im Poreninneren für die Reaktanden auch zugänglich sind. Je nach Katalysatortyp kann die Oberflächengröße Werte zwischen einigen Zehntel $m^2\,g^{-1}$ für kompakte Katalysatoren und bis zu einigen Hundert $m^2\,g^{-1}$ für porö-se Katalysatoren annehmen. In Tab. 3.2 sind die spezifischen Oberflächengrößen für ausgewählte metallische und oxidische Katalysatoren sowie Katalysatorträger aufgeführt. Die Oberflächengröße von kompakten Katalysatoren lässt sich durch Zusätze erhöhen (vgl. Fe und Fe + 10 % Al_2O_3). Eine weitere signifikante Steige-rung der Oberflächengröße verzeichnet man beim Präparieren von sogenannten Ra-ney-Metallen (vgl. Raney-Ni). Bei porösen Katalysatoren bzw. Katalysatorträgern weisen verschiedene Modifikationen unterschiedliche Oberflächengrößen auf (vgl.

Tab. 3.2 Vergleich spezi-fischer Oberflächengrößen einiger Katalysatoren und Katalysatorträger	Katalysator/Katalysatorträger	Spezifische Oberflä-chengröße ($m^2\,g^{-1}$)
	Fe	0,6
	Fe + 10 % Al_2O_3	11
	Raney-Ni	80–100
	α-Al_2O_3	5
	η-Al_2O_3 vorerhitzt auf 750 K	215
	η-Al_2O_3 vorerhitzt auf 900 K	145
	Cr_2O_3/Al_2O_3	160
	Al_2O_3-SiO_2 (röntgenamorph)	400
	Zeolithe (kristalline Alumosilicate)	400–800
	Aktivkohle	800–1200
	MOF-5	2900

α-Al_2O_3 und η-Al_2O_3). Eine härtere thermische Behandlung oberflächenreicherer Modifikationen führt durch Rekristallisation zur Verringerung der Oberflächengröße (vgl. η-Al_2O_3 vorerhitzt auf 750 und 900 K). Für die in der heterogenen Katalyse sehr häufig verwendeten porösen Festkörper wie Zeolithe oder Aktivkohle liegen die Oberflächengrößen bereits im Bereich von mehreren 100 m^2 g^{-1}. Mit neuartigen metallorganischen Gerüstmaterialien, sogenannten MOFs, (MOF, engl. *Metal Organic Framework*) lassen sich für die spezifische Oberflächengröße sogar Werte von mehreren 1000 m^2 g^{-1} erzielen.

Im Allgemeinen führt man an kompakten Katalysatoren mit äußerst geringer Oberfläche sehr schnelle Hochtemperaturreaktionen durch, z. B. die Ammoniakoxidation an Pt-Rh-Drahtnetzen. Porenarme Katalysatorsysteme mit geringen Oberflächengrößen um einige m^2 g^{-1} eignen sich besonders gut zur Durchführung partieller Oxidationen organischer Verbindungen, z. B. Bismut-Molybdate (Bi_2O_3–$2MoO_3$) für die selektive Oxidation von Propen zu Acrolein. Eine solche Katalysatorbeschaffenheit ist notwendig, um die Wahrscheinlichkeit einer schnellen Weiteroxidation der Zielprodukte (bis zum CO_2) zu verringern. Katalysatorsysteme mit mäßiger Oberflächengröße im Bereich von einigen 10 m^2 g^{-1}, aber mit weitporiger Struktur, setzt man bei schnellen Reaktionen mit großen Molekülen ein, z. B. bei der Polymerisation von Ethen oder Propen an Heteropolysäuren auf SiO_2. Poröse Festkörper mit großen Oberflächen mit Werten von einigen 100 m^2 g^{-1} verwendet man eher zur Durchführung von langsamen Reaktionen, wie z. B. bei der Dehydratisierung von Alkoholen an Al_2O_3, bzw. als Trägerkomponente zur Herstellung und Stabilisierung nanoskaliger Metallpartikel für die hydrierenden Prozesse der Erdölverarbeitung.

Für eine Katalysatorvorauswahl bietet die in Tab. 3.1 und 3.2 aufgeführte Klassifizierung heterogener Katalysatoren nach ihrer Hauptwirkung sowie nach der spezifischen Oberflächengröße lediglich erste Orientierungshilfen. In Wirklichkeit sind die in der industriellen Praxis eingesetzten Katalysatoren in ihrer texturellen, strukturellen und oberflächenchemischen Beschaffenheit viel komplexer. Insbesondere bei multifunktionalen oder Mehrkomponenten-Katalysatoren überlagern sich katalysator- und reaktionsseitige Einflussfaktoren und erschweren damit die Suche nach Struktur-Wirkungs-Beziehungen. Um bei der Entwicklung eines festen Katalysators die gewünschten Eigenschaften sicher einstellen zu können, ist daher neben der genauen Kenntnis der wichtigsten Einflussfaktoren auf die Katalysatorleistung auch das Beherrschen bewährter Synthesemethoden und -techniken zur Präparation von Katalysatorvorläufern und darauf basierenden Katalysatorsystemen sowie von technisch einsetzbaren Katalysatorformkörpern von größter Bedeutung.

3.2 Methoden der Katalysatorpräparation

Beim zielgerichteten Katalysatordesign gilt es, zu berücksichtigen, dass jede einzelne Katalysatorkomponente und jeder einzelne Präparationsschritt einen entscheidenden Beitrag zur Qualitätsgüte eines heterogenen Katalysators liefern kann, der sich unabhängig vom Katalysatortyp durch folgende notwendigen Einsatzkriterien auszeichnen muss:

- Katalytische Aktivität, erreichbar durch die hohe Anzahl katalytisch aktiver Zentren in der Feststoffoberfläche
- Reaktionsselektivität
- Resistenz gegenüber Katalysatorgiften
- Thermische und mechanische Stabilität
- Regenerierfähigkeit
- Einfachheit, Umweltfreundlichkeit und Reproduzierbarkeit der Katalysatorherstellung
- Wirtschaftlichkeit des Katalysatoreinsatzes.

Diese Anforderungen lassen sich vorwiegend im Prozess der Katalysatorherstellung realisieren, der aus mehreren physikalischen und chemischen Stufen bestehen kann und trotzdem einfach sein muss. Dabei ist darauf zu achten, dass die für die Synthese von Katalysatorvorläufern benötigten Rohstoffe preiswert, ökologisch unbedenklich und frei von Verunreinigungen sein sollen, die bereits im Spurenbereich die Leistungsfähigkeit des späteren Katalysators beeinträchtigen könnten. Zur Sicherstellung der Produktqualität ist es unabdingbar, jeden Präparationsschritt unter genau definierten und sorgfältig kontrollierten Bedingungen durchzuführen. Schließlich muss die hergestellte Aktivmasse auch nach Überführung in die technisch brauchbare Katalysatorform weiterhin eine hohe katalytische Aktivität und Selektivität sowie eine ausgezeichnete Langzeitstabilität aufweisen.

3.2.1 Metallkatalysatoren

Katalysatoren aus reinen Metallen und Metalllegierungen werden in der Praxis im Vergleich zu anderen Katalysatortypen in geringerem Umfang eingesetzt. Einzelne Vertreter dieser Gruppe wie die Katalysatoren zur Ammoniaksynthese (Fe) und -oxidation (Pt/Rh) haben jedoch eine weite Verbreitung gefunden. In modernen Prozessen verwendet man metallische Katalysatoren immer häufiger bei vielen Synthesen komplexer organischer Moleküle, speziell für die Durchführung von Hydrierungsreaktionen. Metallkatalysatoren werden als Netze, Späne, Spiralen, Pulver oder auch als elektrolytisch abgeschiedene Kristalle gefertigt. Die kompakt präparierten Katalysatoren zeichnen sich durch eine hohe Festigkeit und eine gute Wärmeleitfähigkeit aus, sie besitzen aber gegenüber den pulvrigen Katalysatoren eine relativ kleine spezifische Oberfläche. Abhängig von der Art der Herstellung unterscheidet man zwischen metallischen *Schmelz-* und *Skelettkatalysatoren*.

Das Verfahren zur Herstellung von Schmelzkatalysatoren ist vergleichsweise einfach und besteht aus folgenden Teilschritten:

- Vorbereiten der Vorläuferkomponenten bzw. Metalle in gewünschter Form und Zusammensetzung
- Schmelzen der Komponenten bei hohen Temperaturen
- Abkühlen oder Abschrecken der Schmelze
- Zerkleinern der Katalysatormasse auf die erforderliche Korngröße oder Verweben zum Metall-Drahtnetz.

Als Beispiel eines Schmelzkatalysators ist eine Platin-Rhodium-Legierung, bestehend aus 90 % Pt und 10 % Rh, zu nennen, die durch Schmelzen erhalten wird und in Form von Metall-Drahtnetzen als Katalysator in der Ammoniakoxidation zu Stickoxiden beim Ostwald-Verfahren der Salpetersäureproduktion Verwendung findet. Der Drahtdurchmesser der verwendeten Netze beträgt im Durchschnitt ca. 0,075 mm. Wichtig bei der Katalysatorherstellung ist, dass das eingesetzte Platin nicht mit Eisenspuren verunreinigt ist, weil dadurch die Ausbeute der Stickoxide beträchtlich vermindert wird. Ebenso ist auch reinstes Platin für den Einsatz als Katalysator ungeeignet, da sich unter den Prozessbedingungen verstärkt PtO_2 bildet, das für eine Platinverflüchtigung über die Gasphase verantwortlich zeichnet. Eine genügende Stabilität des Katalysators bei hohen Einsatztemperaturen von 800–900 °C lässt sich erst durch das Zulegieren von Rhodium bewerkstelligen. Durch einen weiteren Zusatz von Pd zur Platin-Rhodium-Legierung erreicht man eine gleich bleibende katalytische Aktivität bereits bei etwas niedrigeren Temperaturen, allerdings geht die mechanische Festigkeit des Katalysators etwas zurück.

Ein weiteres Beispiel eines Schmelzkatalysators stellt der Eisen-Katalysator für die Ammoniaksynthese nach dem Haber-Bosch-Verfahren dar. Zur Katalysatorherstellung verwendet man technisch reines kohlenstoffarmes Eisen, das man zunächst im Induktionsofen in einem feuerfesten Tiegel aus Magnesitstein bei 1600 °C zum Schmelzen bringt. Danach führt man der Schmelze kontinuierlich Sauerstoff zu. Während der Eisenoxidation bei 1600–2000 °C setzt man der Schmelze die Promotoren Al_2O_3, $CaCO_3$ und K_2CO_3 zu. Die so erhaltene Schmelze wird anschließend auf ein Blech überführt, das man mit Wasser kühlt. Die abgekühlte Aktivmasse wird schließlich zerkleinert und ausgesiebt. Hauptbestandteil des unreduzierten Katalysators ist Magnetit Fe_3O_4 (ca. 90 %) mit einem geringen Anteil an FeO. Seine Reduktion erfolgt gewöhnlich direkt in der Ammoniaksynthese-Kolonne mit einem Stickstoff-Wasserstoff-Gemisch:

$$Fe_3O_4 + 4\,H_2 \;\rightarrow\; 3\,Fe + 4\,H_2O.$$

Der Reduktionsprozess beginnt bei 415–425 °C und endet bei 500–520 °C. Der fertige Katalysator ist ein wenig poröses Eisen kubischer Struktur mit promotierenden Zusätzen von Al_2O_3 (3–4 Masse-%), CaO (2–3 Masse-%) und K_2O (0,7–1,7 Masse-%). Während Al_2O_3 und CaO ein Wachstum der Eisenkristallite bei den Temperaturen der Ammoniak-Synthese von 450–550 °C und damit die Abnahme der katalytisch aktiven Metalloberfläche verhindern, sorgt K_2O seinerseits für die Neutralisation acider Zentren in Al_2O_3, die Ammoniak binden und somit die Wirksamkeit des Katalysators herabsetzen würden. Werden nur 2 % Al_2O_3 zugesetzt, verschlechtert sich die Katalysatorstabilität, während bei 6 % Al_2O_3 die Aktivität des Katalysators sinkt. Daher muss die Menge des zugeführten K_2O dem Al_2O_3-Gehalt proportional sein.

Das Verfahren zur Herstellung von Skelettkatalysatoren geht von Zwei- oder Mehrkomponentenlegierungen aus, bestehend aus katalytisch aktiven Metallen (Fe, Co, Ni, Cu) und inaktiven Komponenten (Al, Mg, Zn). Letztere werden ganz oder teilweise durch die Behandlung mit Lösungen starker Elektrolyte oder andere Operationen entfernt. Es bleibt eine poröse Struktur zurück, die sich aufgrund der großen spezifischen Oberfläche von bis zu 100 m^2 g^{-1} durch hohe katalytische Aktivität bei Hydrierungen von Mehrfachbindungen auszeichnet. Am weitesten verbreitet sind Katalysatoren auf der Basis von Nickel-Aluminium-Legierungen, die man meistens durch Schmelzen der Komponenten erhält. Für praktische Zwecke verwendet man eine Ni-Al-Legierung mit einem Ni-Gehalt von 35–60 %. Die Legierung enthält verschiedene Phasen Ni$_3$Al, NiAl, Ni$_2$Al$_3$ und NiAl$_3$, von denen die beiden letzteren die aktivsten Katalysatoren ergeben. Zur Katalysatorherstellung wird zunächst Aluminium aufgeschmolzen und einige Zeit bei 900–1000 °C gehalten, um gelöste Gase und Salze aus der Schmelze zu entfernen. Danach wird der Schmelze unter Temperatursteigerung bis auf 1900 °C Nickel hinzugegeben. Dem Schmelzvorgang schließt sich eine langsame Abkühlung bis zur Erstarrung der Aktivmasse an, die letztlich zu feinem Pulver zermahlen wird. Raney-Nickel entsteht durch Auslaugen der erhaltenen Ni-Al-Legierung mit überschüssiger 20–30 %iger NaOH-Lösung bei 50–100 °C unter Rühren:

$$2\,Al + 2\,NaOH + 6\,H_2O \;\rightarrow\; 2\,Na\big[Al(OH)_4\big] + 3\,H_2.$$

Nach Beendigung der Reaktion gießt man die Lösung ab, wäscht den festen Niederschlag alkalifrei und entfernt dann das Wasser durch Vakuumerhitzung. Das entstandene Pulver ist äußerst pyrophor und muss deshalb unter einer Ölschicht aufbewahrt und transportiert werden. Die Partikelgröße des fertigen Katalysators beträgt in der Regel 20–50 μm.

3.2.2 Fällungskatalysatoren und Katalysatorträger

Durch die Fällung oder Co-Fällung der katalytisch aktiven Komponenten in Form eines kristallinen oder amorphen Niederschlages aus ihren wässrigen Lösungen werden nahezu 80 % aller in der Praxis verwendeten Vollkatalysatoren und Katalysatorträger erhalten. Die Präparation von Fällungskatalysatoren läuft in mehreren Schritten ab, die in Abb. 3.1 schematisch dargestellt sind. Zunächst werden die aktiven Komponenten gelöst. Für die Aktivkomponentenlösungen verwendet man leicht zugängliche und gut in Wasser lösliche Salze, z. B. Nitrate, Acetate oder Oxalate, die zudem keine für den späteren Katalysator giftigen Verunreinigungen enthalten dürfen. Bei der Auflösung von Salzen in Wasser bilden sich hydratisierte Kationen, die einer weiteren stufenweisen Hydrolyse unterliegen:

$$M^{m+} + n\,H_2O \rightleftharpoons \big[M(H_2O)_n\big]^{m+}$$

$$\big[M(H_2O)_n\big]^{m+} + p\,H_2O \rightleftharpoons \big[M(H_2O)_{n-p}(OH)\big]^{(m-p)+} + p\,H_3O^+.$$

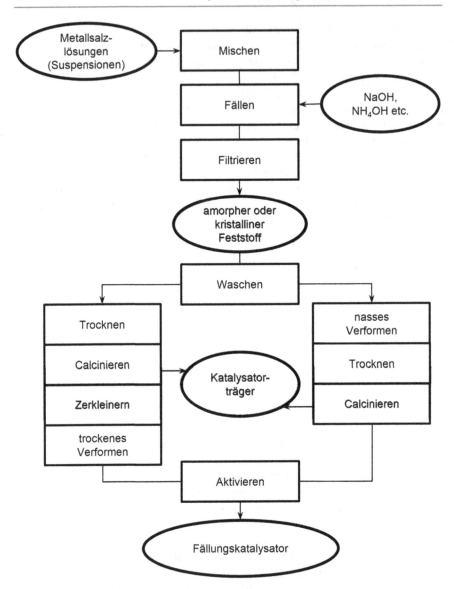

Abb. 3.1 Blockschema des Herstellungsprozesses von Fällungskatalysatoren

Die Hydrolyseprodukte wandeln sich letztlich zu Komplexen des Typs $[M(OH)_m]_n^{p+}$ um, deren Bildungsgrad sehr stark von den Hydrolysebedingungen (Temperatur, Konzentration, pH-Wert, Rührgeschwindigkeit u. a.) und der Kationenart abhängig ist. Die Hydrolysetiefe der Ausgangstoffe beeinflusst die physikalischen Eigenschaften der Katalysatorvorläufer und als Folge auch die Eigenschaften der später daraus gewonnenen Katalysatoren (Kristallinität, Partikelgröße, Porosität u. a.).

Die eigentliche Fällung erfolgt durch das Vermischen von Aktivkomponentenlösungen in der Regel mit Lauge, Ammoniumhydroxid oder Ammoniumcarbonat. Beim Ausfallen des Niederschlages laufen zwei Prozesse ab: die Bildung von Keimen der festen Phase und das Kristallwachstum oder die Vergrößerung gelförmiger Partikel durch Koagulation. Je feiner der Niederschlag, umso aktiver der daraus gewonnene Katalysator. Eine große Zahl an Keimen erreicht man durch den Einsatz konzentrierterer Ausgangslösungen und durch Temperaturerhöhung. Bei der Herstellung von Mehrkomponentenkatalysatoren wird die Mikrohomogenität der festen Phase infolge der unterschiedlichen Löslichkeit der gefällten Verbindungen wesentlich durch den *pH*-Wert des Mediums bestimmt. So fallen aus sauren Salzlösungen im Prozess der Neutralisation als Erstes Hydroxide mit dem geringsten Fällungs-*pH*-Wert aus (z. B. $Fe(OH)_3$ und $Sn(OH)_2$ bei *pH*=2,0; $Al(OH)_3$ bei *pH*=4,1), danach Hydroxide mit dem mittleren Fällungs-*pH*-Wert (z. B. $Zn(OH)_2$ bei *pH*=5,2; $Cu(OH)_2$ und $Cr(OH)_3$ bei *pH*=5,3; $Ni(OH)_2$ bei *pH*=6,7; $Co(OH)_2$ bei *pH*=6,8) und schließlich Hydroxide mit dem höchsten Fällungs-*pH*-Wert (z. B. $Mn(OH)_2$ bei *pH*=8,8; $Mg(OH)_2$ bei *pH*=10,5).

Die im Ergebnis der Fällung erhaltenen Lösungen mit Niederschlägen unterwirft man einer Filtration. Anschließend ist es erforderlich, aus dem abfiltrierten Niederschlag die überflüssigen Komponenten durch Waschen zu entfernen. Nach Filtration und Waschen muss der feuchte Niederschlag (meist 25–30 % Feuchtigkeit) in einem Kontakt- oder Konvektivtrockner oberhalb der Siedetemperatur des Lösungsmittels getrocknet werden, bevor sich die wichtigste Behandlungsoperation bei der Katalysatorherstellung, die Calcination, anschließt. Beim Calcinieren erhält man infolge thermischer Zersetzung der Katalysatorvorläufer die eigentlich aktive Katalysatormasse. Die Calcinationsbedingungen (Temperatur, Dauer, Atmosphäre) bestimmen wesentlich die texturellen, strukturellen und oberflächenchemischen Eigenschaften der resultierenden Vollkatalysatoren oder Katalysatorträger. Deshalb sollte die Calcinationstemperatur gleich oder höher als die spätere Arbeitstemperatur des Katalysators sein. Anschließend überführt man die erhaltene Katalysatormasse nach Zerkleinern in technisch einsetzbare Katalysatorformen wie Tabletten, Granulate, Stränge oder Hohlstränge durch Verfestigen oder Extrudieren mit geeigneten Bindemitteln. Die Letzteren müssen bezüglich der zu katalysierenden Reaktion inert und unter Prozessbedingungen chemisch und thermisch stabil sein. Vor Inbetriebnahme erfahren die auf diese Weise präparierten Katalysatoren noch eine nachfolgende prozessspezifische Aktivierung.

Das Verfahren der Fällung oder Co-Fällung aus wässrigen Lösungen liegt der Herstellung der technisch wichtigsten Katalysatorträger, wie verschiedenen Al_2O_3-Modifikationen, Silicagel oder amorphen Alumosilicaten, zugrunde. Die Träger können entweder nur zum Zweck der Dispergierung oder Stabilisierung der katalytisch aktiven Komponenten in der Feststoffoberfläche und zur Erhöhung der mechanischen Festigkeit sowie der thermischen Stabilität des Katalysators dienen, oder aber zusätzlich je nach Reaktionsart und Prozessbedingungen ihren eigenen Beitrag zur katalytischen Wirkung liefern. „Inerte" Träger verfügen in der Regel über eine geringe spezifische Oberfläche, hingegen zeichnen sich „aktive" Träger durch eine sehr gut entwickelte Oberfläche aus. Die texturellen, strukturellen und oberflächenchemischen Eigenschaften eines Katalysatorträgers lassen sich im Prozess des Fällens, Waschens, Trocknens und Calcinierens der Katalysatorvorläufer sowie bei der Verformung der aktiven Katalysatormasse gezielt beeinflussen. Als nachteilig beim Fällungsverfahren erweisen sich jedoch der hohe Verbrauch an Ausgangsstoffen und Energie sowie die große Menge anfallender Abwässer.

Aluminiumoxid Von den verschiedenen Al_2O_3-Modifikationen haben vornehmlich γ-Al_2O_3 und η-Al_2O_3 sowie in gewissem Maße α-Al_2O_3 (Korund) eine breite Anwendung in der technischen Katalyse gefunden. Als Ausgangstoffe zur Herstellung von Aluminiumoxiden dienen Aluminiumsalze bzw. Aluminate, erhältlich durch die Behandlung des Aluminium-Erzes Bauxit mit Säuren oder Laugen. Im weiteren Verlauf fällt man reines Aluminiumhydroxid (Gibbsit = Hydrargillit bzw. Bayerit) oder -Oxidhydroxid (Böhmit) entweder aus sauren Aluminiumsalz-Lösungen (Sulfat, Nitrat, Chlorid) durch Zugabe von Ammoniak oder Ammoniumcarbonat oder aus alkalischen Aluminat-Lösungen mittels Mineralsäuren (H_2SO_4, HNO_3, HCl) oder CO_2 (Carbonisierung). Das erhaltene Hydrogel lässt man eine gewisse Zeit bei 40–80 °C altern, danach filtriert man es ab und wäscht es sorgfältig salzfrei, bevor es granuliert, getrocknet und calciniert wird. Der Entwässerungsverlauf während der Calcination und die resultierende Produktqualität hängen wesentlich von der Gelteilchengröße, der Aufheizgeschwindigkeit und der Ofenatmosphäre ab.

In Abb. 3.2 ist die Bildungsabfolge verschiedener Aluminiumoxide mit steigender Calcinationstemperatur dargestellt. Beim Erhitzen von feindispersem Bayerit auf 230–260 °C bildet sich die η-Al_2O_3-Modifikation, hingegen entsteht aus feindispersem Gibbsit bei 250–300 °C die χ-Al_2O_3-Modifikation. Grobdisperse

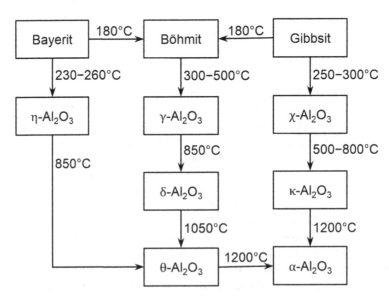

Abb. 3.2 Bildungsabfolge verschiedener Aluminiumoxide beim Calcinieren gefällter Aluminiumhydroxide mit steigender Temperatur

und alkaliverunreinigte $Al(OH)_3$-Fällungsprodukte wandeln sich bei einer Temperatur von 180 °C zunächst in Böhmit (AlOOH) um, bevor es seinerseits durch Calcination bis 500 °C die γ-Al_2O_3-Modifikation liefert. Das weitere Erhitzen bis 800–1000 °C führt zur Bildung von einer Reihe thermodynamisch instabiler Al_2O_3-Zwischenmodifikationen (δ-, θ-, κ-Al_2O_3). Die thermodynamisch stabilste, unporöse Form des Aluminiumoxids, α-Al_2O_3, erhält man durch Calcinieren sämtlicher Al_2O_3-Modifikationen bis zu Temperaturen von 1200 °C.

Die aktiven Aluminiumoxidformen (γ-Al_2O_3, η-Al_2O_3) mit spezifischen Oberflächengrößen zwischen 180–500 $m^2\,g^{-1}$ verwendet man zur Herstellung von Katalysatoren und Katalysatorträgern beispielsweise für Hydrierungs- und Isomerisierungsreaktionen, Reforming und Hydrocracking sowie für die hydrierende Entschwefelung von Erdölfraktionen. Das inerte α-Al_2O_3 mit einer spezifischen Oberflächengröße von maximal 5 $m^2\,g^{-1}$ fungiert als Katalysatorträger für katalytisch aktive Komponenten bei der Selektivoxidation von Ethen oder Benzen.

Silicagel Als Silicagel oder Kieselgel bezeichnet man amorphe Kieselsäure mit einer großen spezifischen Oberfläche zwischen 250 und 800 $m^2\,g^{-1}$, die im Ergebnis eines Trocknungsprozesses des gefällten Polykieselsäuregels entsteht. Bei der Herstellung von Silicagel geht man von wässrigen Silicatlösungen (meistens Wasserglas) aus, die man mit Schwefelsäure versetzt:

$$Na_2SiO_3 + H_2SO_4 + H_2O \rightleftarrows Na_2SO_4 + H_4SiO_4.$$

Die gebildete Kieselsäure kondensiert schnell über die Silanolgruppen ($\equiv$Si–OH) unter Wasserabspaltung und Ausbildung von Siloxanbrücken ($\equiv$Si–O–Si$\equiv$), bis schließlich Hydrosol entstanden ist, das beim Abkühlen in Hydrogel übergeht. Die Größe der Primärpartikel in Solen, die meist eine kugelförmige Gestalt mit einer silanolgruppenreichen Oberfläche annehmen, liegt gewöhnlich im Bereich zwischen 3 und 30 nm. Die Eigenschaften des daraus erhaltenen Gels sind von der Vermischung der Reaktanden, Temperatur, Alterung, Synärese und dem *pH*-Wert abhängig. Das gebildete Gel wird anschließend filtriert, gewaschen und getrocknet. Je nach Herstellungsbedingungen entstehen engporige Silicagele (Porengröße = 3 nm) oder weitporige Silicagele (Porengröße = 8–12 nm) mit inneren Oberflächen von 600–800 $m^2\,g^{-1}$ bzw. 250–400 $m^2\,g^{-1}$. Die erhaltenen Produkte lassen sich zu Granulaten einer gewünschten Form mit guten Festigkeitseigenschaften verformen. An Silicagel als Katalysatorträger stellt man in Abhängigkeit von der Reaktionsart verschiedene Anforderungen hinsichtlich Reinheit, Oberflächengröße, Porenstruktur und Festigkeit. Aufgrund einer geringen thermischen Stabilität setzt man Silicagel als oberflächenreiche und weitporige Trägersubstanz bei Reaktionen unterhalb von 300 °C ein, zu denen z. B. Polymerisationen oder Hydrierungen gehören.

Amorphes Alumosilicat Röntgenamorphe Alumosilicate gehören in die Gruppe der Silicate, die sich im Wesentlichen aus Grundbausteinen, $[SiO_4]$- und $[AlO_4]^-$-Tetraedern, ohne eine Fernordnung aufbauen, wobei die Letzteren im Festkörper je nach Zusammensetzung geordnet oder stochastisch verteilt vorliegen können. Werden diese Grundbausteine über die Ecken miteinander verknüpft, so müssen positiv geladene Ionen für die Elektroneutralität der negativen Gerüstladung sorgen, die aufgrund unterschiedlicher Wertigkeiten von Silicium und Aluminum zustande kommt. Gewöhnlich stellt man amorphe Alumosilicate aus einem Alumosilicat-Hydrogel her, das entweder beim Vermischen von Wasserglas-Lösung mit Aluminiumsulfat-Lösung oder beim Co-Fällen beider Gelkomponenten bei ca. 10 °C entsteht. Die maximale Geschwindigkeit der Fällung erreicht man bei einem *pH*-Wert von 9, der durch Zugabe von Säure zum Gemisch reguliert wird. Die genaue Dosierung der Lösungen ist entscheidend für die Bildung von Gelteilchen bestimmter Form und Größe. Die kugelförmigen alumosilicatischen Primärpartikel weisen eine durchschnittliche Partikelgröße von ca. 4 nm auf. Nach der Fällung schließt sich die feuchte Behandlung des Gels an. Diese besteht aus der Synärese zwecks Volumenverdichtung des Gels, aus dessen Aktivierung mit Ammonium- und Aluminiumsulfat zur Entfernung von überschüssigen Natrium-Kationen, aus dem Waschen mit reichlich Wasser und Imprägnieren mit oberflächenaktiven Stoffen (z. B. höherkettigen Alkylsulfonsäuren und ihren Ammoniumsalzen) sowie Trocknen. Danach werden die erhaltenen Granulate zur Erhöhung der mechanischen Festigkeit bei 750 °C calciniert. Die spezifische Oberflächengröße granulierter oder verformter Alumosilicate, deren Aluminiumoxid-Anteil im Bereich von 10–30 Mol.-% liegt, schwankt je nach Herstellungsbedingungen zwischen 150 und 200 m^2 g^{-1}. Katalysatorsysteme auf der Basis röntgenamorpher Alumosilicate, die möglichst frei von Eisenspuren sein müssen, finden bei sauer katalysierten Reaktionen (Cracken, Alkylierung, Isomerisierung etc.) breite Anwendung.

3.2.3 Zeolithkatalysatoren

Eine besondere Stellung unter den Katalysatoren nehmen bei der Erdölverarbeitung und bei organisch-technischen Synthesen Zeolithkatalysatoren ein. Zeolithe sind kristalline Alumosilicate mit regelmäßigen Gerüststrukturen, die in zahlreichen Modifikationen in der Natur vorkommen und auch synthetisch zugänglich sind. Die aktuelle Datenbank der bisher bekannten Zeolithe umfasst insgesamt ca. 170 Strukturtypen, davon kommen mehr als 40 in der Natur vor. Natürliche Zeolithe wurden von dem schwedischen Mineralogen Baron Axel Frederic von Cronstedt (1722–1765) entdeckt und erstmals beschrieben. Er beobachtete, dass manche mineralische Gesteine beim Erhitzen vor dem Lötrohr unter Wasserabgabe aufschäumten, denen er fortan den Namen „Zeolith" gab. Die Bezeichnung „Zeolith" leitet sich aus dem Griechischen ab und bedeutet im Deutschen „siedender Stein" (*zeos* – sieden und *lithos* – Stein). Die Vielfalt der möglichen Gerüststrukturen und das im Unterschied zu röntgenamorphen Alumosilicaten hoch geordnete Porensystem mit Porengrößen im Bereich von Moleküldurchmessern, verbunden mit einer hohen spezifischen Oberflächengröße von mehreren Hundert m^2 g^{-1}, prädestinieren Zeolithe als Katalysatorkomponenten und Katalysatorträger.

Das zeolithische Gerüst besteht aus miteinander über Sauerstoffatome eckenverknüpften [SiO$_4$]- und [AlO$_4$]-Tetraedern. Eine direkte Verknüpfung von [AlO$_4$]$^-$-

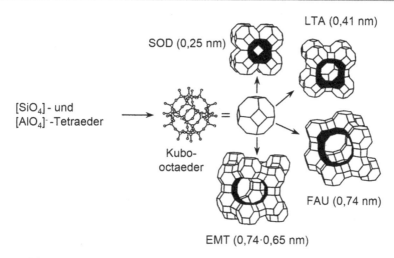

Abb. 3.3 Schematischer Aufbau zeolithischer Strukturen aus [SiO$_4$]- und [AlO$_4$]$^-$-Tetraedern

Tetraedern ist in Alumosilicaten nach der sogenannten Löwenstein-Regel nicht möglich. Die [SiO$_4$]- und [AlO$_4$]$^-$-Tetraeder können dabei auf verschiedene Weise zu sekundären Baueinheiten bzw. Tertiärstrukturen unterschiedlichster Art zusammengesetzt werden. Dadurch entstehen zahllose Hohlräume und Kanäle, die austauschbare Metall-Kationen M^{n+} zur Ladungskompensation des Anionengerüstes sowie Wassermoleküle enthalten. Daraus resultiert die chemische Zusammensetzung von Zeolithen mit der allgemeinen Formel

$$M_{2/n} \cdot Al_2O_3 \cdot xSiO_2 \cdot yH_2O,$$

wobei x das molare oxidische Verhältnis von SiO$_2$/Al$_2$O$_3$ (Modul) mit den Werten ≥ 2 angibt. Abbildung 3.3 zeigt beispielhaft den schematischen Aufbau unterschiedlicher zeolithischer Strukturen aus [SiO$_4$]- und [AlO$_4$]$^-$-Tetraedern. So lassen sich die dreidimensionalen Hohlraumstrukturen von aluminiumreichen Zeolithen vom Typ A (Porengröße: 0,41 nm) sowie vom Typ X und Y (Porengröße: 0,74 nm) über die zweidimensionale Kanalstruktur des siliciumreichen Zeoliths ZSM-5 (ZSM, engl. **Z**eolite **S**ocony **M**obil, Porengrößen: 0,53 × 0,56 nm und 0,51 × 0,55 nm) bis hin zu eindimensional strukturierten mesoporösen Alumosilicaten vom Typ MCM-41 (MCM, engl. *Mobil Composition of Matter*, Porengrößen: von 1,5 bis über 10 nm) abbilden.

Die Poreneingangsöffnungen zu Hohlräumen und Kanälen der Zeolithe sind mit dem kinetischen Moleküldurchmesser einfacher Kohlenwasserstoffe vergleichbar (Tab. 3.3). Da man in der Lage ist, durch eine wechselnde Zeolith-Zusammensetzung und -Struktur den Zugang zum Zeolithinneren je nach Gestalt und Größe der Moleküle gezielt „maßzuschneidern", können Zeolithe auch als *Molekularsiebe* bzw. als nanodimensionierte „Reaktionsgefäße" in der molekülformselektiven Katalyse wirken.

Tab. 3.3 Vergleich der Porendimensionen einiger zeolithischer Molekularsiebe mit dem kinetischen Durchmesser verschiedener organischer Moleküle

Zeolithtyp	Strukturcode	Porengröße, nm	Modul	Molekül und -größe, nm
Zeolith A	LTA	0,41	2	Wasser – 0,26
				Sauerstoff – 0,346
				Methan – 0,38
				n-Butan – 0,43
ZSM-5	MFI	0,53 × 0,56 0,51 × 0,55	>30	Propen – 0,45
				iso-Butan – 0,50
				p-Xylen – 0,57
Mordenit	MOR	0,65 × 0,70	10	Cyclohexan – 0,60
				o- und m-Xylen – 0,63
				iso-Octan – 0,645
Faujasit (X, Y)	FAU	0,74	5,6	1,3,5-Trimethylbenzen – 0,77
				Triethylamin – 0,78
MCM-41	N/A	1,5–10	>30	1,3,5-Triisopropylbenzen – 0,94
				Perfluortributylamin – 1,02

Die Zeolithsynthese erfolgt meistens durch die hydrothermale Kristallisation von Reaktionsgelen, die beim Vermischen von stark alkalischen wässrigen Lösungen von Silicium- und Aluminiumverbindungen entstehen. Als reaktionsfähige Silicium- und Aluminiumquellen kommen Wasserglas, Silicagel oder Kieselsäure sowie Alkalialuminat und verschiedene Aluminiumsalze zum Einsatz. Die Natur und Güte des synthetisierten Zeoliths sind dabei von der Zusammensetzung der Reaktionsmischung, der Rührgeschwindigkeit, der Kristallisationstemperatur und -dauer abhängig. Beispielsweise ist die Synthese des aluminiumreichen Zeoliths A (Modul = 2) schon unter Normaldruck bei Temperaturen von 80–90 °C im Verlaufe von 6 h realisierbar. Hingegen führt man die Synthese des siliciumreicheren Zeoliths vom Typ Y (Modul = 5,6) in einem Hochdruckautoklaven bei Temperaturen von 100–120 °C durch und benötigt hierfür bereits 12 h. Die Synthese des extrasiliciumreichen Zeoliths vom Typ ZSM-5 (Modul ≥ 30) gelingt erst bei 150–170 °C im Verlaufe von 24 h und in Gegenwart von strukturdirigierenden Verbindungen in der Reaktionsmischung, z. B. Tetrapropylammoniumhydroxid, die man nach erfolgter Kristallisation, Filtration, Waschung und Trocknung durch die mehrstündige Calcination bei 550 °C aus der zeolithischen Struktur entfernt.

Die erhaltenen kristallinen Produkte weisen Kristallitgrößen je nach Synthesebedingungen und Zeolithtypen im Bereich zwischen 0,5 und 5 μm auf und liegen in der Regel in ihrer sogenannten Na-Form vor. Aber auch die Synthese nanoskaliger Zeolithe, d. h. Zeolithmaterialien mit Teilchengrößen unter 100 nm, ist heutzutage möglich. Die Na⁺-Kationen sind leicht gegen eine äquivalente Menge anderer Kationen austauschbar. Da Zeolithe als aktive Katalysatorkomponente beim katalytischen Cracken oder als aktive Träger für das bifunktionell katalysierte Hydrospalten von schweren Erdölfraktionen über acide Eigenschaften verfügen müssen, ist es notwendig, die neutrale Na-Form in die saure H-Form zu überführen. Zu diesem Zweck führt man im einfachsten Fall einen Ionenaustausch am Zeolith mit Ammoniumsalzlösungen bei 70–80 °C und einem Feststoff-Flüssigkeits-Verhältnis von mindestens 1 : 4 im Verlauf von 2 h durch, um zunächst Na^+-Ionen gegen NH_4^+-Ionen auszutauschen. Anschließend wandelt man die Ammonium-Form des Zeoliths durch eine thermische Behandlung bei 450 °C in die acide und damit katalytisch aktive H-Form um. Die strukturellen und oberflächenchemischen Eigenschaften der Zeolithe lassen sich je nach Einsatzgebiet als Katalysatorkomponente durch weitere Operationen postsynthetisch modifizieren, zu denen z. B. der Eintausch mehrwertiger Kationen, die Dealuminierung und Desilierung sowie die isomorphe Substitution von Aluminium- oder Silicium-Atomen im Zeolithgerüst gehören. Die so präparierten Zeolithe werden schließlich durch Zusätze von Kaolin, Aluminiumoxiden oder amorphen Alumosilicaten in eine Matrix eingebunden. Letztere erhöht die mechanische und thermische Stabilität der katalytisch aktiven Komponente, schützt sie vor einer Vergiftung und verbessert somit ihr Standzeitverhalten.

3.2.4 Trägerkatalysatoren

Der überwiegende Teil der verwendeten heterogenen Katalysatoren gehört zu den sogenannten Trägerkatalysatoren. Als Träger setzt man die zuvor beschriebenen mehr oder weniger porösen Feststoffe wie Aluminiumoxide, Silicagel, amorphe und kristalline Alumosilicate (Zeolithe) ein. Die große spezifische Oberfläche dieser Katalysatorträger sorgt für die gute Verteilung von katalytisch aktiven Komponenten in der Feststoffoberfläche und somit für eine hohe spezifische Aktivität eines Katalysators.

Die Aktivkomponenten können auf den Träger durch Tränkung bzw. Imprägnierung des vorgefertigten porösen Trägers mit einer (meist wässrigen) Lösung der Aktivkomponente, deren Anionen thermisch unbeständig sind, z. B. Nitrate oder Acetate, aufgebracht werden. Dazu übergießt man den Feststoff im trockenen Zustand mit der Tränklösung bestimmter Konzentration und hält die erhaltene Suspension eine gewisse Zeit unter Vermischen auf bestimmter Temperatur. Wird ein Flüssigkeitsvolumen verwendet, das dem zuvor ermittelten Porenvolumen gleich ist, spricht man von einer trockenen Imprägnierung, da der imprägnierte Feststoff nach der Beladung mit der Aktivkomponente äußerlich trocken wirkt. Zur Erreichung einer gleichmäßigen Verteilung der Aktivkomponente im porösen Träger verdrängt man die Luft aus den Poren durch vorherige Behandlung des Feststoffes mit in Wasser besser löslichen Gasen wie CO_2 oder NH_3. Denselben Effekt erreicht man auch durch Evakuieren der Luft aus den Poren mittels Anlegen von Vakuum. Das Imprägnieren des Trägers mit erwärmter Tränklösung führt ebenfalls zum schnelleren Entweichen der Luft aus den Poren und zum Verkürzen der Tränkzeit. Nach der Tränkung aus überstehender Lösung wird der mit Aktivkomponenten beladene Feststoff abfiltriert bzw. bis zur Trockene abrotiert und anschließend in oxidierender Atmosphäre thermisch behandelt. Dabei können die für die betrachtete Reaktion üblicherweise inerten Träger mit den Aktivkomponenten katalytisch aktive Phasen ausbilden. Beispielsweise beobachtet man bei den durch Tränkung hergestellten Hydroentschwefelungskatalysatoren $Co-Mo/Al_2O_3$ oder $Ni-Mo/Al_2O_3$ nach deren Calcination bei 500–600 °C den Einbau von Co^{2+}- oder Ni^{2+}-Ionen in das Al_2O_3-Gitter bzw. die Ausbildung von Volumen- und Oberflächenphasen, z. B. $Al(MoO_4)_3$, $CoAl_2O_4$, $NiAl_2O_4$, $CoMoO_4$, $NiMoO_4$. Bei der Herstellung von Trägerkatalysatoren unter Verwendung von unlöslichen Salzen kombiniert man das Tränken und Fällen, wobei die Aktivkomponenten auf den Träger nacheinander aufgebracht und jeweils thermisch behandelt werden.

Bei der Herstellung von Metall/Träger-Katalysatoren, wie z. B. im Fall des Reformingkatalysators $Pt/\gamma-Al_2O_3$, wird $H_2[PtCl_6]$ als Aktivkomponente der Tränkung zunächst durch thermische Behandlung bei 500 °C in das Oxid PtO_2 überführt, bevor man dieses dann zum Metall reduziert. Die Reduktion führt man in der Regel bei Temperaturen etwas oberhalb der späteren Einsatztemperatur des Katalysators mit Wasserstoff durch, doch es können auch Kohlenstoffmonoxid oder Alkoholdämpfe als Reduktionsmittel verwendet werden. Verhältnismäßig leicht lassen sich die geträgerten Oxide der Metalle der VIII. Nebengruppe (z. B. Co, Ni, Pd, Pt) oder das Kupferoxid reduzieren. So liegen die Reduktionstemperaturen für Cu-haltige Katalysatoren bei 180–200 °C, für Ni-haltige Katalysatoren im Bereich von 250 bis 300 °C und für Co-, Pd- oder Pt-beladene Katalysatorsysteme bei 400–450 °C. Die reduzierten Katalysatoren weisen häufig pyrophore Eigenschaften auf und müssen daher zur Verhinderung unerwünschter exothermer Oberflächenreaktionen an Luft unter Wasserstoff- oder Inertgasatmosphäre aufbewahrt werden. Der Edelmetallgehalt in den präparierten Katalysatoren liegt meist im Bereich von 0,1 bis 1 Ma.-%, für die anderen Metalle sind Gehalte von 5 bis 15 Ma.-% üblich.

Sollen Hydroisomerisierungskatalysatoren mit Pt oder Pd auf acidem Zeolith hergestellt werden, kann zunächst ein Ionenaustausch mit Lösungen ihrer kationischen Tetraminkomplexe in der Feststoffoberfläche erfolgen, bevor diese dann im Luftstrom calciniert und anschließend im Wasserstoffstrom reduziert werden. Auf diesem Weg präparierte Metall/Träger-Katalysatoren weisen je nach Behandlungsbedingungen stabile und hoch aktive Metallpartikel mit durchschnittlicher Größe von 0,8 bis 10 nm auf.

Außer mit oxidischer und metallischer Aktivkomponente können anorganische Katalysatorträger wie Al_2O_3, Silicagel oder amorphe Alumosilicate auch mit Säuren, z. B. HF oder H_3PO_4, beladen werden, die als Katalysatoren in säurekatalysierten Reaktionen wirken. Im Unterschied zu den anderen Trägerkatalysatoren ist in diesem Fall die Menge der geträgerten Aktivkomponente mit der Menge des verwendeten Trägermaterials vergleichbar. Die Aktivkomponente bildet in der Trägeroberfläche einen Flüssigkeitsfilm. Die katalytische Aktivität solcher Trägerkatalysatoren hängt von der Menge der aufgebrachten Säure und deren Konzentration in der flüssigen Phase ab, die durch den Wasserdampfdruck über dem Katalysator bestimmt wird.

Abb. 3.4 Typische
Formen von industriellen
Katalysatoren

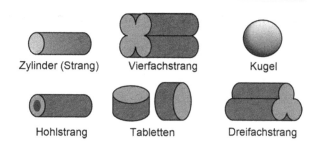

Zylinder (Strang)   Vierfachstrang   Kugel

Hohlstrang   Tabletten   Dreifachstrang

3.2.5   Katalysatorformkörper

Die durch Fällung oder Imprägnierung mit nachfolgender thermischer Behandlung erhaltenen Katalysatorpulver sind in dieser Form im Allgemeinen nicht in technischen Reaktoren verwendbar, da sich in Reaktoren mit einer Pulverschüttung (*Festbettreaktor*) ein viel zu hoher Druck aufbauen würde. Selbst in Reaktoren mit bewegtem Katalysatorbett (*Wirbelschichtreaktor*) stellt man an die fluidisierten feinkörnigen Katalysatoren hohe Anforderungen hinsichtlich der optimalen Korngröße und Korngrößenverteilung sowie der mechanischen Abriebfestigkeit. Daher müssen heterogene Katalysatoren vor ihrem Einsatz verfestigt bzw. verformt werden, z. B. zu Tabletten, Strängen, Hohlsträngen und Kugeln bzw. Mikrokugeln (Abb. 3.4).

Eine der am meisten verbreiteten Methoden der Katalysatorformgebung ist das *Tablettieren* pulverförmiger Katalysatoren in Tablettiermaschinen zu Tabletten oder Ringen bei Pressdrücken von 450 bis 2000 MPa. Zur Verbesserung der Tablettierbarkeit verwendet man verschiedene Plastifikatoren wie Graphit, Talkum oder Kaolin, die sich gegenüber der katalytischen Reaktion inert verhalten müssen. Die Katalysatoren in Tablettenform unterliegen jedoch unter Prozessbedingungen einer thermischen und hydrodynamischen Erosion durch den Reaktandenstrom. Eine weitere relativ einfache Methode der Verformung ist das *Extrudieren* der aktiven Katalysatormasse. Hierzu überführt man sie zunächst unter Zusatz von Hilfsstoffen, Bindemitteln und Wasser in eine teigartige, fließfähige Form, die dann in einer Schneckenmaschine durch eine perforierte Platte mit Öffnungen von definierter Geometrie herausgepresst wird. Die dabei heraustretenden Stränge oder Hohlstränge zerschneidet man zu zylindrischen Presslingen gewünschter Länge, die man anschließend einer thermischen Behandlung unterwirft. Durch Extrudieren lassen sich auch sogenannte Monolithformkörper mit vielen Kanälen herstellen, die sich durch besonders geringe Druckverluste auch bei hohen Reaktandenströmen auszeichnen. Kugelförmige Katalysatoren erhält man beim *Granulieren* von angefeuchtetem Katalysatorpulver und Hilfsstoffen auf einem Tellergranulator. Beim langsamen Rotieren des Tellers rollt sich die zu granulierende Katalysatormasse zu Kügelchen, wobei ihre Größe durch die Rotationsgeschwindigkeit und Neigung des Tellers bestimmt wird und im Bereich von 0,3 bis 5 mm liegt. Katalysatoren mikrosphärischer Form mit Partikelgrößen von 10–100 μm erhält man durch *Sprühtrocknen* von Suspensionen der Katalysatormasse in Zerstäubungstrocknern.

3.3   Modellversuche zur Katalysatorpräparation

Auslaugung NiAl-Legierung, bestehend aus jeweils 50 Ma.-% jedes Metalls, behandelt man in der Kälte mit konzentrierter Natronlauge. Das erhaltene oberflächenreiche Nickel wird laugenfrei gewaschen und unter Alkohol aufbewahrt. Auf ähnliche Art und Weise sind Raney-Cobalt und Raney-Eisen erhältlich.

Fällung Cr_2O_3 als robusten Dehydrierungskatalysator erhält man durch Fällung einer wässrigen Chromnitrat-Lösung mit Ammoniak. Der Niederschlag wird abfiltriert, bei 50 °C getrocknet und anschließend bei 250 °C unter Vakuum im Verlaufe von 8 h calciniert.

Kristallisation Für die Synthese eines ZSM-5-Zeoliths mit dem Modul von 40–50 bereitet man drei Lösungen vor: A) 130 ml Wasserglas +185 ml Wasser; B) 15 g Tetrapropylammoniumbromid +25 ml Wasser und C) 7 g Aluminiumsulfat-Hexahydrat+250 ml Wasser, versetzt mit 7 ml konz. Schwefelsäure. Unter intensivem Rühren werden die Lösungen nacheinander in einen 1-L-Schüttelautoklaven zusammengegeben. Nach Verschließen des Autoklaven erfolgt das Aufheizen auf eine Temperatur von 180 °C. Man belässt den Autoklaven bei dieser Temperatur ca. 20 h und kühlt danach auf Raumtemperatur ab. Das gewünschte Produkt erhält man nach dem Filtrieren, Waschen, Trocknen und Calcinieren (5 h bei 550 °C) des Kristallisats.

Imprägnierung Der bifunktionelle Katalysator Pt/γ-Al_2O_3 lässt sich durch das Tränken des vorgefertigten Trägers mit wässriger $H_2[PtCl_6]$-Lösung definierter Konzentration und anschließendem Trocknen, Calcinieren im Luftstrom bei 500 °C und Reduzieren im Wasserstoffstrom bei 300–400 °C herstellen.

Grundlagen der heterogenen Katalyse 4

4.1 Ablauf heterogen katalysierter Reaktionen

Aus der Definition der heterogenen Katalyse folgt, dass mindestens einer der an der chemischen Reaktion beteiligten Reaktionspartner eine mehr oder weniger intensive Wechselwirkung mit der Feststoffoberfläche eingehen muss. Die daraus resultierende Reaktandenanlagerung an die Oberfläche eines Feststoffes bezeichnet man als *Adsorption*. Das bedeutet, dass jede heterogen katalysierte Reaktion in der adsorbierten Phase stattfindet. Als Reaktionsort gilt die für die Adsorption des Reaktanden verfügbare aktive Oberfläche des Katalysators, die im Falle von kompakten Katalysatoren durch die äußere (geometrische) Oberfläche und bei porösen Katalysatorsystemen vornehmlich durch die innere Oberfläche des porösen Feststoffes bestimmt wird. Man spricht deshalb bei Reaktionen, die an der Phasengrenzfläche ablaufen, von *Oberflächenreaktionen*. Die Reaktionsprodukte verlassen die aktive Oberfläche durch die sich anschließende *Desorption*. Vielfach werden die beschriebenen Vorgänge von Stofftransportvorgängen begleitet, die den Reaktionsablauf beeinflussen können. Dazu gehören der Transport der Reaktionspartner aus der fluiden Phase an die Katalysatoroberfläche und der Abtransport der Reaktionsprodukte wieder in die umgebende Phase zurück. Da bei chemischen Reaktionen zudem Wärmeumsätze auftreten, ist neben dem Stofftransport auch der Wärmetransport zu beachten, der zu lokalen Temperaturgradienten sowohl innerhalb des Katalysatorkorns durch die Wärmeleitung als auch zwischen dem Katalysator und der umgebenden fluiden Phase durch den Wärmeübergang führen kann.

Im Allgemeinen lässt sich eine heterogen katalysierte Reaktion vereinfacht als eine Folge von mehreren hintereinander ablaufenden Teilprozessen darstellen (Abb. 4.1):

1. Stoffübergang der Reaktionspartner aus der Hauptströmung durch die hydrodynamische Grenzschicht an die äußere Oberfläche des Katalysators,
2. Transport der Reaktionspartner zum Reaktionsort durch einen Diffusionsvorgang von der äußeren Oberfläche in die Poren des Katalysators,

© Springer-Verlag Berlin Heidelberg 2015
W. Reschetilowski, *Einführung in die Heterogene Katalyse*,
DOI 10.1007/978-3-662-46984-2_4

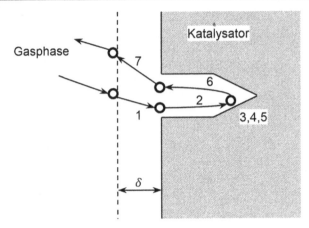

Abb. 4.1 Schematische Darstellung der Teilschritte einer heterogen katalysierten Reaktion

3. Adsorption eines oder mehrerer Reaktanden an der inneren Oberfläche des Katalysators,
4. Oberflächenreaktion der adsorbierten Spezies miteinander oder mit Reaktionspartnern aus der umgebenden fluiden Phase unter Bildung von Reaktionsprodukten,
5. Desorption der Reaktionsprodukte von der Katalysatoroberfläche,
6. Transport der Reaktionsprodukte durch einen Diffusionsvorgang von der inneren Oberfläche an die äußere Oberfläche des Katalysators,
7. Stoffübergang der Reaktionsprodukte von der äußeren Oberfläche des Katalysators durch die hydrodynamische Grenzschicht in die Hauptströmung.

Der Gesamtreaktionsprozess setzt sich somit aus den Stoffübergangsvorgängen durch die hydrodynamische Grenzschicht – den sogenannten Film –, aus Porendiffusionsvorgängen und aus der Oberflächenreaktion adsorbierter Spezies zusammen. Die Teilschritte 1 und 7 sind physikalisch gleichartig und lassen sich durch gleiche Gesetzmäßigkeiten beschreiben. Die Teilschritte 2 und 6 sind gewöhnlich durch die Diffusionsgesetze darstellbar. Die Teilschritte 3 bis 5 umfassen die unmittelbar auf einer Katalysatoroberfläche ablaufenden Vorgänge und werden häufig der Einfachheit halber unter dem Begriff *Mikrokinetik* gemeinsam betrachtet. Die Beschreibung der katalytischen Elementarvorgänge unter Berücksichtigung von Transportvorgängen fasst man hingegen unter dem Begriff *Makrokinetik* zusammen. Die daraus resultierende *effektive Reaktionsgeschwindigkeit* weicht von derjenigen der Oberflächenreaktion ab.

4.2 Physisorption und Chemisorption

Wie im vorangegangenen Abschnitt bereits beschrieben, ist der Oberflächenreaktion in einer heterogen katalysierten Reaktion stets die Adsorption der Reaktanden bzw. die Desorption der Reaktionsprodukte vor- bzw. nachgeschaltet. Beide Pro-

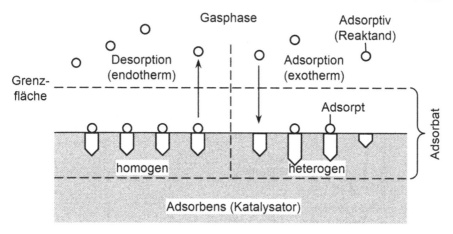

Abb. 4.2 Schematische Darstellung eines Adsorptionsprozesses in der Katalysatoroberfläche

zesse sind mit dem Mechanismus heterogen katalysierter Reaktionen untrennbar verbunden und verlaufen häufig viel schneller als die eigentliche Oberflächenreaktion. Ein Adsorptionsprozess in der Oberfläche eines heterogenen Katalysators ist in Abb. 4.2 schematisch dargestellt und lässt sich vereinfacht durch die Gleichung beschreiben:

Adsorbens (Katalysator) + Adsorptiv (Reaktand) $\rightleftarrows$ Adsorbat

Das Adsorbat ist der Oberflächenkomplex, der im Ergebnis der Wechselwirkung zwischen dem Adsorbens (Katalysator) und dem Adsorpt bzw. Oberflächenspezies (bereits gebundene Form eines Adsorptivs bzw. eines Reaktanden) entsteht.

Im Falle der Adsorption unterscheidet man je nach spezifischen Wechselwirkungskräften, die an der Katalysatoroberfläche auf die adsorbierten Moleküle wirken, zwischen *Physisorption* und *Chemisorption*. Bei der Physisorption behalten adsorbierte Atome und Moleküle ihren individuellen Charakter und die Art der Kräfte entspricht den bekannten Van-der-Waals-Kräften zwischen Atomen und Molekülen. Die bei der Physisorption auftretende Adsorptionswärme liegt in der Größenordnung der Kondensationswärme des Adsorbats im Bereich von 5 bis 50 kJ mol^{-1}. Für die Chemisorption sind hingegen Valenzkräfte verantwortlich, die zur Ausbildung einer kovalenten, ionischen oder koordinativen Bindung zwischen dem adsorbierten Molekül und den exponierten Atomen der Katalysatoroberfläche führen. Die hierbei auftretende Adsorptionswärme liegt im Bereich von Reaktionswärmen und kann Werte von weit über 80 kJ mol^{-1} erreichen.

Im Ergebnis einer mehr oder weniger starken chemischen Wechselwirkung zwischen mindestens einem Reaktanden und der Katalysatoroberfläche kommt es zur Schwächung bzw. zum Bruch der Molekülbindungen und zur Ausbildung von Oberflächenspezies (Intermediaten) mit erhöhter Reaktivität. Für eine Diskussion des Ablaufs einer heterogen katalysierten Reaktion ist es daher wichtig, die gesamte Energetik des Adsorptionsprozesses als Vorstufe der Oberflächenreaktion näher zu betrachten. Diese lässt sich im einfachsten Fall sehr anschaulich anhand

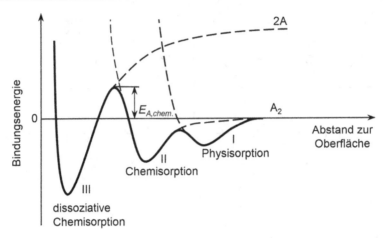

Abb. 4.3 Potenzialverlauf eines adsorbierten Moleküls in Abhängigkeit vom Abstand von der Katalysatoroberfläche bei der Physisorption (*I*) und Chemisorption (*II*) sowie bei der dissoziativen Chemisorption (*III*)

der Änderung der potenziellen Energie eines Moleküls während seiner Annäherung an die Katalysatoroberfläche verfolgen. Die zugrunde liegende Modellvorstellung basiert auf dem Vorschlag von John Lennard-Jones (1894–1954) zur Berechnung der Potenzialenergie zweier Moleküle bei ihrer Annäherung. In Abb. 4.3 sind Potenzialkurven dargestellt, die sich unterschiedlichen Wechselwirkungskräften bei der Adsorption von Molekülen in der Katalysatoroberfläche zuordnen lassen. Die Adsorptionsvorgänge verlaufen meistens exotherm und zeichnen sich durch die negative Adsorptionsenthalpie aus. Die Potenzialkurve I gibt die Physisorption des Moleküls wieder, wobei der Nullpunkt der Energie dem Zustand bei unendlich weit von der Oberfläche entferntem Molekül entspricht. Die Tiefe der Potenzialmulde repräsentiert die Adsorptionswärme q_{Ph} die bei physikalischer Adsorption frei wird. Die Potenzialkurve II mit dem deutlich tieferen Potenzialminimum beschreibt den Fall der Chemisorption und gibt die freigesetzte Adsorptionswärme q_{Ch} wieder. Im Gleichgewichtszustand liegt dieses Minimum naturgemäß bei kleineren Abständen des Moleküls von der Katalysatoroberfläche als bei der Physisorption. Bei der assoziativen Chemisorption kommt es zur Lockerung der Bindungen innerhalb des Moleküls, während die dissoziative Chemisorption III zum Bindungsbruch und somit zur Adsorption der einzelnen Molekülfragmente führt. Im hier gezeigten Beispiel sind die Potenzialkurven durch eine Potenzialbarriere getrennt, die Moleküle überwinden müssen, wenn sie aus dem Zustand der physikalischen Adsorption in den chemisorbierten Zustand übergehen. Das ist der Teil der Energie, der über die Energie des freien Moleküls hinausgeht. Die Höhe dieser Potenzialbarriere stellt die Größe der Aktivierungsenergie $E_{A,chem}$ der Chemisorption dar. Es handelt sich hierbei im Unterschied zu Physisorption um einen aktivierten Prozess.

Häufig lassen sich die verschiedenen Adsorptionsarten durch die experimentelle Bestimmung der Adsorptionswärmen voneinander unterscheiden. Aus der Größe der Adsorptionswärme kann auf die Wechselwirkungsstärke zwischen dem Adsorbens (Katalysator) und Adsorptiv (Reaktand) geschlossen werden. Allerdings ist dieses Unterscheidungskriterium insbesondere im Übergangsbereich der Adsorptionswärmen nicht immer zuverlässig, z. B. wenn die Adsorption der Moleküle von deren Dissoziation begleitet wird oder wenn eine starke Physisorption in eine schwache Chemisorption übergeht. Die experimentell ermittelten Adsorptionswärmen für kleine Moleküle an metallischen Oberflächen folgen oft der Anordnung: $N_2 < CO_2 < H_2 < CO \sim NO < O_2$.

Zur experimentellen Bestimmung der Adsorptionswärmen existieren zwei grundlegende Messmethoden. Eine Methode basiert auf der kalorimetrischen Messung, bei der man die *differenzielle Adsorptionswärme* q_{ads} aus der Wärmekapazität des gesamten Kalorimeters und der unter adiabatischen Bedingungen auftretenden Temperaturerhöhung infolge Adsorption einer sukzessiv kleinen Menge an Adsorptiv ermittelt. Die zweite Messmethode sieht die Ermittlung der *isosteren Adsorptionswärme* q_{iso} vor, die sich aus der Temperaturabhängigkeit des Gleichgewichtsdruckes bei konstant gehaltener Belegung der Adsorbensoberfläche durch Adsorptiv nach der Gleichung vom Clausius-Clapeyron-Typ errechnen lässt:

$$\ln \frac{p_1}{p_2} = \frac{q_{iso}}{R}\left(\frac{1}{T_2} - \frac{1}{T_1}\right).$$

Ausgehend von dieser Gleichung kann man die isostere Adsorptionswärme auch durch die grafische Auftragung von $\ln p$ gegen $1/T$ aus dem Anstieg der erhaltenen Geraden bestimmen. Die verschiedenen Arten der Adsorptionswärmen lassen sich ineinander umrechnen. So unterscheiden sich die differenzielle und die isostere Adsorptionswärme nur durch die Volumenarbeit:

$$q_{ads} = q_{iso} - RT.$$

Dieser Unterschied kann sich zwar bei der Physisorption, kaum aber bei der Chemisorption bemerkbar machen. Aus diesem Grunde bestimmt man bei der Physisorption vorzugsweise isostere Adsorptionswärmen, während man die Chemisorptionswärmen eher kalorimetrisch ermittelt.

Beide Messmethoden belegen unisono, dass der Adsorptionsprozess mit steigender Menge an Adsorbat und zunehmender Oberflächenbedeckung weniger stark exotherm verläuft. Beispielsweise verringert sich die differenzielle Adsorptionswärme bei der Adsorption von Ammoniak am Eisenkatalysator mit steigender Beladung der Oberfläche von 75,5 auf 40,0 kJ mol^{-1}. Die entsprechende Adsorptionswärme bei der Adsorption von Wasserstoff an Platin nimmt mit zunehmendem Bedeckungsgrad von 126 bis zu 17 kJ mol^{-1} ab. Diese häufig beobachtete Abnahme der Adsorptionswärme mit steigendem Bedeckungsgrad der Oberfläche führt man einerseits auf die Oberflächenheterogenität zurück, die zur Folge hat, dass die Oberflächenzentren mit größerer Affinität zuerst belegt werden. Dabei sinkt die Ad-

Tab. 4.1 Unterscheidungskriterien der Adsorptionsarten

Kriterium	Physisorption	Chemisorption
Adsorptionswärme	Kondensationswärme ~ 5–50 kJ mol^{-1}, immer exotherm	> 80 kJ mol^{-1} (ein hinreichendes, aber kein notwendiges Kriterium), gewöhnlich exotherm
Adsorptionskinetik	Nicht aktivierter Prozess	Überwiegend aktivierter Prozess
Reversibilität	Reversibel	Überwiegend irreversibel
Aktivierungsenergie der Desorption	$\sim$ Kondensationswärme	$>$ Chemisorptionswärme
Temperaturbereich	Bis zum Siedepunkt des Adsorptivs	Auch oberhalb des Siedepunktes des Adsorptivs
Oberflächenbedeckung und Spezifität der Wechselwirkung	Mehrschichtadsorption möglich (Adsorbens wirkt als „Kondensationskeim")	Monoschicht (stark abhängig von der Beschaffenheit der Katalysatoroberfläche und vom verwendeten Adsorptiv)

sorptionswärme in der Regel exponentiell mit dem Bedeckungsgrad. Andererseits könnte die Adsorptionsfähigkeit eines Teils benachbarter Adsorptionsplätze bei höheren Bedeckungsgraden auch durch eine Repulsion zwischen den adsorbierten Molekülen oder durch einen Elektronenübergang zwischen dem Adsorptiv und Adsorbens beeinträchtigt werden. In diesem Fall beobachtet man häufig ein nahezu lineares Absinken der Adsorptionswärme mit dem Bedeckungsgrad.

Neben der Adsorptionswärme lassen sich zur Unterscheidung zwischen Physisorption und Chemisorption auch weitere, spezifische Kriterien angeben, die in Tab. 4.1 gegenüber gestellt sind.

Ein wichtiges Unterscheidungskriterium stellt die Adsorptionskinetik dar. Wie bereits erwähnt, verläuft die Physisorption als energetisch günstiger Prozess häufig sehr schnell. Die Chemisorption wiederum ist meist ein aktivierter und deshalb ein langsamer Prozess. Aber auch hier gibt es abweichende Befunde. Beispielsweise erfolgt die Chemisorption von Wasserstoff oder Sauerstoff auf Oberflächen reinster Metalle bei der Temperatur des flüssigen Stickstoffs um $-195\,^{\circ}$C augenblicklich, wohingegen die Physisorption der Moleküle in porösen Feststoffen durch die Porendiffusion stark gehemmt wird.

Die physikalische Adsorption ist im Unterschied zur Chemisorption völlig reversibel und lässt sich durch den Temperatur- oder Druckwechsel mehrfach wiederholen, ohne dass sich die Natur des Adsorbens und des Adsorbats ändern. Während man für die Desorption physisorbierter Moleküle lediglich die der Kondensationswärme entsprechende Verdampfungswärme aufbringen muss, ist die Desorption chemisorbierter Moleküle nur möglich, wenn eine Aktivierungsenergie aufgewendet wird, die um den Energiebetrag des aktivierten Prozesses größer ist als die Chemisorptionswärme (Abb. 4.3). Eine wie auch immer geartete Änderung des Adsorbens oder des Adsorbats nach der Desorption deutet auf die vorher stattgefundene Chemisorption hin. Beispielsweise kann der auf einem oxidischen Katalysatorsystem chemisorbierte Wasserstoff beim Desorbieren durch Temperaturerhöhung Wasser bilden.

Darüber hinaus ist die Physisorption dadurch gekennzeichnet, dass sie nur bis zum Siedepunkt des Adsorptivs verläuft. Die Menge der durch die physikalische Adsorption auf der Feststoffoberfläche angelagerten Moleküle verringert sich monoton mit steigender Temperatur. Man kann das Ausmaß der Adsorption mit dem relativen Druck p/p_0 des Adsorptivs in Verbindung setzen, wobei p der Partialdruck des Dampfes im betrachteten System und p_0 der Dampfdruck über der reinen Flüssigkeit bei gleicher Temperatur bedeuten. Bei $p/p_0 < 0,01$ ist das Ausmaß der Physisorption noch vernachlässigbar gering; eine Ausnahme bilden hier mikroporöse Feststoffe. Erreicht der relative Druck Werte im Bereich von $p/p_0 = 0,1 - 0,4$, wirkt der Feststoff auf das Adsorptiv als „Kondensationskeim", der zur fortschreitenden Monoschichtbedeckung auf der Oberfläche führt. Bei einer weiteren Erhöhung von p/p_0 baut sich eine Mehrschichtbedeckung auf, die bei $p/p_0 = 1,0$ mit der Kondensation der Flüssigkeit im Volumen endet. Im Unterschied zur Physisorption stellt sich das Chemisorptionsgleichgewicht bei niedrigen Temperaturen nur langsam ein. Erst bei Temperaturen oberhalb des Siedepunktes des Adsorptivs kann die Chemisorption merkliche Ausmaße annehmen. Eine Anlagerung der Moleküle ist nur an den aktiven Zentren und deshalb unter Ausbildung höchstens einer Monoschicht bzw. eines Teils der Monoschicht möglich. Die Menge der chemisorbierten Moleküle bleibt daher in einem bestimmten Temperaturbereich und bei vollständiger Bedeckung nahezu konstant. Bei der Chemisorption von Sauerstoff auf Metalloberflächen ist es zuweilen nicht möglich, eine Monoschichtbedeckung der Oberfläche zu erreichen, weil der Sauerstoff auch mit den darunterliegenden Schichten wechselwirken kann.

Generell zeichnet sich die Physisorption durch eine geringe Spezifität aus: Bei hohen Werten von p/p_0 adsorbieren Gase und Dämpfe in der Regel auf allen Feststoffoberflächen. Das Ausmaß der Adsorption ist dennoch von der Natur des Adsorbens und des Adsorptivs abhängig. Die Chemisorption verläuft hingegen sehr spezifisch: Sie findet nur statt, wenn zwischen dem Adsorptiv und dem Adsorbens eine chemische Bindung entstehen kann. Die darauf beruhende selektive Chemisorption kann man nutzen, um die spezifische Oberflächengröße von ganz bestimmten Phasen oder die Zahl der katalytisch aktiven Zentren auf der Katalysatoroberfläche zu bestimmen. Das Ausmaß der Chemisorption variiert in weiten Grenzen je nach Oberflächenbeschaffenheit und deren Modifizierung. Die Oberflächenheterogenität kann zudem zur Entstehung von mehreren Chemisorptionsarten führen, deren Unterscheidung jedoch aufgrund geringfügiger Differenzen bei Adsorptionswärmen nur schwer möglich ist. Die genaue Untersuchung der spezifischen Formen chemisorbierter Spezies und deren strukturellen und elektronischen Eigenschaften sowie das Auffinden von Struktur-Wirkungs-Beziehungen stellen eine der wichtigsten Aufgaben in der heterogenen Katalyse dar.

Die Wirkprinzipien der Adsorptions-/Desorptionsvorgänge in der Katalysatoroberfläche lassen sich am Beispiel der katalytischen Ammoniaksynthese an Eisenkatalysatoren anschaulich demonstrieren. Unter Berücksichtigung chemisorbierter Spezies ergibt sich für den Reaktionsverlauf das in Abb. 4.4 dargestellte Energie-

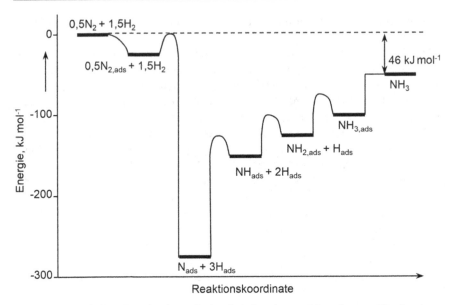

Abb. 4.4 Vereinfachtes Energieschema der katalytischen Ammoniaksynthese an Eisenkatalysatoren nach Ertl

schema. Der geschwindigkeitsbestimmende Schritt ist die aktivierte Adsorption der N_2-Moleküle auf der {111}-Fläche des Eisens. Der zweite Reaktionsschritt besteht in der Wechselwirkung zwischen den dissoziativ adsorbierten Stickstoff- und Wasserstoff-Atomen unter sukzessiver Hydrierung des Stickstoffatoms zum Ammoniak mit nachfolgender Desorption in die Gasphase. Jeder dieser Schritte zeichnet sich durch eine relativ niedrige Aktivierungsenergie aus, sodass die gewünschte Reaktion mit technisch befriedigender Geschwindigkeit ablaufen kann.

Daraus ist aber auch ersichtlich, dass sich im Fall einer sehr starken Bindung des Reaktanden an der Katalysatoroberfläche (hoher Betrag der Adsorptionswärme) die Aktivierungsenergie der Oberflächenreaktion erhöhen kann und damit im Extremfall die Reaktion sogar verhindert wird. Für den erfolgreichen Verlauf einer Oberflächenreaktion ist demzufolge von entscheidender Bedeutung, dass der reagierende Stoff nicht nur in hinreichender Menge adsorbieren kann, sondern auch, dass dessen Chemisorption nicht zu fest sein darf, damit das „aktivierte" Molekül in der Lage ist, überhaupt weiterreagieren zu können. Andererseits muss das Reaktionsprodukt leicht desorbierbar sein, damit es zu keiner Selbstvergiftung der Katalysatoroberfläche kommen kann. Je stärker die Oberflächenspezies gebunden sind, desto höher ist die Energiebarriere, die während der Reaktion zu überwinden ist.

Die Abschätzung der Bindungsenergien chemisorbierter Moleküle kann aus thermochemischen und kinetischen Messungen oder aus der Lage des Adsorptionsgleichgewichtes erfolgen. Sind die Natur der Oberflächenspezies und ihre Bildungswärmen bekannt, so lässt sich in manchen Fällen die katalytische Aktivität von Feststoffkatalysatoren mit der Bindungsstärke zwischen dem „aktivierten"

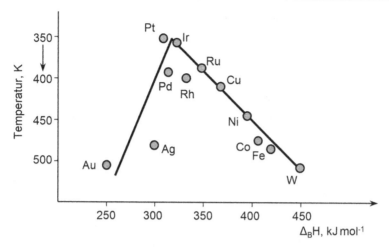

Abb. 4.5 Katalytische Aktivität von Metallkatalysatoren beim Ameisensäure-Zerfall als Funktion der Bildungsenthalpie der jeweiligen Metallformiate (Vulkankurve)

Reaktanden und der Katalysatoroberfläche in Verbindung bringen. Eine Reaktion, die häufig zur Veranschaulichung dieses Sachverhaltes dient, ist die heterogen katalysierte Zersetzung von Ameisensäure an Metallkatalysatoren, die gemäß

$$HCOOH \rightarrow CO_2 + H_2$$

über eine intermediäre Metallformiatbildung verläuft. Abbildung 4.5 zeigt die katalytische Aktivität verschiedener Metallkatalysatoren in dieser Reaktion als Funktion der Bildungsenthalpie der entsprechenden Metallformiate. Der Vergleich der katalytischen Aktivität erfolgt anhand der Temperatur, bei der an den Katalysatoren unter sonst gleichen Bedingungen der gleiche Umsatz erhalten wird. Danach ist der Katalysator umso aktiver, je niedriger die Temperatur ist. Aufgrund des charakteristischen Verlaufs der Aktivitätskurve bezeichnet man diese auch als *Vulkankurve*. Die beste katalytische Wirksamkeit weisen Metalle wie Platin und Iridium auf, weil man hier offensichtlich während der Chemisorption die für die Reaktion optimale Bindung der Metallformiate an der Oberfläche erreicht. Im linken Teil der Vulkankurve sind Metalle angeordnet (Silber, Gold), für die nur eine geringe Bildungsenthalpie der Metallformiate und somit eine unzureichende „Aktivierung" der Ameisensäure charakteristisch ist. Die geringe Oberflächenkonzentration der intermediär gebildeten Formiate hat eine verminderte Katalysatoraktivität zur Folge. Hier wird der Chemisorptionsschritt für die Reaktion geschwindigkeitsbestimmend. Für die Metalle im rechten Teil der Vulkankurve (Eisen, Wolfram u. a.) ist die Bildungsenthalpie der jeweiligen Metallformiate so hoch, dass die Chemisorption in der Oberfläche viel stärker ist als erwünscht. In Übereinstimmung damit ist zwar eine hohe Oberflächenkonzentration der Intermediate erreichbar, ihre Reaktivität jedoch durch eine starke chemisorptive Bindung beeinträchtigt und die Zerfallsreaktion geschwindigkeitsbestimmend wird.

4.3 Adsorptionsgleichgewichte

Die bisherige Betrachtung der Adsorption führt zu dem Schluss, dass sowohl die Physisorption als auch die Chemisorption als Vorstufe einer heterogen katalysierten Reaktion von Bedeutung sind. Bei einer heterogen katalysierten Reaktion muss mindestens ein Reaktionspartner im adsorbierten Zustand vorliegen. Es ist jedoch möglich, dass auch die anderen Partner adsorbiert sind oder direkt aus der Gasphase mit den adsorbierten Molekülen reagieren. Gemäß der Vorstellung über die chemische Natur der Wechselwirkung zwischen einem Reaktanden und der Katalysatoroberfläche spielt die Chemisorption die alles entscheidende Rolle. Dabei können die chemischen Oberflächenbindungen nicht nur beim unmittelbaren Auftreffen der Reaktanden auf die aktiven Zentren entstehen, sondern auch über die Zwischenstufe der physikalischen Adsorption. Letztere spielt bei der Diskussion der Mechanismen heterogen katalysierter Reaktionen zwar eine untergeordnete Rolle, ist andererseits unabdingbar als probates Mittel zur strukturellen und texturellen Charakterisierung von Feststoffkatalysatoren. Dazu gehören die Bestimmung der spezifischen Oberflächengröße, des Porenvolumens, der Porengröße und der Porengrößenverteilung sowie der Porenform. Diese Katalysatoreigenschaften sind für die Einschätzung der potenziellen Wirksamkeit von Katalysatoren von großer Bedeutung und werden später im Abschn. 5.1 detailliert behandelt. Hier sollen zunächst die thermodynamischen und kinetischen Gesetzmäßigkeiten des Adsorptionsgleichgewichtes beleuchtet werden, die für die quantitative Beschreibung der Kinetik heterogen katalysierter Reaktionen die notwendige Grundlage bilden.

Die Einstellung des Adsorptionsgleichgewichtes zwischen dem Adsorptiv (Reaktand) und dem Adsorbens (Katalysator) hängt vom Gleichgewichtsdruck des Adsorptivs, von der Temperatur und der Oberflächengröße des Adsorbens bzw. von seinem Bedeckungsgrad $\theta_A = N_A/N_{A,m}$ (mit N_A: Anzahl der adsorbierten Moleküle und $N_{A,m}$: Anzahl der Moleküle bei voller monomolekularer Bedeckung der Oberfläche) ab. Das Ausmaß der reversiblen Adsorption $\theta_A = f(p_A, T)$ kann man nicht in jedem Fall mit einer allgemeinen Zustandsgleichung beschreiben. Vielmehr lässt sich das Adsorptionsgleichgewicht unter Konstanthaltung einer der Zustandsgrößen p_A und T oder bei gleichem Bedeckungsgrad θ_A explizit angeben:

- Die *Adsorptionsisotherme* $\theta_A = f(p_A)$ drückt die Abhängigkeit der Anzahl der adsorbierten Moleküle vom Gleichgewichtsdruck des Adsorptivs bei konstanter Temperatur aus;
- Die *Adsorptionsisobare* $\theta_A = f(T)$ gibt die Änderung der Anzahl der adsorbierten Moleküle in Abhängigkeit von der Temperatur bei konstantem Gleichgewichtsdruck an;
- Die *Adsorptionsisostere* $p_A = f(T)$ beschreibt den Zusammenhang zwischen dem Gleichgewichtsdruck und der Temperatur bei gleich bleibendem Bedeckungsgrad.

Zur mathematischen Beschreibung und Modellierung der Kinetik heterogen katalysierter Reaktionen hat sich die *Langmuir-Adsorptionsisotherme* bewährt. Sie wurde von Irving Langmuir (1881–1957, Nobelpreis für Chemie 1932) bei der Untersuchung der Adsorption verschiedener Gase an Metalloberflächen unter folgenden Voraussetzungen aufgestellt:

- Alle zur Verfügung stehenden Oberflächenzentren sind stets energetisch homogen, d. h. die Wahrscheinlichkeit, dass ein Molekül adsorbiert oder desorbiert wird, ist nicht von der Oberflächenbedeckung abhängig.
- An jedem Oberflächenzentrum kann jeweils nur ein Molekül adsorbiert werden, d. h. die maximal mögliche Bedeckung entspricht einer Monolage.
- Zwischen den adsorbierten Molekülen bestehen keinerlei Wechselwirkungen.
- Die differenzielle Adsorptionswärme ist von der Oberflächenbedeckung unabhängig.

Unter diesen Voraussetzungen kann die Langmuir-Adsorptionsisotherme im Idealfall eine maximale Beladung der Feststoffoberfläche erreichen, bei der die Anzahl der adsorbierten Moleküle genau der Anzahl der verfügbaren Oberflächenzentren entspricht und der Bedeckungsgrad θ_A den Wert 1 annimmt. Will man den gesamten Verlauf der Adsorptionsisotherme abbilden, so muss man Adsorption und Desorption als Elementarschritte ansehen und die entsprechenden Geschwindigkeitsansätze in Anlehnung an die Formalkinetik formulieren. Demnach steigt die Adsorptionsgeschwindigkeit r_{ads} eines gasförmigen Adsorptivs proportional zu seinem Partialdruck p_A oberhalb der Feststoffoberfläche und zur Anzahl der freien Oberflächenzentren $(1-\theta_A)$:

$$r_{ads} = k_{ads} p_A (1-\theta_A).$$

Die Desorptionsgeschwindigkeit ist von der Anzahl der adsorbierten Moleküle abhängig, die den belegten Oberflächenzentren, d. h. dem Bedeckungsgrad der Oberfläche θ_A proportional ist:

$$r_{des} = k_{des} \theta_A.$$

Im Gleichgewicht ist die Adsorptionsgeschwindigkeit gleich der Desorptionsgeschwindigkeit. Damit folgt:

$$r_{ads} = r_{des}$$

$$k_{ads} p_A (1-\theta_A) = k_{des} \theta_A,$$

wobei k_{ads}, k_{des} – Adsorptions- bzw. Desorptionskonstanten sind. Stellt man die Gleichung nach dem Bedeckungsgrad um und fasst das Konstantenverhältnis k_{ads}/k_{des} zu einer neuen stoffbezogenen Adsorptionsgleichgewichtskonstanten K_A zusammen, erhält man den mathematischen Ausdruck der Langmuir'schen Adsorptionsisotherme:

$$\theta_A = \frac{K_A p_A}{1 + K_A p_A}.$$

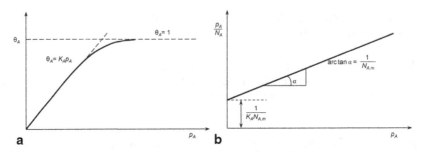

Abb. 4.6 Adsorptionsisotherme nach Langmuir (**a**) und daraus abgeleitete Gerade (**b**) zur Bestimmung der Konstanten der Langmuir-Gleichung

Abbildung 4.6a stellt den grafischen Verlauf der Adsorptionsisotherme in Form einer Hyperbel dar, die durch den Ursprung des Koordinatensystems geht und deren Asymptote parallel zur Druckachse verläuft. Die Grenzbetrachtung zeigt, dass bei niedrigen Drücken, wenn $K_A p_A \ll 1$ ist, sich die Beziehung vereinfacht zu

$$\theta_A = K_A p_A$$

und in ihrer Form dem Henry'schen Gesetz entspricht. In diesem Fall ist der extrem niedrige Bedeckungsgrad direkt proportional dem Partialdruck der zu adsorbierenden Komponente über der Feststoffoberfläche. Mit steigendem Partialdruck nähert sich die Kurve asymptotisch der monomolekularen Bedeckung. Bei sehr hohen Partialdrücken $\left(K_A p_A \gg 1\right)$ ändert sich der Bedeckungsgrad θ_A mit dem Druck sehr geringfügig und erreicht nahezu den Maximalwert von 1. Bei hohen Drücken kommt es zur Kondensation, die jedoch durch die Langmuir-Isotherme nicht mehr beschrieben wird.

Für die Überprüfung der Gültigkeit der Langmuir-Adsorptionsisotherme führt man zunächst eine Linearisierung der Langmuir'schen Gleichung durch

$$\frac{p_A}{\theta_A} = \frac{1}{K_A} + p_A,$$

erweitert sie mit $\theta_A = N_A/N_{A,m}$ zu

$$\frac{p_A}{N_A} = \frac{1}{K_A N_{A,m}} + \frac{p_A}{N_{A,m}}$$

und nimmt dann eine grafische Auftragung der Abhängigkeit $p_A/N_A = f\left(p_A\right)$ vor (Abb. 4.6b). Die resultierende Gerade, deren Ordinatenabschnitt $1/K_A N_{A,m}$ und deren Steigung $\left(1/N_{A,m}\right)$ beträgt, bestätigt die Gültigkeit der Langmuir-Gleichung. Daraus lassen sich die Konstanten der Langmuir-Gleichung K_A und $N_{A,m}$ unmittelbar bestimmen. Kennt man den Flächenbedarf des Adsorbatmoleküls, so lässt sich aus der Anzahl adsorbierter Moleküle bei voller monomolekularer Bedeckung $N_{A,m}$ die wirksame Oberfläche des Adsorbens (des Katalysators) ermitteln. Üblicherweise bestimmt man die spezifische Oberflächengröße S (in $m^2\,g^{-1}$) durch Messung des Gasvolumens, das bei der Adsorption zur Ausbildung einer monomolekularen Bedeckung auf der Feststoffoberfläche erforderlich ist. Die Berechnung erfolgt dann gemäß

$$S = V_m \cdot \frac{1}{W} \cdot a_M N_L$$

mit V_m – zur Ausbildung der Monoschicht verbrauchtes Gasvolumen, auf Normalbedingungen bezogen;

W – Einwaage des Adsorbens (des Katalysators);

a_M – Flächenbedarf von einem adsorbierten Molekül;

N_L – Loschmidt'sche Zahl ($\sim 2{,}69 \cdot 10^{19}\,cm^{-3}$).

Findet während der Adsorption des Adsorptivs (des Reaktanden) dessen Dissoziation in der Oberfläche des Adsorbens (des Katalysator) statt, dann besetzt das dissoziierte Molekül zwei Oberflächenzentren, und für die Geschwindigkeit der Adsorption ergibt sich folglich:

$$r_{ads} = k_{ads}\, p_A \left(1-\theta_A\right)^2.$$

Die Desorption erfolgt wiederum von zwei besetzten Oberflächenzentren, deshalb ist die Desorptionsgeschwindigkeit proportional dem Quadrat des Bedeckungsgrades:

$$r_{des} = k_{des}\, \theta_A^2.$$

Im Gleichgewicht gilt $r_{ads} = r_{des}$ und daraus folgt:

$$\theta_A = \frac{\sqrt{K_A p_A}}{1+\sqrt{K_A p_A}}.$$

Bei niedrigen Drücken und Oberflächenbeladungen, wenn $\theta_A \ll 1$, gilt:

$$\theta_A = \sqrt{K_A p_A},$$

d. h., der Bedeckungsgrad ist eine Wurzelfunktion des Druckes, die auf eine dissoziative Adsorption des Moleküls verweist.

Bei gleichzeitiger Adsorption von zwei verschiedenen Adsorptiven (Reaktanden) A und B in der Feststoffoberfläche, die einer Oberflächenreaktion zwischen diesen Stoffen vorgelagert ist, hängt die Adsorptionsgeschwindigkeit bezüglich der Komponente A vom Partialdruck dieser Komponente und von der Anzahl der freien Oberflächenzentren $(1-\theta_A-\theta_B)$ bei der Oberflächenbeladung (θ_A und θ_B) durch die beiden Stoffe ab:

$$r_{ads} = k_{ads}\, p_A \left(1-\theta_A-\theta_B\right).$$

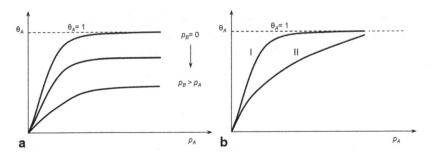

Abb. 4.7 Vergleich binärer Adsorptionsisotherme (**a**) sowie der Langmuir'schen (**I**) bzw. Freund-lich'schen (**II**) Isotherme (**b**)

Die Desorptionsgeschwindigkeit errechnet sich dann als

$$r_{des} = k_{des}\,\theta_A.$$

Im Gleichgewicht gilt $r_{ads} = r_{des}$ und man erhält:

$$\frac{\theta_A}{1 - \theta_A - \theta_B} = K_A p_A.$$

In analoger Weise lässt sich das Adsorptions-/Desorptionsgleichgewicht für die Komponente B im Gemisch mit A angeben:

$$\frac{\theta_B}{1 - \theta_A - \theta_B} = K_B p_B.$$

Die gemeinsame Lösung des Adsorptions-/Desorptionsgleichgewichtes für beide Stoffe A und B führt zum Ergebnis:

$$\theta_A = \frac{K_A p_A}{1 + K_A p_A + K_B p_B} \quad \text{oder} \quad \theta_B = \frac{K_B p_B}{1 + K_A p_A + K_B p_B}.$$

Daraus ist ersichtlich, dass eine gleichzeitige Adsorption zweier Stoffe in der Fest-stoffoberfläche als Konkurrenzadsorption verläuft, bei der z. B. die Komponente B mit der höheren Bindungsenergie die Komponente A mit der niedrigeren Bin-dungsenergie verdrängt oder deren Anlagerung verhindert (Abb. 4.7a). Dabei ist zu berücksichtigen, dass nicht allein die insgesamt gebundene Menge an Adsorbat, sondern auch die Aufteilung auf die einzelnen Komponenten, d. h. die Zusammen-setzung des Adsorbats zu bestimmen ist. Adsorbieren simultan N verschiedene Ad-sorptive (Reaktanden) auf derselben Feststoffoberfläche, so ist der Bedeckungsgrad jeder i-ten Molekülart gegeben durch:

$$\theta_A = \frac{K_A p_A}{1 + \sum_{i=1}^{N} K_i p_i}$$

Es gibt jedoch viele Fälle, bei denen sich Adsorptionsmessungen nicht mit der allgemeinen Form der Langmuir-Gleichung beschreiben lassen. Die Abweichungen kommen in erster Linie durch die in Realstrukturen existierende Heterogenität der Oberfläche und durch die nicht zu vernachlässigenden Wechselwirkungen zwischen den adsorbierten Molekülen zustande. Das führt häufig in realen Systemen, wie im Abschn. 4.2 bereits geschildert, zur exponentiellen Abnahme der differentiellen Adsorptionswärmen mit zunehmendem Bedeckungsgrad. Um die Verschiedenartigkeit der Oberflächenzentren zu berücksichtigen, entwickelte Herbert Freundlich (1880–1941) eine empirische Beziehung (*Freundlich-Adsorptionsisotherme*) der Form:

$$\theta_A = \alpha p_A^{1/\beta} \quad \text{mit} \quad 0,2 < 1/\beta < 1,0,$$

wobei sich die temperaturabhängigen Parameter α und β im weiten Bereich der Gleichgewichtsdrücke anpassen lassen. Aus dem Vergleich der Langmuir- und der Freundlich-Adsorptionsisothermen geht hervor (Abb. 4.7b), dass die Letztere sowohl für niedrige als auch für hohe Beladungen versagt. Bei kleinen Drücken ist die Steigung nach der Freundlich-Isothermengleichung nur für $\beta = 1$ endlich, und bei hohen Drücken lässt sich eine vollständige Beladung der Oberfläche wiederum nicht abbilden. Deshalb beschreibt die Adsorptionsisotherme nach Freundlich am besten den Bereich der mittleren Gleichgewichtsdrücke und Oberflächenbeladungen $(0,3 < \theta_A < 0,7)$. Eine Überprüfung dieses Ansatzes gelingt, wenn man die Freundlich-Gleichung zunächst logarithmiert:

$$\ln \theta_A = \ln \alpha + 1/\beta \, \ln p_A$$

und die erhaltene logarithmische Abhängigkeit $\ln \theta_A = f(\ln p_A)$ grafisch darstellt. Aus der Neigung der resultierenden Geraden und dem Ordinatenabschnitt sind dann die anpassbaren Parameter α und β ermittelbar, die der absoluten Temperatur proportional sind und mit steigender Temperatur abnehmen.

Nimmt man eine lineare Abnahme der Adsorptionswärme mit der Bedeckung gemäß

$$q_{ads} = q_{0.ads} \left(1 - \alpha \theta_A\right)$$

an, so kann die Langmuir-Adsorptionsisotherme weiterhin gelten, wobei sich nur die Langmuir-Konstanten mit dem Bedeckungsgrad ändern. Auf dieser Grundlage und unter Berücksichtigung der Adsorbat-Adsorbat-Wechselwirkungen formulierte Mikhail I. Temkin (1908–1991) für den Bereich der mittleren Oberflächenbedeckungen einen logarithmischen Zusammenhang zwischen dem Bedeckungsgrad und dem Gleichgewichtsdruck, den man als *Temkin-Adsorptionsisotherme* bezeichnet:

$$\theta_A = \frac{RT}{\alpha \, q_{0,ads}} \ln(K_A p_A).$$

Dabei sind $q_{0,ads}$ – differentielle Adsorptionswärme bei $\theta_A = 0; K_A \left(= K_{A,0}\, e^{\alpha\, q_{0,ads}/RT}\right)$ sowie $K_{A,0}$ und α – Anpassungsparameter. Wenn $q_{0,ads}$ unbekannt ist, lassen sich die experimentellen Daten mit $K_{A,0}$ und $\alpha q_{0,ads}$ beschreiben.

Die allgemeine Form der Langmuir-Adsorptionsisotherme ist, wie bereits erörtert, nur unter den getroffenen Annahmen einer idealen monomolekularen Adsorptionsschicht auf der energetisch homogenen Feststoffoberfläche und nur in einem begrenzten Bereich der Gleichgewichtsdrücke gültig. In Wirklichkeit können auf der ersten Schicht zufällig noch weitere Schichten nahe der Sättigungsgrenze kondensieren, für die die Gesetzmäßigkeiten des verflüssigten Gases gelten. Die Adsorptionswärme der in der zweiten oder höheren Schicht adsorbierten Moleküle entspricht deshalb annähernd der Kondensationswärme des Gases. Unter der Annahme des Aufbaus einer unendlichen Anzahl von Adsorptionsschichten entwickelten Stephen Brunauer (1903–1986), Paul H. Emmett (1900–1985) und Edward Teller (1908–2003) die sogenannte *BET-Adsorptionsisotherme*, die durch folgende Gleichung wiedergegeben wird:

$$V_{ads} = \frac{V_m \cdot C \cdot p}{p_0\left(1 - \dfrac{p}{p_0}\right)\left(1 - \dfrac{p}{p_0} + C \cdot \dfrac{p}{p_0}\right)}$$

mit V_{ads} – Gasvolumen, das beim Gleichgewichtsdruck p adsorbiert ist;

V_m – Gasvolumen, das zur Ausbildung der Monoschicht verbraucht wird;

p – Gleichgewichtsdruck;

p_0 – Sättigungsdruck (durch Versuchstemperatur festgelegt);

C – temperaturabhängige stoffspezifische Konstante, die die Differenz aus der Adsorptionswärme der Monoschicht und der Kondensationswärme des Adsorptivs enthält.

In Abb. 4.8a ist eine typische BET-Adsorptionsisotherme dargestellt. Die Mehrschichtadsorption macht sich dadurch bemerkbar, dass nach Erreichen eines schein-

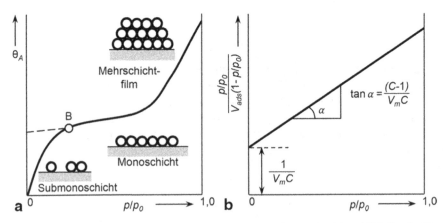

Abb. 4.8 BET-Adsorptionsisotherme (**a**) und die aus der Isotherme abgeleitete BET-Gerade (**b**)

baren Plateaus die Adsorptionsisotherme einen Wendepunkt aufweist und wieder
ansteigt. Punkt B der Isotherme kennzeichnet den Übergang von bevorzugter Monoschichtbedeckung zur Mehrschichtadsorption, die bei höheren Partialdrücken bzw.
tiefen Temperaturen auftritt und ferner von der möglichen Kapillarkondensation
begleitet werden kann. Die *BET-Gleichung* beschreibt die experimentellen Daten
vieler Adsorptionsisothermen im Bereich $0,05 < p/p_0 < 0,35$ sehr gut. Bei Werten
von $p \ll p_0$ und $C \gg 1$ geht sie in die Langmuir-Gleichung über. Der besondere
Nutzen der BET-Gleichung besteht darin, dass man mit ihrer Hilfe die spezifische
Oberfläche poröser Feststoffe bestimmen kann. Die zur Bestimmung von V_m notwendigen Adsorptionsisothermen erhält man mit Hilfe volumetrischer oder gravi-
metrischer Methoden. Die Berechnung der Größe V_m erfolgt nach Linearisierung
der BET-Gleichung rechnerisch oder grafisch:

$$\frac{p/p_0}{V_{ads}\left(1-\frac{p}{p_0}\right)} = \frac{1}{V_m C} + \frac{C-1}{V_m C} \cdot \frac{p}{p_0}.$$

Die Anwendbarkeit dieser Gleichung wird bestätigt, wenn man beim Auftragen
von $(p/p_0)/V_{ads}(1-p/p_0)$ gegen p/p_0 eine Gerade erhält, aus der das in der
Monoschicht adsorbierte Gasvolumen V_m und die Konstante C zugänglich sind
(Abb. 4.8b).

Wie aus vorangegangenen Abschnitten deutlich geworden, ist die Beschaffenheit
der Oberfläche des Adsorbens (des Katalysators) für die Form der Adsorptionsisotherme ausschlaggebend. Die genaue Betrachtung und Analyse der Adsorptionsart
sowie der Adsorptionskinetik ist daher ein wesentlicher Schritt zur besseren Kennzeichnung der physikalisch-chemischen und katalytischen Eigenschaften von Feststoffen. Um in die Vielfalt der experimentell beobachteten Adsorptionsisothermen
und in die ihnen angepassten Modelle eine gewisse übersichtliche Ordnung zu bringen, kann man sie nach IUPAC in sechs Typen unterteilen. Diese ursprünglich von
Brunauer et al. vorgeschlagene Klassifikation, ist in Abb. 4.9 zusammengefasst.

Die Adsorptionsisotherme vom Typ I ist reversibel und lässt sich quantitativ
durch die Langmuir-Gleichung beschreiben. Sie ist spezifisch für mikroporöse Feststoffe mit relativ kleiner äußerer Oberfläche, z. B. Aktivkohlen, Zeolithe und einige
poröse Oxide. In Mikroporen überlappen die Adsorptionspotenziale benachbarter
Porenwände, was zur Verstärkung der Adsorptionsaffinität führt und sich bei der
Typ-I-Isotherme im steilen Anstieg der adsorbierten Gasmenge schon bei niedrigen
p/p_0-Werten wiederspiegelt. Nachdem sich die Mikroporen bei steigendem Druck
gefüllt haben, kommt es selbst beim Sättigungsdampfdruck maximal zur Ausbildung einer monomolekularen Schicht in der äußeren Oberfläche.

Die reversible Adsorptionsisotherme vom Typ II gibt das Adsorptionsverhalten
von makroporösen und feinteiligen Festsoffen wieder. Beim Vorliegen einer ausgeprägten Krümmung am Beginn eines annähernd linearen Isothermenabschnitts geht
man davon aus, dass ab hier eine geschlossene monomolekulare Schicht erreicht
ist. Im weiteren Verlauf der Isotherme ist durch leichte Drucksteigerung kaum eine
weitere Adsorption zu verzeichnen. Erst bei weiter steigendem relativem Druck

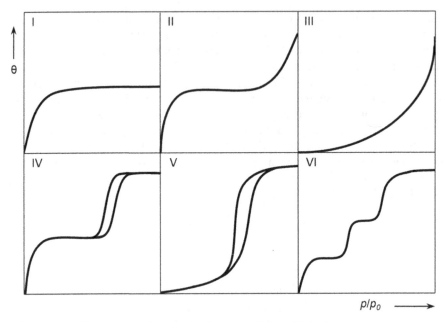

Abb. 4.9 Klassifikation von Adsorptionsisothermen nach ihrem Verlauf

beginnt die Mehrschichtadsorption, gekennzeichnet durch den charakteristischen
S-förmigen Isothermenverlauf. Der Übergang von der monomolekularen Belegung
der Oberfläche zur Adsorption in mehreren Schichten lässt sich in der Regel nur
schwer detektieren.

Die Adsorptionsisotherme vom Typ III ist reversibel und bildet in ihrem gesamten Verlauf eine deutliche Wölbung in Richtung Druckachse. Deshalb weist sie im
Unterschied zur Typ-II-Isotherme keine erkennbare monomolekulare Bedeckung
auf. Erst im oberen Druckbereich kommt es zur Angleichung beider Isothermen-
typen. Das deutet darauf hin, dass die Mehrschichtadsorption bei der Typ-III-Isotherme gegenüber der Ausbildung einer identifizierbaren monomolekularen Schicht
energetisch begünstigt ist, d. h. die Wechselwirkungskräfte zwischen den gasförmigen Molekülen stärker sind als die Anziehungskräfte zwischen den adsorbierten Molekülen und der Feststoffoberfläche. Die Typ-III-Isotherme wird nur selten
beobachtet, z. B. bei der Adsorption von Wasser auf Graphit oder von Brom auf
Silicagel.

Die Adsorptionsisotherme vom Typ IV entsteht aus der des Typs II beim Übergang zu mesoporösen Feststoffen. Der erste Abschnitt der Isotherme gleicht dem
Verlauf der Typ-II-Isotherme, wobei die prägnante Krümmung wiederum die
Ausbildung einer geschlossenen monomolekularen Schicht markiert. Mit weiter
steigendem relativem Druck kommt es ebenfalls zur ausgeprägten Mehrschichtadsorption. Bestimmt man eine vollständige Adsorptionsisotherme mit dem Ad-
sorptions- und Desorptionsast, so beobachtet man häufig, dass sich der Verlauf der
Adsorptionskurve von dem der Desorptionskurve ab einem relativen Druck von
$p/p_0 > 0,4$ unterscheidet. Diese Abweichung zeigt sich in Form einer *Adsorptions-*

hysterese und ist auf die *Kapillarkondensation* in den Mesoporen zurückzuführen. Die nach Befüllen der Poren auf die adsorbierten Gasmoleküle wirkenden Kapillarkräfte führen bei einem gegebenen Gleichgewichtsdruck zur Ausbildung von Flüssigkeitsoberflächen mit einer bestimmten Krümmung. Der sich über dem Meniskus der Flüssigkeit in der Pore einstellende Gleichgewichtsdruck wird quantitativ durch die *Kelvin-Gleichung* beschrieben:

$$\ln \frac{p}{p_0} = -\frac{2\,\sigma \cdot V_M \cdot cos\varphi}{r_P RT},$$

mit σ – Oberflächenspannung der flüssigen Phase des adsorbierten Stoffes;

V_M – Molvolumen des adsorbierten Stoffes in der flüssigen Phase;

φ – Benetzungswinkel;

r_P – Porenradius.

Das bedeutet, dass sich der Dampfdruck einer Flüssigkeit je nach Porengröße und Porenform bei einem gegebenen Gleichgewichtsdruck erniedrigt oder erhöht und somit für das Auftreten der Hysterese verantwortlich ist. Auf die Bedeutung dieser Beziehung für die Charakterisierung der Katalysatortextur (Porengröße, Porengrößenverteilung, Porenform) wird später eingegangen (Abschn. 5.1).

Die Adsorptionsisotherme vom Typ V tritt sehr selten auf, z. B. bei der Adsorption polarer Stoffe an hydrophoben Oberflächen. Der Kurvenverlauf entspricht dem der Typ-III-Isotherme für stark poröse Feststoffe. Bei niedrigem relativem Druck ist die Ausbildung der Monoschicht gegenüber der Multischicht energetisch nicht begünstigt. Bei hohem relativem Druck ist der Isothermenverlauf in Analogie zur Typ-IV-Isothermen durch die vollendete Kapillarkondensation in den Mesoporen bedingt.

Die Adsorptionsisotherme vom Typ VI zeigt den äußerst seltenen Fall einer stufenweisen Mehrschichtadsorption an einer einheitlichen, unporösen Oberfläche. Die geordnete Adsorption jeder einzelnen Schicht verläuft jeweils in einem begrenzten Bereich relativer Drücke. Die differentielle Adsorptionswärme bleibt während der Ausbildung einer Schicht weitestgehend konstant, sinkt aber deutlich in dem Augenblick, wenn sich die nächste Schicht aufbaut. Dieses Verhalten findet man z. B. bei der Adsorption von Krypton oder Stickstoff an reinen Metalloberflächen.

4.4 Modellversuche zur Adsorption

Bestimmung der Adsorption von Essigsäure an Aktivkohle 50 ml Essigsäure bekannter Konzentration (z. B. 0,2, 0,1, 0,05 und 0,025 mol l^{-1}) versetzt man bei Raumtemperatur mit 1 Gramm Pulverkohle in Erlenmeyerkolben. Durch periodisches Schütteln der Erlenmeyerkolben stellt sich nach ca. 30 min ein Adsorptionsgleichgewicht ein. Danach trennt man die beladene Pulverkohle durch Filtrieren von der Lösung ab, nimmt 10 ml des Filtrates ab und bestimmt mittels Titration mit 0,1 M Natronlauge und einigen Tropfen Phenolphthalein die Gleichgewichtskonzentration der nichtadsorbierten Essigsäure in der Flüssigphase. Daraus errechnet sich die adsorbierte Molmenge der Essigsäure. Durch grafische Auftragung der berechneten Werte gegen die Anfangskonzentration der Essigsäure kann man bestimmen, ob sich die Adsorption durch eine Langmuir- oder Freundlich-Adsorptionsisotherme beschreiben lässt. Aus der dazugehörigen linearisierten grafischen Darstellung ermittelt man schließlich die jeweiligen Adsorptionsparameter.

Adsorption an zeolithischen Molekularsieben Zur Bestimmung der Wirksamkeit zeolithischer Molekularsiebe für die Trennung von Stoffgemischen verwendet man eine Adsorptionsapparatur, bestehend aus einem thermostatisiertem Sättiger, in dem sich ein homogenes, flüssiges Gemisch aus n-Hexan, 2-Methylpentan, Cyclohexen, Cyclohexan und Methylcyclohexan befindet, sowie einem daran angeschlossenen, beheizbaren Adsorptionsgefäß in Form eines U-Röhrchens. Das Adsorptionsgefäß ist mit einer gegebenen Menge an Molekularsieb 5 A (Porendurchmesser 0,5 nm) gefüllt, das eine Trennung des Kohlenwasserstoffgemisches in geradkettige und verzweigte bzw. cyclische Bestandteile ermöglicht. Hierzu schickt man einen konstanten Stickstoffstrom durch den Sättiger und den Adsorber. Die nicht adsorbierten Bestandteile sammelt man am Ausgang des Adsorbers in einer zuvor ausgewogenen Kühlfalle (Kühlmittel: Alkohol-Trockeneis-Mischung). Die Kühlfalle wechselt man alle 15 min und analysiert den Inhalt jeweils gravimetrisch und gaschromatografisch. Ist das Molekularsieb mit n-Hexan beladen, erfolgt ein Durchbruch durch die Adsorptionsschicht als Zeichen des Erreichens der Durchbruchsbeladung.

Methoden zur Bestimmung der Katalysatorparameter

5

5.1 Kennzeichnung der Textur, Porosität und Oberflächengröße

Die meisten heterogenen Katalysatoren besitzen einen sehr komplexen texturellen und strukturellen Aufbau. Ihre katalytische Wirksamkeit wird nicht zuletzt durch deren – den Reaktionspartnern zugänglichen – aktiven Zentren in der Feststoffoberfläche bestimmt. Textur und Porosität eines Feststoffkatalysators sorgen nicht nur für die Entstehung der benötigten Oberfläche, sondern bestimmen auch die die Reaktion begleitenden Stofftransportprozesse in den Poren sowie deren Ausnutzungsgrad. Dadurch gelingt es, für jeden Katalysator je nach seiner Aktivität, Selektivität und Standzeit eine optimale Porenstruktur einzustellen. Die Suche nach den Beziehungen zwischen dem katalytischen Verhalten eines Katalysators und seinen physikalisch-chemischen Eigenschaften, die entscheidend von Herstellungs- und Vorbehandlungsbedingungen abhängen, ist eine der wichtigsten Aufgaben eines Katalyseforschers. Aus diesem Grund ist es unabdingbar, zunächst die gängigen Methoden und Messtechniken zu betrachten, die man heute zur Kennzeichnung von Feststoffkatalysatoren hinsichtlich der Textur und Porosität (Porengröße, Porengrößenverteilung, Porenform etc.) sowie ihrer spezifischen Oberfläche einsetzt. Dabei ist es wichtig, zu zeigen, welche Informationen zur Katalysatorbeschaffenheit durch diese Methoden zugänglich sind, ohne im Detail auf die apparativen Besonderheiten einzugehen.

Die charakteristischen physikalischen Größen eines Katalysators und die jeweiligen Bestimmungsmethoden sind in Tab. 5.1 wiedergegeben.

Die *scheinbare Dichte* (Korndichte oder auch Rohdichte genannt) berechnet man als Quotient der Katalysatormasse und des Volumens, das der Festkörper beim Eintauchen in Quecksilber verdrängt. Die Bestimmung des Verdrängungsvolumens beruht darauf, dass Quecksilber die Festkörper mit Ausnahme von Metallen nicht benetzt und deshalb unter Normaldruck auch nicht in das Porensystem des Festkörpers eindringt.

Möchte man die *wahre Dichte* (Gerüstdichte oder auch Reindichte genannt) ermitteln, kann man das von außen zugängliche Porenvolumen mit einem Helium-

© Springer-Verlag Berlin Heidelberg 2015
W. Reschetilowski, *Einführung in die Heterogene Katalyse*,
DOI 10.1007/978-3-662-46984-2_5

Tab. 5.1 Die wichtigsten physikalischen Größen zur Charakterisierung von heterogenen Katalysatoren

Parameter	Symbol	Definition	Bestimmungsmethode
Scheinbare Dichte (Korndichte)	ρ_K	Dichte eines porösen Feststoffes basierend auf dem Gesamtvolumen, inkl. Hohlraumvolumen	Messen des Verdrängungsvolumens in Quecksilber („Quecksilberdichte")
Wahre Dichte (Gerüstdichte)	ρ_F	Dichte der stofflichen Volumeneinheit eines porösen Festkörpers, ohne Berücksichtigung des Volumens der Hohlräume	Messen des Verdrängungsvolumens in Helium („Heliumdichte")
Spezifisches Kornvolumen	V_K	Massebezogenes Kornvolumen	$1/\rho_K$
Spezifisches Gerüstvolumen	V_F	Massebezogenes Gerüstvolumen	$1/\rho_F$
Spezifisches Hohlraumvolumen (Porenvolumen)	V_P	Massebezogenes Porenvolumen	$V_P = 1/\rho_K - 1/\rho_F$
Schüttdichte (Schüttgewicht)	ρ_S	Verhältnis der Masse W der Katalysatorschüttung zum eingenommenen Schüttvolumen V_S	W/V_S
Porosität, in %	ε	Anteil des Hohlraumvolumens am Gesamtvolumen eines Feststoffes	$(V_P/V_K) \cdot 100$
Mittlerer Porenradius	r_P	Mittelwert der Porenradienverteilung unter der Annahme des zylindrischen Aufbaus aller Poren im Feststoff	$2V_P / S_{BET}$
Mikroporenvolumen	V_{mikro}	Porengröße $d_P < 2\,\text{nm}$	Stickstoffadsorption (Kelvin-Gleichung)
Mesoporenvolumen	V_{meso}	Porengröße $2 < d_P < 50\,\text{nm}$	Stickstoffadsorption (Kelvin-Gleichung); Quecksilberporosimetrie
Makroporenvolumen	V_{makro}	Porengröße $50 < d_P < 10^5\,\text{nm}$	Quecksilberporosimetrie
Spezifische Oberflächengröße, in $\text{m}^2\,\text{g}^{-1}$	S_{BET}	Pro g Feststoff zugängliche innere und äußere Oberfläche	BET-Methode

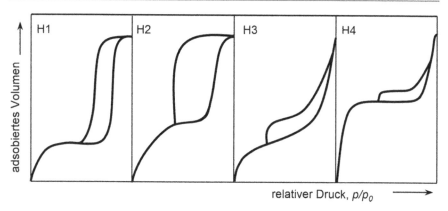

Abb. 5.1 Klassifikation der Adsorptionshysteresekurven nach ihrer Form

pyknometer bestimmen und daraus das vom Katalysator verdrängte Volumen in der Heliumatmosphäre als Gerüstvolumen errechnen. Aus dem ermittelten Porenvolumen bzw. der Porosität lassen sich unter der Annahme einer bestimmten Porengeometrie die mittleren Porenradien berechnen. Die Porengrößen werden entsprechend einer IUPAC-Klassifikation in drei Klassen eingeteilt: Mikroporen mit einem Porendurchmesser d_p weniger als 2 nm, Mesoporen im Größenbereich von 2 bis 50 nm und Makroporen mit einem Porendurchmesser größer als 50 nm.

Für poröse Feststoffe mit Porengrößen von 1,5 bis 30 nm lassen sich die *Porenvolumen*-und *Porenradienverteilung* aus den Adsorptionsisothermen eines interten Gases an seinem Siedepunkt, z. B. Stickstoff, Helium, Argon, Krypton, ermitteln, wenn sich im Bereich der Porenfüllung eine Hysterese ausbildet. Die Größe und Form der „*Hystereseschleife*" hängt von der Porenstruktur ab. Man unterscheidet zwischen zylinder-, schlitz-, und tintenfassförmigen Poren. Die dazugehörigen Hysteresekurven werden nach IUPAC in vier Typen H1 bis H4 unterteilt (Abb. 5.1). Die Hysterese vom Typ H1 beobachtet man meistens bei porösen Feststoffen mit lang gezogenen zylinder- und tintenfassförmigen Poren von relativ einheitlichem Durchmesser. Der Typ H2 tritt bei Crackkatalysatoren sowie Silicagel mit weitgehend vernetzten Tintenfass-Poren bzw. parallel verlaufenden Schlitz-Poren auf. Ein für diesen Hysterese-Typ charakteristisches Merkmal ist eine scharfe Stufe in der Desorptionskurve in der Nähe des unteren Schließungspunktes der Hystereseschleife bei $p/p_0 = 0,42$. Die Hysterese vom Typ H3 charakterisiert schichtförmig aufgebaute Feststoffe, wohingegen man den mikroporösen Feststoffen mit schlitzförmigen Poren die Hysterese vom Typ H4 zuordnet. Die flach verlaufende Desorptionskurve deutet hier auf ein ganzes Spektrum von Porenradien hin.

Bei der Durchführung von Adsorptionsmessungen ist es in jedem Fall notwendig, die Adsorption an dem vorher im Vakuum behandelten Feststoff bis zum Sättigungsdampfdruck zu verfolgen. Als Adsorptiv verwendet man vorrangig Stickstoff, bei dessen Adsorption die Adsorptionswärmen für die meisten Feststoffe in der günstigen Größenordnung von 5–25 kJ mol^{-1} liegen. Außerdem ist die Größe des Stickstoffmoleküls klein genug (0,354 nm), um auch in kleinste Poren eindringen zu können. Die Adsorptionstemperatur ist die Siedetemperatur von flüssigem

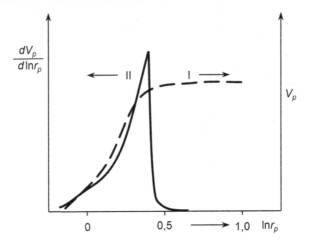

Abb. 5.2 Darstellung der Struktur- (*I*) und Porenvolumenverteilungskurve (*II*) eines porösen Feststoffes

Stickstoff (77,4 K). Die Bestimmung der adsorbierten Stickstoffmenge erfolgt entweder volumetrisch oder gravimetrisch. Nach Erreichen des relativen Druckes von $p/p_0 = 1$ verringert man den Druck stufenweise und erhält eine Desorptionskurve, die in der Regel nicht mit der Adsorptionskurve zusammenfällt. Die Desorption findet also bei geringerem Druck statt als die Kondensation des Adsorptivs in der Pore. Den sich über einem Flüssigkeitsmeniskus in der zylindrischen Pore mit einem Radius r_P einstellenden Gleichgewichtsdruck gibt die Kelvin-Gleichung wieder (Abschn. 4.3). Für Stickstoff als Adsorptiv erhält man nach Einsetzen der entsprechenden stoffspezifischen Größen die Beziehung:

$$\ln \frac{p}{p_0} = \frac{-0,977\,nm}{r_P}.$$

Es wird angenommen, dass das Molvolumen des adsorbierten Stoffes in der flüssigen Phase bei einem bestimmten p/p_0-Wert des Desorptionszweiges nominell dem Porenvolumen V_P entspricht. Somit kann man das Porenvolumen als integrale Größe über die Funktion $V_P = f\left(p/p_0\right)$ darstellen und darauf basierend jedem Punkt der Adsorptionsisotherme gemäß der Kelvin-Gleichung einen Porenradius zuordnen. Zu diesem Zweck trägt man die experimentell ermittelten Porenvolumina gegen die Logarithmen der nach der Kelvin-Gleichung berechneten Porenradien grafisch auf und erhält zunächst die sogenannte „Strukturkurve" (Abb. 5.2). Die erste Ableitung der Strukturkurve $dV_P / d\ln r_P = f\left(\ln r_P\right)$ liefert dann die dazugehörige Volumenkurve der Porenverteilung. Daraus lässt sich schließlich ein Maximum der Häufigkeit der Poren mit einem bestimmten Radius bestimmen.

Handelt es sich um Feststoffe mit Porengrößen oberhalb von 30 nm, wird zur Bestimmung der Porenradien die *Quecksilber-Hochdruckporosimetrie* (*Quecksilberintrusion*) eingesetzt. Diese Methode beruht darauf, dass bei einem bestimmten

Druck das in die Poren des Festkörpers intrudierte Quecksilbervolumen gemessen wird. Zwischen dem aufgewendeten Druck p und dem Radius der Poren r_P, die mit Quecksilber gefüllt werden, besteht folgende Beziehung:

$$p = \frac{-2\sigma \cdot cos\varphi}{r_P}$$

mit σ – Oberflächenspannung des Quecksilbers (0,48 N m^{-2});
$\quad \varphi$ – Benetzungswinkel (140 °C)
bzw. nach Einsetzen der entsprechenden stoffspezifischen Größen:

$$r_P = \frac{7,57 \cdot 10^4}{p}.$$

Mit Hilfe der modernen Quecksilberporosimetrie können Porenradien zwischen 2,5 und 40.000 nm ermittelt werden, was einem wirksamen Druck zwischen 300 und 0,02 MPa entspricht. Trägt man die beim aufgewendeten Druck in die Poren des Festkörpers eingedrungenen Quecksilbervolumina gegen die Logarithmen der zu diesem Druck zugehörigen Porenradien auf, erhält man zunächst die integralen Porenvolumenkurven, aus denen durch die grafische Differenziation die entsprechenden Porenverteilungskurven ableitbar sind. Kombiniert man die Tieftemperatur-Stickstoffadsorption mit der Quecksilberporosimetrie, lassen sich Mikro-, Meso- und Makroporen in einem porösen Feststoff zugleich erfassen.

In Abb. 5.3 ist als Beispiel die Porenvolumenverteilung für η-Al$_2$O$_3$ wiedergegeben, die im Bereich der Mikroporen durch die Auswertung der Ergebnisse der Tieftemperaturadsorption mit der Kelvin-Gleichung und im Bereich der Makroporen mit der Quecksilberporosimetrie erhalten wurde. Daraus ist ersichtlich, dass η-Al$_2$O$_3$, wie viele poröse Katalysatoren, eine bimodale Porenvolumenverteilung besitzt. Während insbesondere die Mikroporen einen wesentlichen Beitrag zur Ausbildung der großen inneren Oberfläche liefern, sorgen die Makroporen im Reaktionsgeschehen für den ungehinderten Stofftransport der Reaktanden zu dieser Oberfläche.

Im Allgemeinen geht aus einer hohen Porosität des Feststoffkatalysators auch eine hohe spezifische Oberflächengröße hervor, die für seine katalytische Aktivität entscheidend ist. Wie bereits im Abschn. 4.3 ausgeführt, lässt sich die spezifische Oberflächengröße aus dem adsorbierten Gasvolumen unter der Annahme einer monomolekularen Bedeckung der Feststoffoberfläche durch adsorbierte Moleküle bestimmen. Darüber hinaus wird angenommen, dass die Dichte des Adsorptivs an der Oberfläche gleich der Dichte des flüssigen Stoffes ist, die er bei Adsorptionstemperatur aufweist. Im Falle von Stickstoff als Adsorptiv geht man unter diesen Voraussetzungen von einem Flächenbedarf des Moleküls $a_{N2} = 0,162$ nm^2 aus. Aus dem experimentell ermittelten Gasvolumen zur Monoschichtbedeckung und dem Flächenbedarf des adsorbierten Stickstoffs ist die Oberflächengröße des porösen Katalysators errechenbar. Neben Stickstoff können als Adsorptiv auch andere inerte Gase wie Helium, Argon oder Krypton zur Oberflächenbestimmung eingesetzt

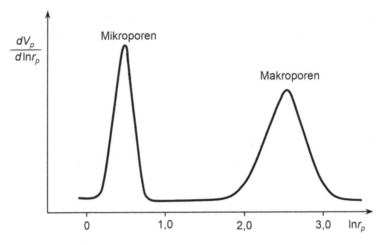

Abb. 5.3 Bimodale Porenvolumenverteilung an einem $\eta\text{-Al}_2\text{O}_3$

werden. Dabei ist es sogar möglich, durch den Vergleich der für verschieden große Moleküle erhaltenen Werte Aussagen über die Zugänglichkeit der inneren Oberfläche zu treffen.

Da die Bedingung Langmuirs über die Beschränkung der Adsorption auf eine Monoschicht nicht zutrifft und man davon ausgehen muss, dass bei einer Physisorption Gasmoleküle auf bereits adsorbierten Molekülen weitere Adsorptionsschichten ausbilden, kommt für die weitgehend korrekte Bestimmung der Oberflächengröße poröser Feststoffe die Adsorptionsisotherme vom Typ II bzw. IV nach Brunauer, Emmett und Teller in Betracht (*BET-Methode*). Diese Isothermen weisen zumeist einen großen linearen Bereich auf, beginnend mit dem Punkt B (Abb. 4.8a), der auf die Beendigung der Monoschichtbedeckung hinweist. Aus diesem Grund entspricht das aufgenommene Gasvolumen in diesem Punkt dem Aufnahmevermögen der Monoschicht und ist entweder grafisch oder rechnerisch aus der linearisierten BET-Gleichung (Abschn. 4.3) ermittelbar. Bei sehr großen Adsorptionswärmen wird die charakteristische Konstante C in der BET-Gleichung auch sehr groß, sodass sich die Gleichung vereinfachen lässt zu:

$$\frac{\frac{p}{p_0}}{V_{ads}\left(1-\frac{p}{p_0}\right)} = \frac{1}{V_m\left(\frac{p}{p_0}\right)}.$$

Nach Umstellung erhält man die Beziehung:

$$V_m = V_{ads}\left(1-\frac{p}{p_0}\right),$$

die als Grundlage der sogenannten „*Einpunktmethode*" zur Oberflächenbestimmung dient. Die Messung eines Wertepaares (p, V_{ads}) ermöglicht die unmittelbare Berechnung der spezifischen Oberflächengröße.

Die BET-Gleichung ist jedoch zur Bestimmung der Oberflächengröße von stark mikroporösen Feststoffen, z. B. Zeolithe oder Aktivkohle, wegen der Kondensation des Adsorbats in den Mikroporen schon bei geringem relativem Druck nur eingeschränkt möglich. Zur Beschreibung des Adsorptionsgleichgewichtes in Mikroporen, das durch die Adsorptionsisotherme vom Typ I abgebildet wird, hat sich die Anwendung der auf Basis der Potenzialtheorie von Michael Polanyi (1891–1976) abgeleiteten Dubinin-Radushkevich-Gleichung (*DR-Gleichung*) bewährt:

$$V_{ads} = V_0 \cdot e^{-(A/E)^n},$$

wobei gilt: V_{ads} – adsorbiertes Volumen des Stoffes unter Berücksichtigung der Dichteänderung während der Adsorption;

V_0 – Grenzvolumen zur vollständigen Ausfüllung der Mikroporen;

$A - (= RT \ln(p/p_0))$ Adsorptionspotenzial nach Polanyi;

E – charakteristische Adsorptionsenergie;

n – 2 für Aktivkohlen, 2–5 für Zeolithe je nach Typ.

Nach Logarithmieren der DR-Gleichung für den Fall $n = 2$ erhält man folgende Beziehung:

$$\ln V_{ads} = \ln V_0 - D \left(\ln \frac{p}{p_0} \right)^2,$$

die sich grafisch lösen lässt, indem man beim Auftragen von $\ln V_{ads}$ gegen $(\ln(p/p_0))^2$ im relativen Druckbereich zwischen 0,0001 und 0,1 das Mikroporenvolumen V_0 aus dem Achsenabschnitt und D (charakteristische Konstante) aus der Neigung der Geraden ermittelt.

Die Oberflächenbestimmung an porösen Feststoffkatalysatoren kann in einigen Fällen auch mit Hilfe der Gaschromatografie erfolgen. Die gaschromatografische Methode zeichnet sich im Vergleich zu statischen Adsorptionsmessungen in Vakuumapparaturen durch ihre einfache Handhabung aus. Sie beruht auf der Bestimmung der Konzentrationsänderung des Adsorptivs beim Durchströmen eines Gemisches des Adsorptivs mit einem Trägergas (z. B. Helium) durch Feststoffadsorber, die auf die Temperatur des flüssigen Stickstoffs gekühlt werden. Die dabei stattfindende Verringerung der Adsorptivkonzentration, die mit einem Wärmeleitfähigkeitsdetektor erfasst wird, zeigt sich im Chromatogramm in Form eines „Adsorptionspeaks". Eine Temperaturerhöhung des Feststoffes auf Raumtemperatur führt wiederum zur Desorption des Adsorbats und liefert einen „Desorptionspeak", dessen Fläche wie auch die Adsorptionspeakfläche im Idealfall der Menge des adsorbierten Stoffes proportional ist. Um die Bildung einer Monoschicht des Adsorptivs in der Katalysatoroberfläche zu gewährleisten, ist die Einstellung eines definierten Verhältnisses der Gase in der Ausgangsmischung erforderlich. Beim Arbeiten mit Stickstoff haben sich relative Partialdrücke im Gemisch zwischen 1 : 10 und 1 : 20 bewährt.

Die Oberflächen von Multikomponenten-Katalysatoren setzen sich zumeist aus den Oberflächen der einzelnen Komponenten zusammen. Für die katalytische Anwendung ist es aber in vielen Fällen von besonderem Interesse, nicht nur die gesamte spezifische Oberflächengröße, sondern auch die Oberfläche der einzelnen Phasen zu kennen. Während man zur Bestimmung der gesamten Oberfläche in der Regel die BET-Methode der physikalischen Adsorption verwendet, wird zur Erfassung der Oberfläche der einzelnen Komponenten, z. B. der katalytisch aktiven Metalloberfläche in einem Metall/Träger-Katalysator oder zur Ermittlung der Anzahl der katalytisch aktiven Zentren, die selektive Chemisorption genutzt. Zu diesem Zweck verwendet man ein Adsorptiv, das mit dem Metall, nicht aber mit dem Träger eine selektive chemisorptive Bindung unter Ausbildung einer monomolekularen Schicht eingeht. Die am häufigsten eingesetzten Adsorptive sind Wasserstoff, Sauerstoff, Kohlenstoffmonoxid u. a. Für jedes Katalysatorsystem und Adsorptiv existieren jedoch optimale Chemisorptionsbedingungen in Bezug auf die Temperatur und den Druck, die vorher experimentell ermittelt werden müssen. Die Anwendbarkeit der Chemisorptionsmethode setzt außerdem eine genaue Kenntnis der Stöchiometrie zwischen den Oberflächenatomen und den adsorbierten Molekülen bzw. Atomen voraus. Kennt man den Flächenbedarf des adsorbierten Moleküls bzw. Atoms pro Oberflächenatom und die Metallmasse, so lässt sich aus den Chemisorptionsdaten die spezifische Metalloberfläche errechnen. Wenn man eine geeignete geometrische Teilchenform in die Rechnung einführt, kann man auch die Metallpartikelgröße ermitteln. Beide Größen sind für die Beurteilung der katalytischen Aktivität und der am Katalysator ablaufenden Oberflächenreaktionen von besonderer Bedeutung.

Die häufig verwendete Methode zur Bestimmung der Metalloberflächen in geträgerten Katalysatoren, z. B. Pt/Al_2O_3, Pt/SiO_2, Ni/Al_2O_3, Cu/MgO, basiert auf der Messung der Chemisorption von Wasserstoff. Es wird angenommen, dass Wasserstoff an Oberflächenmetallatomen, z. B. Pt_s, bevorzugt dissoziativ adsorbiert vorliegt (H^*-H^*) und somit das stöchiometrische Verhältnis $1:1$ gemäß der Reaktionsgleichung gültig ist:

$$2\,Pt_s + H_2 \rightarrow 2\,(Pt\text{-}H^*)_s.$$

Diese Methode versagt jedoch bei Pd-haltigen Katalysatorsystemen, da Palladium die charakteristische Eigenschaft besitzt, im feinstverteilten Zustand mehr als das 1000fache an Wasserstoffvolumen zu adsorbieren. Der im Palladium gelöste Wasserstoff ist besonders reaktionsfähig und prädestiniert hiermit Palladium zum begehrten Katalysator bei Hydrierungen von organischen Mehrfachbindungen. Zur Bestimmung der Oberfläche von Pd und der Oberfläche anderer geträgerter Metalle, z. B. W, Mo, Pt, Rh, kann man auch die Messung der Chemisorption von Sauerstoff verwenden. Bei Abweichungen des stöchiometrischen Verhältnisses zwischen den Metallatomen und Sauerstoff von 1:1 lässt sich die Aussagekraft dieser Methode erhöhen, wenn man den zuerst chemisorbierten Sauerstoff nachträglich mit Wasserstoff aus der Gasphase umsetzt (Sauerstoff-Wasserstoff-Titration):

$$2\,Pd_s + O_2 \rightarrow 2\,(Pd\text{-}O^*)_s$$
$$2\,(Pd\text{-}O^*)_s + 3\,H_2 \rightarrow 2\,(Pd\text{-}H^*)_s + 2\,(H_2O)_s.$$

Die CO-Chemisorption als eine Methode zur Bestimmung der Metalloberfläche wird seltener eingesetzt. Das hängt damit zusammen, dass das CO-Molekül mit den Oberflächenmetallatomen unterschiedliche stöchiometrische Verhältnisse eingehen kann und somit die genaue Menge des chemisorbierten CO schwer ermittelbar ist. Man unterscheidet die lineare Struktur zwischen dem Metallatom und dem CO-Molekül, z. B. Pd-C≡O, mit der Stöchiometrie 1:1 und die verbrückte Struktur des Typs Pd_2=C=O mit der Stöchiometrie 2:1. Beide Bindungsarten des Kohlenstoffmonoxids mit den Metallatomen lassen sich IR-spektroskopisch nachweisen (Abschn. 5.2.2): ein linearer CO-Chemisorptionskomplex durch das Auftreten einer IR-Absorptionsbande bei 2060 cm^{-1} und ein doppelt gebundener Komplex mit der charakteristischen IR-Absorptionsbande im Bereich um 1950 cm^{-1}.

Diese Beispiele zeigen, dass, will man die vollständige Information über die Katalysatoreigenschaften besitzen und die Katalysatorwirkung verstehen, es notwendig ist, sich neben der Bestimmung der spezifischen Oberflächengröße auch der Untersuchung der Natur, Anzahl, Dichte und Zugänglichkeit von katalytisch aktiven Oberflächenzentren durch physikalisch-chemische Messmethoden zu widmen.

5.2 Festkörper- und oberflächenanalytische Charakterisierung

Die texturellen und strukturellen Eigenschaften eines Feststoffkatalysators lassen sich je nach Katalysatortyp durch die Art und Weise der Katalysatorpräparation optimieren und reproduzierbar einstellen. Dies geschieht, wie bereits im Kap. 3 beschrieben, durch die Anwendung verschiedener Herstellungstechniken heterogener Katalysatoren (Fällung, Kristallisation, Ionenaustausch, Imprägnierung, Formung etc.) sowie die Variation der verwendeten Behandlungsmethoden (Trocknung, Calcination, Reduktion etc.) und Behandlungsbedingungen (Atmosphäre, Temperatur, Druck etc.). Alle diese Faktoren beeinflussen in entscheidendem Maße nicht nur die Entstehung von katalytisch relevanten Strukturen mit vorgegebener Spezifikation, sondern auch die Ausbildung und Verankerung von katalytisch aktiven Oberflächenzentren. Die Charakterisierung dieser Zentren mit festkörper- und oberflächenanalytischen Methoden und die Beurteilung ihres Verhaltens während der Reaktion sowie ihrer Regenerierfähigkeit bilden die notwendige Grundlage zum gezielten Design von Katalysatoren mit gewünschter Katalysatorleistung hinsichtlich der Aktivität, Selektivität und Standzeit. Dabei stellt die *Korrelationsanalyse*, mit der die Zusammenhänge zwischen Syntheseparametern sowie Struktur- bzw. Oberflächeneigenschaften präparierter Feststoffkatalysatoren und der resultierenden Katalysatorleistung untersucht werden, die wichtigste Erkenntnisquelle bei der Katalysatorentwicklung dar.

Dem Katalysatordesigner steht heute ein vielfältiges Arsenal an physikalisch-chemischen Messmethoden zur Verfügung. Um verlässliche Einblicke in den Mikrokosmos eines heterogenen Katalysators und seine Wirkungsweise in der gesamten Breite zu erhalten, bedarf es jedoch eines simultanen Einsatzes mehrerer Methoden. Die größten Erfolge auf diesem Gebiet verzeichnet man bei den Untersuchungen an Einkristalloberflächen von reinen Metallen und oxidischen Modellsystemen, die zudem durch quantenchemische Verfahren gestützt werden. Obwohl die Durchführung dieser Untersuchungen aus gerätespezifischen Gründen in der Regel nicht unter praxisnahen Bedingungen möglich ist, liefern sie trotzdem wichtige Anhaltspunkte zur Identifizierung von möglichen katalytisch aktiven Oberflächenzentren und zum tieferen Verständnis der Reaktionsmechanismen. Eine Abhilfe bietet hier der Einsatz von *In-situ*-Charakterisierungsmethoden an, die in vielen Fällen zumindest nahe an den praxisrelevanten Drücken und Temperaturen angewandt werden können.

Das Prinzip vieler oberflächenanalytischer Methoden beruht auf der Anregung der Katalysatoroberfläche mit verschiedenen Sonden wie Elektronen, Photonen, Ionen etc. oder durch die Einwirkung von Wärme bzw. des elektrischen Feldes. Das von der Oberfläche ausgesendete Antwortsignal wiederum in Form von Elektronen, Photonen, Ionen etc. beinhaltet je nach Anregungsenergie unterschiedliche Informationen zu einer oder mehreren Katalysatoreigenschaften. Da die Letzteren eng mit der Verteilung von katalytisch aktiven Zentren an und unterhalb der Oberfläche des Katalysators verknüpft sind, muss die vollständige Charakterisierung eines Feststoffkatalysators sowohl Volumen- als auch Oberflächenuntersuchungen beinhalten. In Tab. 5.2 sind die wichtigsten dieser Methoden und die daraus zugänglichen Charakterisierungsdaten bezüglich der Struktur und/oder Zusammensetzung der vorliegenden Phasen sowie des Zustandes chemisorbierter Moleküle (Reaktanden) in der Oberfläche als Vorstufe von heterogen katalysierten Reaktionen zusammengestellt. Einige der in der Praxis gängigen physikalisch-chemischen Messmethoden zur festkörperanalytischen und oberflächenchemischen Charakterisierung von heterogenen Katalysatoren sind im folgenden Abschnitt kurz dargestellt. Auf eine ausführliche Beschreibung dieser und weiterer Methoden sei hier verzichtet und auf die einschlägige Literatur hingewiesen.

5.2.1 Volumenmethoden

Zur qualitativen und quantitativen Elementanalyse von Feststoffen, die als potenzielle Komponenten eines heterogenen Katalysators in Frage kommen, verwendet man häufig die *Flammen-Atomabsorptionsspektroskopie* (AAS). Die Grundlage dieser Methode beruht darauf, dass die in einer heißen Flamme angeregten Elemente mit vorwiegend metallischem Charakter im Grundzustand einen Teil des Lichts mit elementspezifischer Wellenlänge absorbieren. Zu diesem Zweck wird die Feststoffprobe vorher nasschemisch aufgeschlossen und nach pneumatischer Zerstäubung und Verwirbelung mit einem Brenngasgemisch (Luft-Acetylen oder Lachgas-Acetylen) in die Flamme eines Schlitzbrenners geführt, in der die Probenbestandteile atomisiert werden. Als Anregungsquelle setzt man gewöhnlich eine Hohlkatodenlampe ein, die gezielt das charakteristische Emissionsspektrum des zu bestimmenden Elementes ausstrahlt. Im Strahlengang kommt es zur Wechselwirkung mit den atomisierten Elementen und zur Abschwächung der Intensität des Primärlichts im Bereich der elementspezifischen Spektrallinie, wobei der Intensitätsverlust in unmittelbarem Zusammenhang zur Konzentration einzelner Elemente steht. Die Grundlage der quantitativen Auswertung bildet dann eine Kalibriergera-

Tab. 5.2 Die wichtigsten Methoden zur festkörper- und oberflächenanalytischen Charakterisierung von heterogenen Katalysatoren

Messmethode	Akronym	Charakterisierungsdaten
Volumenmethoden		
Atomabsorptionsspektrometrie (engl. *Atomic Absorption Spectrometry*)	AAS	Quantitative und qualitative Analyse
Röntgenfluoreszenzspektroskopie (engl. *X-ray Fluorescence Spectroscopy*)	XRF	Quantitative und qualitative Analyse
Massenspektrometrie mit induktiv gekoppeltem Plasma (engl. *Inductively Coupled Plasma Mass Spectrometry*)	ICP-MS	Elementaranalyse
Röntgendiffraktometrie (engl. *X-ray Diffraction*)	XRD	Kristallstruktur, Strukturtyp, Phasenzusammensetzung, Kristallitgröße, Dispersität, Gitterparameter
Elektronenstrahlmikroanalyse (engl. *Electron Probe Micro Analysis*)	EPMA	Quantitative Analyse und Elementverteilung
Röngenfeinstrukturanalyse (engl. *Extended X-ray Absorption Fine Structure*)	EXAFS	Lokale Umgebung von Elementen
Elektronenspinresonanz (engl. *Electron Paramagnetic Resonance*)	EPR	Vorliegen paramagnetischer Ionen
Kernresonanzspektroskopie (engl. *Nuclear Magnetic Resonance*)	NMR	Lokale Umgebung von Kernen mit magnetischem Moment, quantitative Analyse, Feststoffacidität und -basizität
Thermogravimetrie (engl. *Thermogravimetric Analysis*), Differenz-Thermoanalyse (engl. *Differential Thermal Analysis*)	TGA/DTA	Thermische Stabilität, Thermoanalytik, Zusammensetzung
Temperatur-programmierte Reduktion und Oxidation (engl. *Temperature-Programmed Reduction und Oxidation*)	TPR/TPO	Reduzierbarkeit und Oxidierbarkeit von Feststoffen

Tab. 5.2 (Fortsetzung)

Messmethode	Akronym	Charakterisierungsdaten
Oberflächenmethoden		
Infrarotspektroskopie (engl. *Infrared Spectroscopy*)	IR	Oberflächengruppen, Strukturdefekte, Schwingungsspektren chemisorbierter Moleküle
Röntgenphotoelektronenspektroskopie (engl. *X-ray Photoelectron Spectroscopy*) oder Elektronenspektroskopie zur chemischen Analyse (engl. *Electron Spectroscopy for Chemical Analysis*)	XPS oder ESCA	Qualitative, quantitative und chemische Analyse der Oberfläche, Oxidationszustände von Elementen
Auger-Elektronenspektroskopie (engl. *Auger Electron Spectroscopy*)	AES	Oberflächenzusammensetzung
Ionenstreuspektroskopie (engl. *Ion Scattering Spectroscopy*)	ISS	Chemische Zusammensetzung der obersten Atomlage
Sekundärionen-Massenspektrometrie (engl. *Secondary Ion Mass Spectrometry*)	SIMS	Chemische Zusammensetzung der Oberfläche, Tiefenprofilanalyse
Beugung langsamer Elektronen (engl. *Low Energy Electron Diffraction*)	LEED	Oberflächenstruktur und Geometrie des Adsorbates in der Feststoffoberfläche
Raster- oder Transmissionselektronenmikroskopie (engl. *Scanning or Transmission Electron Microscopy*)	SEM/TEM	Oberflächentopografie, Mikrotextur und -struktur, Kristallitgröße, Dispersität
Temperatur-programmierte Desorption (engl. *Temperature-Programmed Desorption*)	TPD	Bindungsenergie des Adsorbates, Qualität der Oberfläche, Oberflächenacidität und -basizität

de, die man mit einer Standardlösung dieser Elemente bekannter Konzentration für eine geeignete Referenzprobe zuvor aufgenommen hat.

Eine häufig angewendete zerstörungsfreie Methode zur qualitativen und quantitativen Bestimmung der elementaren Zusammensetzung von Feststoffproben ist die *Röntgenfluoreszenzspektroskopie* (XRF). Dabei verwendet man als Anregungsquelle die Röntgenstrahlung. Beim Bestrahlen von Atomen werden Elektronen aus den inneren kernnahen Elektronenschalen herausgeschlagen. Das Auffüllen der entstehenden Leerstellen mit energiereicheren Elektronen aus kernfernen Elektronenschalen führt zur Energiefreisetzung in Form von elementspezifischer Fluoreszenzstrahlung mit dem sich daraus ergebenden Röntgenfluoreszenspektrum, das von einem Strahlungsdetektor aufgenommen und ausgewertet wird. Über die energetische Position der Spektrallinien im Spektrum lassen sich die einzelnen Elemente der Probe identifizieren. Die Linienintensität lässt Rückschlüsse auf die jeweilige Konzentration der Elemente zu. Die Röntgenfluoreszenzanalyse ermöglicht eine Identifizierung und Konzentrationsbestimmung aller Elemente ab Ordnungszahl $Z = 5$ (Bor) in unterschiedlichsten Zusammensetzungen.

Die meisten Feststoffkatalysatoren bestehen aus fein verteilten und festen Phasen, deren kristalline Anteile man mit Hilfe der *Röntgendiffraktometrie* (XRD) identifizieren sowie die jeweiligen Kristallitgrößen, Gitterparameter, Gitterdefekte etc. bestimmen kann. Diese Methode ist daher als „Fingerabdruck" sowohl für die Gütekontrolle einzelner Katalysatorkomponenten mit kristallinem Charakter im Herstellungsprozess als auch zur Verfolgung von möglichen Mischkristallbildungen und Phasenumwandlungen unter prozessnahen Bedingungen unentbehrlich. Abbildung 5.4 demonstriert beispielhaft Röntgendiffraktogramme alumosilicatischer mikro-/mesoporöser Mischphasen, bestehend aus ZSM-5-Zeolith und MCM-41-Material, die Rückschlüsse zur Phasenzusammensetzung und zum Kristallinitätsgrad dieser Phasen als potenzielle Katalysator-Trägermaterialien erlauben.

Die Röntgendiffraktometrie beruht auf der interferierenden Beugung der monochromatischen Röntgenstrahlung durch ihre Wechselwirkung mit den Elektronen der Atome im Kristallgitter, die dadurch selbst zur Quelle elektromagnetischer Strahlung werden. Während der XRD-Messung tastet man die durch Interferenz der Streustrahlung verursachten Beugungsreflexe mit einem Detektor winkelabhängig ab. Das resultierende stoffspezifische Beugungsbild ist von der untersuchten, periodischen Kristallstruktur, bestehend aus einer Schar paralleler Netzebenen, z. B. {100}, {110} oder {111}, abhängig. Den Zusammenhang zwischen der Wellenlänge der Röntgenstrahlung bzw. der Lage einer beliebigen Netzebene im Koordinatensystem, angegeben durch die *Miller'schen Indizes* {hkl}, sowie dem Beugungswinkel und dem Netzebenenabstand im Kristallgitter beschreibt die *Bragg'sche Gleichung*:

$$n\lambda = 2d_{hkl} \sin\theta_{hkl},$$

mit n – Ordnung der Reflexion;
  λ – Wellenlänge der Röntgenstrahlung;
  d_{hkl} – Netzebenenabstand;
  θ_{hkl} – Beugungswinkel (Glanzwinkel).

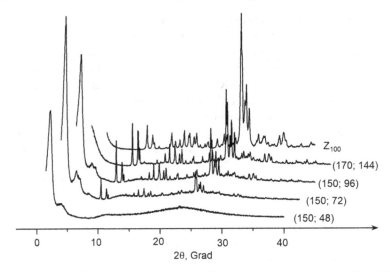

Abb. 5.4 Röntgendiffraktogramme unterschiedlicher mikro-/mesoporöser ZSM-5/MCM-41-Mischphasen. Phasenzusammensetzung = f(Synthesetemperatur in °C; Synthesedauer in h); Z_{100} = reine ZSM-5-Phase

Aus den Netzebenenabständen lassen sich die Gitterparameter (Gitterkonstante, Gittertyp) von hochsymmetrischen Kristallsystemen ermitteln. Beispielsweise berechnet man die Gitterkonstante (a_0) für das kubische Kristallsystem unter Berücksichtigung des entsprechenden d_{hkl}-Wertes der Netzebenenschar mit der Indizierung (hkl) mittels der quadratischen Form der Bragg'schen Gleichung:

$$a_0 = d_{hkl} \sqrt{h^2 + k^2 + l^2}.$$

Zur Erzeugung von Beugungsbildern nutzt man in der Regel Röntgenstrahlung mit einer gewissen, wenn auch schmalen Verteilung der Wellenlänge, sodass die erhaltenen Reflexe nicht beliebig scharf, sondern verbreitert sind. Diese Verbreiterung verstärkt sich durch die endliche Kristallitgröße (Korngröße) oder Mikrospannungen bzw. den Einbau von Fremdatomen im Kristallgitter. Sie lässt sich experimentell durch die Messung eines mikrokristallinen Standards mit einheitlichen Gitterparametern, wie LaB_6, unter den gleichen Bedingungen wie für die untersuchte Probe bestimmen. Man kann sich diesen Beugungseffekt zu Nutze machen, um z. B. aus der Reflexverbreiterung die mittlere Kristallitgröße nanokristalliner Metallkomponenten in Metall/Träger-Katalysatoren näherungsweise mit Hilfe der empirischen *Scherrer-Gleichung* zu ermitteln:

$$D = \frac{K \cdot \lambda}{H \cdot \cos\theta},$$

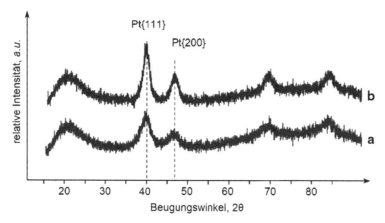

Abb. 5.5 Schematische Darstellung typischer Röntgendiffraktogramme von Pt/γ-Al₂O₃, reduziert im H₂-Strom bei 350 °C (**a**) und 500 °C (**b**)

mit D – mittlere Kristallitgröße;

K – dimensionsloser Formfaktor (variiert im Bereich von 0,89 bis 1,39);

λ – Wellenlänge der Röntgenstrahlung;

H – Halbwertsbreite der Einzelreflexe;

θ – Beugungswinkel.

Unter der Annahme einer sphärischen Kristallmorphologie kann der dimensionslose Formfaktor in erster Näherung gleich 1 gesetzt werden. Die Scherrer-Gleichung besitzt ihre Gültigkeit bei einer Kristallitgröße von weniger als 100–200 nm.

In Abb. 5.5 sind Röntgendiffraktogramme für das Katalysatorsystem Pt/γ-Al₂O₃ dargestellt, das durch eine reduktive Behandlung von Pt-Präkursor bei verschiedenen Temperaturen erhalten wurde. Man erkennt darin neben einer Erhöhung des Untergrundes im Beugungswinkelbereich zwischen 30 und 40° 2θ, die durch die Röntgenstreuung am amorphen Träger zustande kommt, weitere Reflexe, die auf das Vorhandensein von kleinen, metallischen Kristalliten hindeuten. Speziell aus den intensitätsstarken Pt-Reflexen im Beugungswinkelbereich zwischen 40 und 50° 2θ in der bei 500 °C reduzierten Katalysatorprobe errechnet sich gemäß der Scherrer-Gleichung die mittlere Metall-Partikelgröße von ca. 5 nm.

Als eine weitere festkörperanalytische Methode, insbesondere zur Charakterisierung von heterogenen Katalysatorsystemen auf Zeolith-Basis, hat sich die *hochauflösende kernmagnetische Resonanzspektroskopie* von Festkörpern (Festkörper-NMR) bewährt. Seit der Einführung effizienter linienverschmälernder Techniken (Probenrotation um den sogenannten „magischen Winkel" – (MAS)-NMR-Spektroskopie, engl. *Magic Angle Spinning*) und ihren Varianten (Kreuzpolarisation, Multipelpuls, Probenrotation mit variablem Winkel) bieten sich zahlreiche Möglichkeiten, das Kristallinnere, die strukturellen und oberflächenchemischen Eigenschaften von unterschiedlichsten zeolithischen Materialien zu untersuchen. Da Zeolithe mikroporöse kristalline Alumosilicate sind, deren Gerüst aus regelmäßig angeordneten [SiO₄]- und [AlO₄]⁻-Tetraedern aufgebaut ist, ermöglicht die ²⁹Si- und ²⁷Al-MAS-

Abb. 5.6 ^{29}Si-MAS-NMR-Spektren eines Zeoliths mit unterschiedlichem Si/Al-Verhältnis für verschiedene Strukturelemente entsprechend ihrem charakteristischen Bereich der chemischen Verschiebung

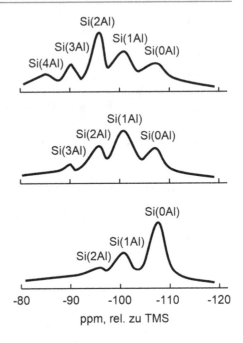

NMR-Spektroskopie die unmittelbare chemische Umgebung dieser primären Baueinheiten unter dem Aspekt der Si/Al-Verteilung zu unterscheiden. Wie Abb. 5.6 demonstriert, lassen sich in manchen Zeolithen bei einem Si/Al-Verhältnis > 1 durch ^{29}Si-MAS-NMR-Spektroskopie qualitativ und quantitativ fünf verschiedene Strukturelemente Si(OAl)$_n$(OSi)$_{4-n}$ (n = 0, 1, 2, 3, 4) des Zeolithgerüstes mit ihren charakteristischen Bereichen der chemischen Verschiebung nachweisen, die der lokalen Umgebung eines Silicium-Atoms entsprechen. Aus den relativen Linienintensitäten im ^{29}Si-MAS-NMR-Spektrum lässt sich dann das Si/Al-Verhältnis nach folgender Gleichung ermitteln, die unabhängig vom Strukturtyp für alle Zeolithe gültig ist:

$$\left(\frac{Si}{Al}\right)_{NMR} = \frac{\sum I_{Si(nAl)}}{\sum 0,25 \cdot n I_{Si(nAl)}}.$$

Sie ermöglicht in Kombination mit der ^{27}Al-MAS-NMR-Spektroskopie die quantitative Bestimmung des Si/Al-Verhältnisses im Zeolithgerüst im Bereich 1,00 < Si/Al < 10.000. Darüber hinaus vermag die ^{27}Al-MAS-NMR-Spektroskopie zwischen tetraedrisch und oktaedrisch koordinierten Aluminiumatomen zu unterscheiden. In Abb. 5.7 sind ^{27}Al-MAS-NMR-Spektren für zeolithische Strukturen mit unterschiedlichem Besetzungsmuster der Aluminium-Atome auf Gerüst- $(\delta = 50\,\text{ppm})$ und Extra-Gerüstpositionen $(\delta = 0\,\text{ppm})$ im Alumosilicat aufgeführt. Anhand der absoluten Linienintensitäten des ^{27}Al-MAS-NMR-Spektrums ist es möglich, die Menge an Extra-Gerüstaluminiumatomen direkt zu bestimmen.

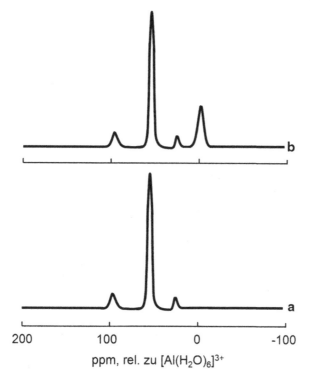

200   100   0   -100

ppm, rel. zu $[Al(H_2O)_6]^{3+}$

Abb. 5.7 ^{27}Al-MAS-NMR-Spektren eines Zeoliths mit Aluminiumatomen ausschließlich auf
Tetraederpositionen (**a**) und eines dealuminierten Zeoliths mit einem Teil an aus dem Gerüst
entfernten oktaedrisch koordinierten Aluminiumatomen (**b**)

Kombiniert man die ^{29}Si- und ^{27}Al-MAS-NMR-Spektroskopie miteinander, so hat
man ein ausgezeichnetes Messverfahren, um den Ablauf von Festkörperreaktionen
während der Präparation und der industriellen Nutzung heterogener Katalysatorsysteme auf Zeolith-Basis zu verfolgen.

Wenn andere Elemente mit NMR-aktivem Kern, z. B. ^{11}B, ^{73}Ge, ^{31}P, die Te-
traederplätze von Si und Al im Zeolithgerüst oder wie ^{23}Na, ^{25}Mg, ^{43}Ca etc. die
Kationenaustauschplätze im Zeolithinnern einnehmen, so können mittels MAS-
NMR-Spektroskopie wertvolle Informationen zum Aufbau der Gerüststruktur und
chemischen Umgebung dieser Elemente erhalten werden.

Die thermische Analyse von Feststoffkatalysatoren in Form von *thermogravi-
metrischen* (TG) und *Differenz-thermoanalytischen* (DTA) Messungen stellt eine
geeignete Methode dar, um direkte Informationen über die Masseänderung eines
Feststoffes in Abhängigkeit von der Temperatur und über die thermische Zersetzung bzw. mögliche Phasenübergänge zu erhalten sowie auch Hinweise zu strukturellen Veränderungen von Feststoffkatalysatoren zu liefern. Daher kann eine solche
derivatografische Analyse der Optimierung von Calcinationsschritten während der
Katalysatorpräparation und der Beurteilung der thermischen Stabilität von Kata-

lysatoren sowie ihres Regenerationsverhaltens dienen. Die modernen Hochtempe-
ratur-DTA-Messzellen erlauben festkörperanalytische Untersuchungen im Temperaturbereich zwischen Raumtemperatur und 1600 °C in definierter Gasatmosphäre
mit variierender Strömungsgeschwindigkeit und unterschiedlicher linearer Heizrate
von 5 bis 50 K min^{-1}. Je nach verwendetem Gas (Inertgas, Sauerstoff, Wasserstoff)
kommt es während des Heizvorganges zu verschiedenen Prozessen (Masseverlust,
Zersetzung, Oxidation, Reduktion). Findet in der untersuchten Katalysatorprobe irgendeine Phasenumwandlung oder Festkörperreaktion statt, so ist dieser Vorgang
mit einem Verbrauch oder dem Freisetzen einer bestimmten Wärmemenge verbunden. Die resultierende Temperaturänderung, die in Form einer Temperaturdifferenz
zwischen der Temperatur der untersuchten Probe und der inerten Referenzsubstanz
(z. B. γ-Al$_2$O$_3$) in einem symmetrischen Probenraum ausgegeben wird, lässt sich
mit einer Temperatursonde (z. B. PtRh-Pt-Thermoelement) erfassen. Zudem lassen
sich die Zersetzungsprodukte mit angeschlossenem Massen- oder Infrarotspektro-
meter identifizieren und somit aus der Gaszusammensetzung Rückschlüsse auf die
mögliche Zusammensetzung der Ausgangsprobe ziehen.

Die Herstellung heterogener Katalysatoren beinhaltet bekanntlich eine Reihe thermischer Behandlungen von Katalysator-Präkursoren in Gegenwart oxidierender oder
reduzierender Gasgemische (Abschn. 3.2). Die dabei ablaufenden Redoxprozesse
können durch die *Temperatur-programmierte Reduktion* (TPR) bzw. die *Temperatur-
programmierte Oxidation* (TPO) verfolgt werden. Typischerweise führt man solche
Untersuchungen in einem TPR-TPO-Zyklus durch. Das bedeutet, dass man die zuvor
calcinierte Katalysatorprobe, während sie linear aufgeheizt wird, zunächst mit einem
Reduktionsgas (z. B. Wasserstoff in Argon) und dann, nach Abkühlen auf die Start-
temperatur, mit einer oxidierenden Gasmischung (z. B. Sauerstoff in Helium) beauf-
schlagt. Die dabei jeweils auftretenden Änderungen der Gaszusammensetzung lassen
sich mit einem Wärmeleitfähigkeitsdetektor (WLD) erfassen und in Form von TPR/
TPO-Profilen visualisieren, die jedoch stark von Messparametern wie der Probemas-
se, der Heizrate, der Konzentration an Reaktivgas und dem Trägergasstrom abhängen.
Deshalb ist es notwendig, im Vorfeld eine Reaktivgas-Kalibrierung des WLD-Signals
mit Referenzsubstanzen durchzuführen. Auf diese Weise ist die Gesamtmenge an ver-
brauchtem Reaktivgas und damit verbunden ein probenspezifischer Oxidations- bzw.
Reduktionsgrad exakt bestimmbar. Speziell bei der Entwicklung von Metall/Träger-
Katalysatoren erweist sich die TPR/TPO als eine sehr nützliche Charakterisierungs-
methode, da sie wertvolle Informationen zu optimalen Präparationsbedingungen, zu
oxidier- und reduzierbaren Phasen, zum vorliegenden Oxidationszustand der Metalle
sowie zu möglichen Metall-Träger- bzw. Metall-Metall-Wechselwirkungen liefert.

5.2.2 Oberflächenmethoden

Die *Infrarotspektroskopie* stellt die am häufigsten verwendete spektroskopische
Methode zur Charakterisierung von oberflächenchemischen Eigenschaften heterogener
Katalysatoren dar. Mit ihrer Hilfe lassen sich die funktionellen Gruppen der
Katalysatoroberfläche und die Struktur adsorbierter Moleküle sowie die Natur ihrer

Wechselwirkung mit der Oberfläche bestimmen. Die erhaltene Information trägt nicht nur zur direkten Identifizierung der katalytisch aktiven Oberflächenzentren und chemisorbierten reaktionsfähigen Oberflächenspezies bei, sondern hilft häufig auch bei der Aufklärung von Reaktionsmechanismen. Die Methode basiert darauf, dass man die Energie der elektromagnetischen Strahlung beim Durchstrahlen einer Feststoffprobe als Funktion der Frequenz oder Wellenzahl im Bereich der mittleren Infrarotstrahlung von 400 bis 4000 cm^{-1} aufzeichnet. Zu diesem Zweck überführt man die zu charakterisierende Probe als ein IR-durchlässiger, selbsttragender Pressling (Flächendichte 10–30 mg cm^{-2}) zunächst in eine spezielle IR-Messzelle mit gut abgedichteten Fenstern (meist CaF$_2$ oder NaCl). Nach erfolgter Probenvorbehandlung bzw. nach jedem Behandlungsschritt (z. B. Calcination, Reduktion, Gassorption, Vakuumieren etc.) können wahlweise das gesamte IR-Spektrum oder die charakteristischen IR-Banden analysiert werden. Dazu verwendet man bevorzugt nichtdispersive Spektrometer, bei denen man das aufgenommene Spektrum verschiedener Schwingungszustände durch einen Interferenzprozess analysiert und mittels einer Fourier-Transformation (FT) in den Frequenz- oder Wellenzahlbereich überführt (*FT-IR-Spektroskopie*). Die einzelnen IR-Banden lassen sich durch Vergleich mit Gruppenfrequenzen bekannter Verbindungen zuordnen. Eine Quantifizierung von Oberflächenzentren und oberflächengebundenen Spezies gelingt über die Bestimmung der Extinktion dieser Banden gemäß dem *Lambert-Beer'schen Gesetz*:

$$E = lg\left(\frac{I_0}{I}\right) = \varepsilon \cdot d \cdot c$$

mit

E – Extinktion;

I_0 – Intensität der Anregungsstrahlung;

I – Intensität der transmittierten Strahlung;

ε – molarer Extinktionskoeffizient;

d – optische Weglänge, Dicke der absorbierenden Schicht;

c – Konzentration der absorbierenden Spezies.

Eine breite Anwendung findet die Infrarotspektroskopie bei der Untersuchung von Gerüstschwingungen in silicatischen und alumosilicatischen Strukturen im Bereich zwischen 400 und 1400 cm^{-1} sowie von O–H-Streckschwingungen acider Feststoffkatalysatoren im Bereich zwischen 3500 und 3750 cm^{-1}. Kontaktiert man solche Katalysatoren mit basischen Sondenmolekülen (z. B. Ammoniak oder Pyridin), so vermindert sich die Intensität der entsprechenden OH-Banden. Zugleich erscheinen im Bereich der Deformationsschwingungen zwischen 1400 und 1700 cm^{-1} neue Banden, die Aussagen über die Natur, Anzahl und Wechselwirkungsstärke der adsorbierten Spezies mit der aciden Feststoffoberfläche ermöglichen. In Abb. 5.8 sind die FT-IR-Spektren des *in situ* calcinierten, unbeladenen und mit Ammoniak gesättigten Zeoliths Y in der H-Form bei einer Temperatur von 100 °C schematisch dargestellt. Die OH-Schwingungsbande bei 3550 cm^{-1}, die man als LF-Bande (engl. *Low Frequency*) bezeichnet, entspricht den schwach aciden Brönsted-Säurezentren, wohingegen man die sogenannte HF-Bande (engl. *High Frequency*) bei 3650 cm^{-1} den katalytisch wirksamen, stark sauren Brönsted-Säurezentren zuord-

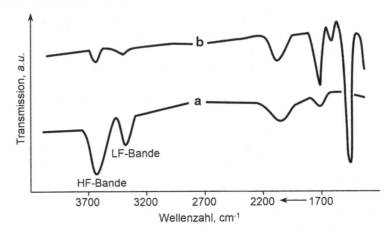

Abb. 5.8 FT-IR-Spektren des *in situ* bei 550 °C calcinierten, unbeladenen (**a**) und mit Ammoniak beladenen (**b**) Zeoliths Y in der H-Form

net. Das Auftreten von möglichen Defektstrukturen oder amorphen Bereichen wird durch eine für terminale Si-OH-Gruppen charakteristische Bande bei 3740 cm^{-1} angezeigt. Nach der Sättigung mit Ammoniak werden die OH-Schwingungsbanden weitgehend abgebaut. Gleichzeitig treten im Spektrum neue Banden bei 1450, 1550 und 1620 cm^{-1} auf, die den N–H-Deformationsschwingungen des Ammoniaks entsprechen, welches in verschiedenen Formen gebunden ist. Während die Erstere die Ammonium-Ionen repräsentiert, die im Ergebnis der spezifischen Wechselwirkung von Ammoniak mit stark aciden Brönsted-Säurezentren entstehen, zeigt die Letztere das koordinativ an Lewis-Säurezentren gebundene Ammoniak-Molekül an. Die Bande bei 1550 cm^{-1} wird den N–H-Deformationsschwingungen der Si–NH$_2$-Gruppe zugeschrieben, die durch die Wechselwirkung von Ammoniak mit terminalen Si–OH-Gruppen entstehen kann.

Die Infrarotspektroskopie adsorbierter Moleküle eignet sich ebenfalls zur Untersuchung von bifunktionellen Metall/Träger-Katalysatoren. Durch die IR-spektroskopische Verfolgung selektiver Adsorptionsreaktionen (Chemisorption) mit ausgewählten Sondenmolekülen kann man wichtige Informationen über den Oxidationszustand, den Verteilungsgrad und die Reaktivität der Metallkomponente gewinnen, die bei der Aufklärung von Mechanismen heterogen katalysierter Reaktionen hilfreich sind. Besonders verbreitet ist der Einsatz der Infrarotspektroskopie zum Studium der Kohlenstoffmonoxid-Adsorption an den Metallen der Eisen- und Platingruppe. Das Absorptionsmaximum des freien CO-Moleküls liegt bei 2140 cm^{-1}. Im adsorbierten Zustand kommt es zur Schwächung der C–O-Bindung und somit zu einer Verschiebung der Absorptionsbande zu niedrigeren Wellenzahlen und zum Auftreten von zusätzlichen Absorptionsmaxima. In Anlehnung an die für die Übergangsmetall-Carbonylkomplexe existierenden theoretischen Vorstellungen zum Bindungscharakter von CO an Metallatomen ordnet man die Absorptionsmaxima bei > 2000 cm^{-1} „linear" und bei < 2000 cm^{-1} „verbrückt" gebundenem CO zu. Die

Lage der CO-Valenzschwingung im IR-Spektrum variiert je nach Wechselwirkungsstärke zwischen Kohlenstoffmonoxid und dem Metallatom. Sie ist durch die Änderung seiner koordinativen Umgebung bzw. durch die starke Metall-Träger-Wechselwirkung in einem bifunktionellen Metall/Träger-Katalysator beeinflussbar. So verursachen zusätzliche Elektronenakzeptoren eine Verschiebung der Lage der CO-Valenzschwingung zu höheren Wellenzahlen, umgekehrt führen Elektronendonatoren zum Absinken der CO-Schwingungsfrequenz im IR-Spektrum.

Zusätzliche Informationen über die Oberflächenzusammensetzung eines heterogenen Katalysators sowie über den Bindungs- und Oxidationszustand einzelner Elemente liefert die *Röntgenphotoelektronenspektroskopie* (XPS, ESCA). Das XPS-Messprinzip beruht darauf, dass man die zu untersuchende Katalysatorprobe mit Röntgenstrahlung (meistens K_α-Strahlung des Aluminiums oder Magnesiums) anregt und die dabei durch Ionisation gebildeten Photoelektronen nach ihrer Anzahl und kinetischen Energie in einem Elektronenenergiedetektor sortiert und analysiert. Die XPS-Messungen führt man im Hochvakuum durch ($< 10^{-4}$ Pa), um die Streuung der emittierten Photoelektronen durch die Gasmoleküle in der Analysenkammer zu vermeiden und somit ein möglichst unverfälschtes Bild der Katalysatoroberfläche zu erhalten. Aus der kinetischen Energie der Elektronen $\left(E_{kin} \right)$ lässt sich in erster Näherung über die Beziehung

$$E_B = h\nu - \left(E_{kin} + \phi_{sp} \right)$$

die Bindungsenergie $\left(E_B \right)$ des Elektrons im betrachteten Atom bestimmen ($h\nu$ – Energie der anregenden Röntgenstrahlung, ϕ_{sp} – Austrittsarbeit des Spektrometermaterials). Stellt man die gemessene Intensität der Photoelektronen als Funktion der Bindungsenergie dar, so kommt man zum elementspezifischen XPS-Spektrum, aus dem die quantitative chemische Analyse von oberflächennahen Schichten je nach Strahlungsenergie zwischen 3 und 15 Atomlagen möglich ist.

In Abb. 5.9 sei als Beispiel das Ergebnis der XPS-Untersuchung des Reduktionsverhaltens eines in der katalytischen Entstickung wirksamen AgNaY-Zeoliths aufgeführt, bei dem während der Reduktion der Ag$^+$-Ionen eine Migration der Metallpartikel an die äußere Zeolithoberfläche und gleichzeitig eine Umverteilung der Kationen im Zeolith stattfindet. Mit steigendem Reduktionsgrad beobachtet man im XPS-Spektrum die Zunahme der Intensität der Ag-3$d_{3/2}$-Linie, gefolgt von der Abnahme der Intensität der Na-2p-Linie. Da sich dabei die Linienintensität der Gerüstelemente (Al, Si) nicht ändert, kann man die verminderte Konzentration an Na$^+$-Ionen in der oberflächennahen Schicht mit deren Diffusion in das Innere des Zeoliths auf die zuvor mit Ag$^+$-Ionen besetzten Stellen erklären.

Als oberflächensensitive Methode eignet sich die Röntgenphotoelektronenspektroskopie vornehmlich zur Charakterisierung von Vollkatalysatoren. Damit lassen sich aus der Bindungsenergie der Photoelektronen aufgrund der chemischen Verschiebung sowohl der Bindungs- und Oxidationszustand der in der Oberfläche vorliegenden Elemente bestimmen als auch die elektronische und geometrische Struktur von Adsorbatmolekülen nachweisen. Auf diese Weise sind die Vorgänge bei der Adsorption, der Vergiftung und der Aktivierung der Katalysatoroberfläche

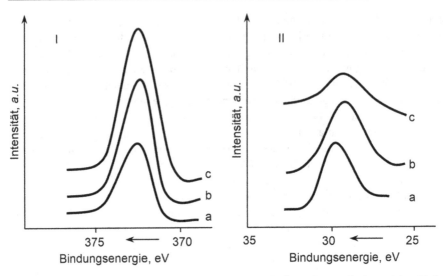

Abb. 5.9 Ag-$3d_{3/2}$-Linie (*I*) bzw. Na-$2p$-Linie (*II*) in XPS-Spektren des unreduzierten (**a**) und bei 200 °C (**b**) und 300 °C (**c**) reduzierten AgNaY-Zeoliths

besser beschreibbar. Bei Metall/Träger-Katalysatoren verhalten sich die gemessenen Intensitäten hingegen nicht immer direkt proportional zur Oberflächenkonzentration. Eine in solchen Katalysatorsystemen häufig beobachtete Verschiebung der Bindungsenergie kann jedoch Hinweise auf die „chemische Umgebung", d. h. auf Art und Stärke der Metall-Träger-Wechselwirkung liefern. Im Allgemeinen steigt die Bindungsenergie der Elektronen mit dem Oxidationsgrad der Metallatome bzw. mit der Elektronegativität der unmittelbaren Nachbaratome des Trägers.

Ist man an der Untersuchung geordneter Strukturen von Oberflächenatomen bzw. Adsorbatschichten in einem heterogenen Katalysator interessiert, so setzt man die Methode der *Beugung langsamer Elektronen* (LEED) ein. Das Messprinzip beruht auf der Erzeugung von Beugungsbildern während der Bestrahlung von Katalysatorproben mit Elektronen niederer Energie (10–200 eV), bei der nur die ersten 2–3 Atomlagen des Festkörpers zum resultierenden Beugungsbild beitragen. Damit eine unkontrollierte Adsorption der Fremdatome oder -moleküle an der zu untersuchenden Feststoffoberfläche vermieden wird, führt man die Beugung im Innern einer Vakuumkammer bei Ultrahochvakuum (10^{-8} Pa) durch. Aus dem auf einem Leuchtschirm sichtbar gemachten Beugungsbild erhält man sowohl Informationen über die Positionen und die geometrische Anordnung der Oberflächenatome als auch über die Strukturen physisorbierter oder chemisorbierter Spezies auf Metallen und anderen Festkörpern. In manchen Fällen führt die Wechselwirkung reaktiver Gase mit der Katalysatoroberfläche zu Umorientierungen in der Oberflächenschicht, die sich ebenfalls mittels LEED identifizieren lassen. So soll die Schwefelbehandlung eines typischen Nickel-Hydrierkatalysators mit Schwefelwasserstoff oder Thiophen bei 373–423 K in Wasserstoffatmosphäre bewirken, dass sich auf der ursprünglichen {111}-Fläche des Nickels unter dem Einfluss von Schwefel dieselbe Oberflächen-

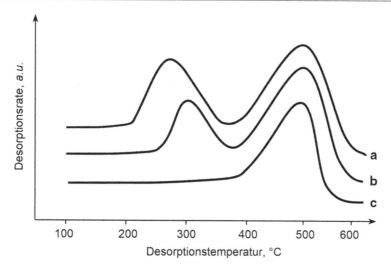

Abb. 5.10 Typische Desorptionskurve der Temperatur-programmierten Ammoniakdesorption (TPAD) am aciden H-ZSM-5-Zeolith nach verschiedenen Evakuierungstemperaturen: **a** − 100 °C, **b** − 150 °C, **c** − 250 °C

struktur ausbildet wie sie an der Ni{100}-Fläche vorliegt. LEED-Untersuchungen belegen, dass in der Tat eine Umorientierung in der Oberflächenschicht nach der Schwefelbehandlung stattfindet. Dabei entstehen katalytisch aktive Nickelatome wie auf der Ni{100}-Fläche, die z. B. bei der Selektivhydrierung von Butadien nur die Bindung zu einer Doppelbindung des Butadiens zulassen, sodass nur diese Bindung selektiv hydriert und Buten als Hauptprodukt gebildet wird.

Handelt es sich um Katalysatorsysteme, die als Aktivkomponente Feststoffe mit sauren oder basischen Eigenschaften enthalten, lassen sich diese mit Hilfe der *Temperatur-programmierten Desorption* (TPD) von in der Katalysatoroberfläche durch spezifische Wechselwirkungen gebundenen basischen (z. B. Ammoniak, Pyridin) oder sauren (z. B. Kohlenstoffdioxid, Pyrrol) Sondenmolekülen untersuchen. Die verwendeten Sondenmoleküle müssen klein genug sein, um in einem porösen Katalysator alle relevanten Oberflächenzentren zu erreichen, gleichzeitig dürfen sie keine weiteren unselektiven Oberflächenreaktionen eingehen und sich durch thermische Belastung nicht zersetzen. Bei den TPD-Untersuchungen geht es also darum, die Festkörperacidität/-basizität unter Temperaturbedingungen zu bestimmen, die denen in der heterogenen Katalyse ähnlich sind. Das Prinzip dieser Methode besteht darin, die Desorptionsrate der Sondenmoleküle als Funktion der Temperatur zu verfolgen, wobei man die Konzentration der abgelösten Teilchen beispielsweise massenspektrometrisch, IR-spektroskopisch oder mittels eines Wärmeleitfähigkeitsdetektors erfassen kann. Auf diese Weise erhält man eine konzentrationsabhängige Desorptionskurve (TPD-Profil).

Abbildung 5.10 repräsentiert den typischen Verlauf des Desorptionsvorganges bei der Temperatur-programmierten Ammoniakdesorption (TPAD) am aciden Zeolith H-ZSM-5. Die Fläche unterhalb der Kurve gibt die desorbierte Menge des

Sondenmoleküls Ammoniak und somit die gesamte Anzahl der sauren Oberflächen-zentren wieder. Das Auftreten mehrerer Desorptionsmaxima bei verschiedenen Temperaturen deutet auf die unterschiedliche Stärke bzw. Natur der Oberflächen-zentren hin, mit denen das Sondenmolekül wechselwirkt. Im Allgemeinen verweisen Tieftemperaturpeaks auf Desorptionsvorgänge mit niedriger Aktivierungsenergie, hingegen liegen die Peaks für Desorptionsvorgänge mit höherer Aktivierungsenergie bei hohen Temperaturen. Aus der jeweiligen Desorptionstemperatur kann auf die formale Stärke der sauren Zentren und aus der Peakintensität auf deren relative Häufigkeiten geschlossen werden. Es sind jedoch keine Details zur Art am Feststoff chemisorbierter Spezies und zu Oberflächen-Säurezentren ableitbar. Um zum Beispiel zwischen den Brönsted- und Lewis-Säurezentren nach der Natur der Zentren und ihrer Stärke zu differenzieren, kombiniert man daher die TPAD häufig mit der *In-situ*-FT-IR-Spektroskopie und führt eingehende spektroskopische Untersuchungen durch (Abb. 5.8).

Methoden zur Bestimmung der Katalysatorleistung

6.1 Auswahl von Versuchsreaktoren für kinetische Messungen

Zur Untersuchung heterogen katalysierter Gasphasenreaktionen setzt man am häufigsten Strömungsrohrreaktoren ein. Nach Art der gewonnenen Daten, abhängig von der zu untersuchenden Reaktion und von experimentellen Bedingungen, gliedern sie sich in Integral-, Differential-, Differentialkreislauf- und Impulsreaktoren. Bei heterogen katalysierten Reaktionen in flüssiger Phase oder bei Dreiphasenreaktionen kommen auch Satzreaktoren (Autoklaven) zur Anwendung.

Die labortechnischen Strömungsrohrreaktoren und die bei ihrem Einsatz gewinnbaren Informationen sind in Abb. 6.1 vergleichend dargestellt.

Der *Integralreaktor* (Abb. 6.1a) stellt ein mit Katalysator (500–4000 mg) gefülltes Strömungsrohr dar, in dem je nach Prozessbedingungen (Temperatur, Druck, Katalysatorbelastung) hohe Umsätze von > 50 % erzielbar sind. Beim Einsatz eines katalytischen Versuchsreaktors für kinetische Messungen sollte auf die isotherme Betriebsweise geachtet werden, die im Integralreaktor nur bei schwach exothermen bzw. endothermen Reaktionen ($|\Delta_R H| < 60\,\mathrm{kJmol}^{-1}$) problemlos realisierbar ist. Darüber hinaus ist die Strömungsgeschwindigkeit so einzustellen, dass man möglichst nahe an die ideale Pfropfenströmung herankommt. Dieser Strömungszustand lässt sich erreichen, wenn bei $Re > 2$ folgende Beziehungen gelten: $L/d_R > 50$ und $d_R/d_K > 30$ (Re = Reynolds-Zahl, L = Länge und d_R = Durchmesser des Rohrreaktors sowie d_K = Katalysatordurchmesser). Es empfiehlt sich daher, die heterogenen Katalysatoren in Laborversuchsreaktoren weitgehend in Pulverform einzusetzen. Dabei ist die Korngröße zwischen 315 und 400 µm zu wählen, um einen möglichen Druckverlust in der Katalysatorschüttung zu vermeiden. In der Strömungsrichtung nimmt der Umsatz der Reaktanden entlang der Schütthöhe monoton zu, sodass sich die Reaktandenkonzentration und folglich auch die Reaktionsgeschwindigkeit von Katalysatorabschnitt zu Katalysatorabschnitt merklich ändern. In jedem einzelnen Reaktorabschnitt kann man jedoch in erster Näherung jeweils von einem stationären Zustand ausgehen. Bei kinetischen Messungen im

© Springer-Verlag Berlin Heidelberg 2015
W. Reschetilowski, *Einführung in die Heterogene Katalyse*,
DOI 10.1007/978-3-662-46984-2_6

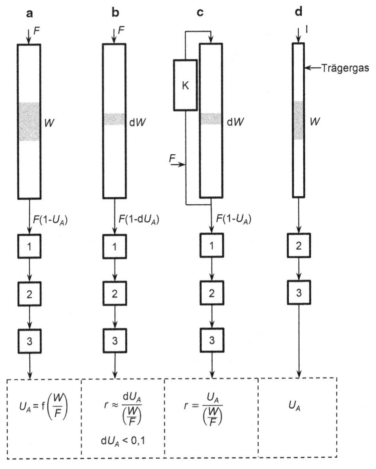

Abb. 6.1 Schematische Darstellung katalytischer Strömungsrohrreaktoren: Integralreaktor (**a**), Differentialreaktor (**b**), Differenzialkreislaufreaktor (**c**), Impulsreaktor (**d**). *F* Zulauf (Feed), *W* Katalysatoreinwaage, *K* Kreislaufpumpe, *I* Impuls, U_A Umsatz, *1* Dosiervorrichtung, *2* Trennsäule, *3* Detektor

katalytischen Strömungsrohrreaktor ist es üblich, die Änderung der Reaktandenkonzentration als Funktion der Ortskoordinate in Richtung der Massebewegung im Reaktor zu betrachten. Aus der nach Durchströmen der Katalysatorschüttung umgesetzten Menge eines bestimmten Reaktanden, ausgedrückt in Bruchteilen (bzw. Prozenten) der eingesetzten Menge dieses Reaktanden, lässt sich dann der integrale Umsatzgrad (bzw. Umsatz) einfach ermitteln. Das setzt jedoch voraus, dass eine geeignete qualitative und quantitative Analytik des Produktgemisches unmittelbar am Reaktorausgang möglich ist (z. B. Gaschromatografie oder IR-Gasanalysator).

Das pro Zeiteinheit durch die Katalysatorschüttung geleitete Reaktandenvolumen (*F*), bezogen auf die Katalysatormasse (*W*) oder das Katalysatorvolumen (V_{Kat}), ist ein Maß der *Katalysatorbelastung*. Das Betreiben des Reaktors bei hohen

Werten der Katalysatorbelastung bedeutet, dass man eine gute Katalysatorleistung schon mit geringen Katalysatormengen erreicht. Der reziproke Wert (W/F) besitzt die Dimension einer Zeit. Diese bezeichnet man als Kontakt- oder Verweilzeit, die jedoch nicht mit der Zeit identisch ist, in der ein Molekül mit der Katalysatoroberfläche wechselwirkt. Bei variierenden Werten der Katalysatormasse (bzw. des Katalysatorvolumens) und/oder des Volumenstroms erhält man im Idealfall unter isothermen Bedingungen die in Abb. Abbildung 6.2 dargestellten integralen Umsatzkurven als Funktion der reziproken Katalysatorbelastung $U_A = f(W/F)$. Die erste Ableitung dieser Umsatzkurve ergibt die momentane Reaktionsgeschwindigkeit $r_A = dU_A / d(W/F)$ für die einzelnen Versuchsdaten.

Um auch bei der Durchführung von stark exothermen bzw. endothermen Reaktionen eine annähernd isotherme Betriebsweise in einem Integralreaktor erreichen zu können, wählt man einerseits Reaktoren mit möglichst kleinem Rohrdurchmesser, andererseits verdünnt man die Katalysatorschüttung mit Inertmaterial gleicher Korngröße (z. B. Siliciumcarbid, Quarz bzw. Korund) oder füllt den Reaktor mit wechselnden Schichten aus Katalysator und Inertmaterial. Der einfache Aufbau von Integralreaktoren, die darin erzielbaren beliebig hohen Umsätze in Abhängigkeit von der Verweilzeit und die damit verbundene unproblematische Analytik begründen die breite Anwendung dieser Versuchsreaktoren als geeignetes Werkzeug für orientierende kinetische Messungen und schnelles Katalysatorscreening sowie zur Untersuchung der Katalysatorstandzeit.

Im Vergleich zum Integralreaktor hält man in einem *Differentialreaktor* (Abb. 6.1b) die Menge an Katalysator genügend gering (50–500 mg) und arbeitet bei hohen Volumenströmen, um die Änderung aller die Reaktionsgeschwindigkeit beeinflussenden Größen *a priori* auszuschließen. Auf diese Weise gelingt es, in der dünnen Katalysatorschicht eine annähernd konstante Temperatur einzuhalten und zugleich eine pseudonullte Reaktionsordnung zu verwirklichen, sodass sich die Reaktionsgeschwindigkeit direkt aus dem gemessenen Umsatz nach

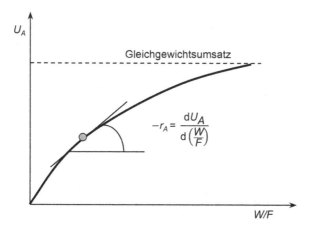

Abb. 6.2 Typische integrale Umsatzkurve für die Reaktion vom Typ $A \rightarrow P$

$r_A = dU_A / d(W/F) \approx lim(U_A / (W/F))$ berechnen lässt. Diese Bedingung erachtet man als hinreichend erfüllt für einen Umsatzgrad von $\Delta U_A < 10$ %. Da dieser niedrige Umsatz aus der geringen Konzentrationsdifferenz zwischen Ein- und Austritt des Reaktanden beim Durchströmen der Katalysatorschicht resultiert, sind kinetische Messungen mit dem Differentialreaktor nur dann sinnvoll, wenn die analytischen Methoden für die Bestimmung der Zusammensetzung des Reaktionsproduktes von adäquater Genauigkeit sind.

Besonders gut für kinetische Messungen eignet sich der konzentrationsgeregelte, gradientenfreie *Differentialkreislaufreaktor* (Abb. 6.1c), bei dem ein Teil des Reaktionsgemisches nach der Umsetzung in einem Differentialreaktor im Kreislauf zurückgeführt wird und zusammen mit dem Frischzulauf wieder in den Reaktor eintritt. Die entsprechende Menge des Reaktionsproduktes wird kontinuierlich abgezogen und analysiert. Unter stationären Bedingungen erhält man dann aus dem gemessenen Umsatz auf der Grundlage der Stoffbilanz des kontinuierlichen Rührkessels unmittelbar die Reaktionsgeschwindigkeit $r_A = U_A / (W/F)$, die sich eindeutig einer bestimmten Reaktionstemperatur und Reaktandenkonzentration zuordnen lässt. Damit verbindet der Differentialkreislaufreaktor die Vorteile des gradientenfreien Differentialreaktors mit einem für die Analysengenauigkeit günstigen, großen Konzentrationsunterschied zwischen Ein- und Austritt am Reaktor, wie er für den Integralreaktor charakteristisch ist. Zur Erzielung beliebig hoher Umsätze im Differentialkreislaufreaktor in Abhängigkeit vom Volumenstrom bei gleichzeitig geringen Temperatur- und Konzentrationsgradienten in der dünnen Katalysatorschüttung sind Kreislaufverhältnisse von $\phi > 10...25$ notwendig. Je nach Stoffstromführung unterscheidet man zwischen Reaktoren mit einer Pumpe im äußeren Kreislauf sowie viele konstruktive Varianten mit innerem Kreislauf. Ein ideales Betriebsverhalten in Analogie zum kontinuierlichen bzw. diskontinuierlichen Rührkessel liegt vor, wenn die Versuchsergebnisse von der Frequenz der Förderpumpe bzw. von der Umdrehungsfrequenz eines Propellerrührers mit Katalysatorkorb im Differentialkreislaufreaktor unabhängig sind.

Die Auswahl der variablen Versuchsgrößen lässt sich drastisch verringern, wenn man für kinetische Messungen Mikroreaktoren einsetzt, die man als *Impulsreaktoren* (Abb. 6.1d) betreibt. Bei diesem Versuchsreaktor arbeitet man mit sehr geringen Katalysatoreinwaagen (10–50 mg), die man in einem schlanken Rohrreaktor zwischen Quarzwolle befestigt. Über diese Katalysatorschicht leitet man mit Hilfe eines Trägergasstromes (He, Ar, N_2 oder H_2) diskontinuierlich Reaktandenpulse, die mittels einer Mikrodosierspritze eingegeben werden. Die Impulse können je nach Art der Dosierung und Strömungsgeschwindigkeit des Trägergases unterschiedliche Form aufweisen. Die Analyse der Reaktionsprodukte erfolgt in der Regel gaschromatografisch. Im einfachsten Fall ermittelt man den Umsatz aus dem Verhältnis der Peakflächen für Reaktanden vor und nach der katalytischen Umsetzung. Da sich die Oberflächenkonzentration der Reaktanden und Produkte während des Impulsdurchganges ständig ändert, führt dies häufig zu Unsicherheiten bzw. Einschränkungen bei der kinetischen Auswertung. Lediglich für monomolekulare Reaktionen 1. Ordnung lassen sich quantitative Zusammenhänge einfach auswerten. Dennoch weist der Impulsreaktor als Expressmethode den entscheidenden Vorteil auf, da die

Versuchsdauer, die nur den Impulsdurchgang und die Analytik umfasst, wenige Minuten beträgt. Der hohe Informationsanfall pro Zeiteinheit lässt diese Methode als geeignet erscheinen, um schnell eine Einschätzung der relativen Aktivitäten und Selektivitäten unterschiedlicher Katalysatoren zu erhalten (Katalysatorscreening). Außerdem lassen sich mit dem Impulsreaktor durch eine sukzessive Zugabe von Reaktandenpulsen Katalysatordesaktivierungen verfolgen und ergänzende Informationen zum Reaktionsmechanismus gewinnen.

Mit der Entwicklung des *TAP-Reaktors* (TAP, engl. *Temporal Analysis of Products*) steht heute ein Versuchsreaktor für kinetische Messungen unter transienten Bedingungen zur Verfügung, der es erlaubt, die Reaktandenpulse mit einer Dauer von maximal 100 µs so genau zu dosieren, dass definierte Oberflächenkonzentrationen eingestellt werden können. Je nach Gasdruck umfasst ein Puls ca. 10^{14}–10^{15} Moleküle und ist um Größenordnungen kleiner als im konventionellen Impulsreaktor. Bei genügend kleinen Pulsen treten keine Konzentrationsgradienten zwischen der Gasphase und der Katalysatoroberfläche auf. Aufgrund der fehlenden Gasstöße bei kleinen Pulsen ist eine Untersuchung der Oberflächenreaktionen unter Ausschluss von Gasphasenreaktionen möglich. Da sich Produktpulse massenspektrometrisch mit einer Zeitauflösung von weniger als 0,2 ms analysieren lassen, sind auch kurzlebige Reaktionszwischenprodukte problemlos identifizierbar. Die Form und die Fläche der erhaltenen Pulsantworten sind stark von den ablaufenden Oberflächenvorgängen (Adsorption, Reaktion, Desorption) abhängig und beinhalten somit die gewünschten Informationen. Der TAP-Reaktor kann außerdem im weiten Bereich der Drücke zwischen 10^{-6} und 2500 Torr sowie bei Temperaturen zwischen 200 und 1200 K betrieben werden. Diese Parameterbandbreite gestattet es, die Lücke (Material-, Druck- und Komplexitätslücke oder „*gaps*") zwischen der Grundlagen- und industriellen Forschung in der Katalysatorentwicklung zu überwinden und trägt somit in Kombination mit anderen spektroskopischen Methoden wesentlich zur Aufklärung von Reaktionsmechanismen bei.

Bei der Verwendung des *Satzreaktors* (Autoklaven) als Versuchsreaktor für kinetische Messungen in heterogenen Reaktionssystemen (Flüssig/Feststoff- oder Gas/Flüssig/Feststoff-Katalyse), die zum Abbau oder zur Unterdrückung von möglichen makrokinetischen Einflüssen und Temperaturgradienten intensiv durchmischt werden müssen, sollte man insbesondere zu Beginn der Reaktion einige Besonderheiten beachten. Es empfiehlt sich daher, insbesondere bei schnellen Reaktionen, mit Katalysatorkorngrößen < 10 µm zu arbeiten, um Stofftransportlimitierungen zu vermeiden. Vor der Messung muss sichergestellt werden, dass die untersuchte Reaktion erst startet, wenn man nach Befüllen des Reaktors mit Katalysator und Reaktanden sowie Druckbeaufschlagung den Begasungsrührer einschaltet. Die vorgegebene Betriebstemperatur erreicht man am besten durch das Vorheizen der Reaktionsteilnehmer oder/und des Reaktors, dessen schnelles Aufheizen im befüllten Zustand nicht möglich ist. Bei Gasreaktionen (Hydrierungen, Oxidationen) verfolgt man den Reaktionsverlauf über die entsprechenden Drucksensoren. Aus der Stöchiometrie der Reaktion und aus der idealen Gasgleichung errechnet sich der Stoffmengenanteil des Reaktanden zum definierten Zeitpunkt. Im Idealfall erhält man bei der Auftragung des relativen Stoffmengenanteils des Reaktanden gegen die Reaktionszeit

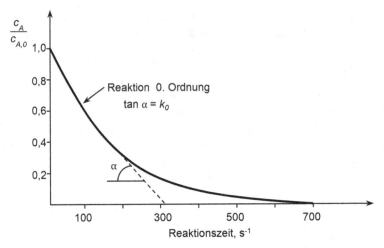

Abb. 6.3 Kinetische Messung bei der Untersuchung einer heterogen katalysierten Hydrierreaktion in einem Autoklaven

eine in Abb. 6.3 dargestellte kinetische Kurve, die im Anfangsbereich eine lineare Abhängigkeit von der Zeit aufweist. Das bedeutet, dass in diesem Bereich die Reaktionsgeschwindigkeit unabhängig von der Reaktandenkonzentration ist und somit eine Reaktion 0. Ordnung vorliegt. Damit lässt sich die Anfangsreaktionsgeschwindigkeitskonstante direkt aus der Steigung im linearen Bereich der Kurve bestimmen.

Eine typische Versuchsanlage mit einem Satzreaktor für die Durchführung von heterogen katalysierten Reaktionen ist beispielhaft in Abb. 6.4 dargestellt.

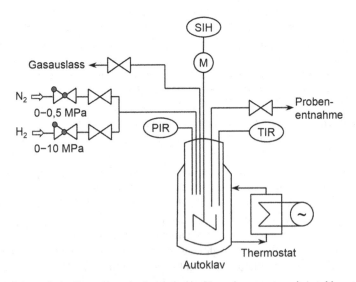

Abb. 6.4 Schematische Darstellung der katalytischen Versuchsapparatur mit Autoklaven für kinetische Messungen

Wesentliche Nachteile des Satzreaktors bestehen einerseits darin, dass man den eigentlichen Reaktionsverlauf und die Katalysatordesaktivierung nicht voneinander trennen kann. Andererseits ist bei der Verwendung dieses Reaktortyps eine *In-situ*-Analyse der Reaktandenkonzentration (mit Hilfe der UV- oder IR-Absorption) bzw. der konzentrationsabhängigen Größen (über die Messung der elektrischen Leitfähigkeit oder Viskosität) in Abhängigkeit von der Zeit nur bedingt möglich. Wenn man Proben aus der Flüssigphase in kleinen Mengen während der Reaktion für die externe gaschromatografische oder massenspektroskopische Analyse entnehmen möchte, muss man den Versuchsreaktor mit einem Probennahmesystem zum Zurückhalten des Katalysators mit geeigneten Filtern im Auslaufstutzen ausstatten. Anderenfalls analysiert man die Reaktionsprodukte erst am Ende der Reaktion, wenn keine Druckänderung mehr feststellbar ist und die Reaktion in der Analysenprobe nicht weiter voranschreitet. Auf diesem Weg ist jedoch nur ein über die gesamte Reaktionszeit gemittelter Wert erhältlich.

6.2 Analyse kinetischer Messdaten

Eine sinnvolle Auswertung kinetischer Daten setzt voraus, dass während der Katalysatoraustestung möglichst keine Konzentrations- und Temperaturgradienten zwischen Gas- bzw. Flüssigphase und Katalysatoroberfläche auftreten. In diesem Fall ist die Reaktionsgeschwindigkeit nur durch mikrokinetische Effekte in der Katalysatoroberfläche beeinflussbar. Ob eine Reaktionshemmung durch mögliche makrokinetische Einflüsse vorliegt, lässt sich im Zweifelsfall experimentell einfach überprüfen (Kap. 7).

In der ersten Phase der kinetischen Messungen in Labor-Versuchsreaktoren untersucht man zunächst die Änderung der Konzentration oder des Partialdruckes des Reaktanden (c_A, p_A) in Abhängigkeit von der Zeit (t) bei gegebener Temperatur. Die zweite Phase besteht in der Analyse der erhaltenen Zusammenhänge c_A bzw. $p_A = f(t)$ zur Bestimmung kinetischer Daten (Geschwindigkeitskonstante, Reaktionsordnung). Hierbei sucht man auf der Basis von Modellvorstellungen über die mögliche Struktur eines Reaktionsschemas (Hypothese) nach der Form des Geschwindigkeitsgesetzes (Modelldiskriminierung) und bestimmt letztlich die kinetischen Modellparameter (Parameterschätzung), mit denen die abgeleitete Geschwindigkeitsgleichung die experimentellen Daten am besten abbildet. Dabei entscheidet man sich für das kinetische Modell, das die experimentellen Messdaten mit der kleinsten Standardabweichung wiedergibt (Adäquatheitstest). Eine einfache Überprüfung für das ausgewählte kinetische Modell gelingt, wenn man Messungen bei verschiedenen Temperaturen ausführt und dann die Temperaturabhängigkeit der kinetischen Parameter (Geschwindigkeitskonstante, Adsorptionskonstante) auswertet, wobei die daraus grafisch oder numerisch bestimmten Aktivierungsparameter (Aktivierungsenergie, Adsorptionsenthalpie) physikalisch-chemisch sinnvoll sein müssen.

Werden die Versuche in einem katalytischen Strömungsrohrreaktor ausgeführt, dann gilt, wie im vorangegangenen Abschnitt bereits beschrieben, die Beziehung

$W/F = f(U_A)$, aus der die notwendige Verweilzeit W/F zum Erzielen eines bestimmten Umsatzes ermittelbar ist. Durch Minimierung der Fehlerquadratsumme $\sum \left[(W/F)_{mod} - (W/F)_{exp} \right]^2$ oder $\sum \left[U_{A,mod} - U_{A,exp} \right]^2$ erhält man Parameterwerte, auf deren Grundlage die Modelldiskriminierung vorgenommen werden kann. Die Aufstellung der zutreffenden Geschwindigkeitsgleichung kann sowohl nach einer von den Ergebnissen des Integralreaktors ausgehenden Integralmethode als auch nach einer Differentialmethode erfolgen.

Die *Integralmethode* verwendet man, wenn in Übereinstimmung mit einem hypothetischen Mechanismus bereits gewisse Hinweise zu dem möglichen Typ der Geschwindigkeitsgleichung existieren. Der Ansatz beruht darauf, dass man zunächst die Konzentrationsänderungen der Reaktanden oder Produkte als Funktion der Zeit für die Reaktion mit einer gegeben Ordnung misst. Die erhaltenen Werte setzt man dann in die integrierte Geschwindigkeitsgleichung ein, deren Integration je nach Komplexität der Reaktion analytisch, grafisch oder numerisch (*Euler-* bzw. *Runge-Kutta-Verfahren*) erfolgen kann.

Folgt die Konzentrations-Zeit-Kurve einem einfachen Potenzansatz, lässt sich die allgemeine Geschwindigkeitsgleichung für beliebige Reaktionsordnungen (n) und volumenbeständige Reaktionen wie folgt formulieren:

$$-\frac{dc_A}{dt} = kc_A^n.$$

Nach Integration mit $c_A = c_{A,0}$ bei $t = 0$ ergibt sich für $n = 1$

$$\ln c_A - \ln c_{A,0} = -kt \text{ oder } \ln c_A = -kt + \ln c_{A,0}$$

und für $n \neq 1$

$$\left(\frac{1}{c_A} \right)^{n-1} - \left(\frac{1}{c_{A,0}} \right)^{n-1} = (n-1)kt \text{ oder} \left(\frac{1}{c_A} \right)^{n-1} = (n-1)kt + \left(\frac{1}{c_{A,0}} \right)^{n-1}.$$

Die gesuchte Geschwindigkeitskonstante lässt sich entweder durch Einsetzen von jeweils zwei Konzentrationswerten berechnen oder durch die grafische Auftragung von $\ln c_A$ bzw. $(1/c_A)^{n-1}$ gegen die Zeit aus dem Anstieg der resultierenden Geraden bestimmen (Abb. 6.5). In gleicher Weise lässt sich die Integralmethode auch auf hyperbolische Geschwindigkeitsgesetze anwenden.

Im Falle der Differentialmethode müssen die kinetischen Messdaten und die daraus abgeleitete Geschwindigkeitsgleichung in Form von $r = f(W, F, c_A \text{ bzw. } p_A \ldots)$ vorliegen. Diese sind, wie bereits erwähnt, entweder aus einem im Integralreaktor erhaltenen Konzentrations-Zeit-Diagramm durch eine grafische oder numerische Differentiation zugänglich oder in einem Differentialreaktor direkt messbar.

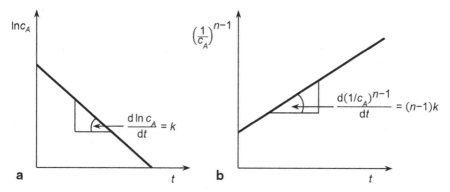

Abb. 6.5 Bestimmung der Geschwindigkeitskonstanten aus der linearen Darstellung des Reaktionsverlaufs für eine Reaktion 1. Ordnung (**a**) und für verschiedene Reaktionsordnungen (**b**)

Handelt es sich um eine Reaktion, deren Verlauf mit einem einfachen Potenzansatz vom Typ

$$r = kc_A^n$$

bzw. nach Logarithmieren in linearer Form

$$\ln r = \ln k + n \ln c_A$$

beschrieben wird, lassen sich die Reaktionsgeschwindigkeit und die Reaktionsordnung einfach durch grafische Auftragung von $\ln r$ gegen $\ln c_A$ aus der resultierenden Gerade ermitteln (Abb. 6.6). Die Steigung der Geraden entspricht der Reaktionsordnung, während aus dem Ordinatenabschnitt der Logarithmus der Geschwindigkeitskonstanten ablesbar ist.

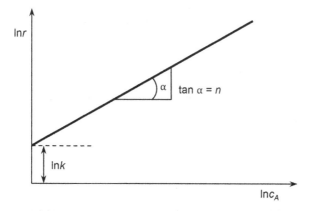

Abb. 6.6 Bestimmung der Reaktionsordnung und der Geschwindigkeitskonstanten für eine einfache, nach einem Potenzgesetz ablaufende Reaktion

Bei der Analyse kinetischer Messdaten von heterogen katalysierten Reaktionen darf man nicht außer Acht lassen, dass es aufgrund des Zusammenwirkens mehrerer Teilschritte wie der Adsorption, Oberflächenreaktion und Desorption (Kap. 4) häufig schwierig ist, die zweckmäßige Geschwindigkeitsgleichung für die untersuchte Reaktion aufzustellen. In diesem Fall benutzt man zur Unterscheidung zwischen verschiedenen kinetischen Modellen die lineare Regression, die nichtlineare Regression oder die Methode der Druckabhängigkeit der Anfangsgeschwindigkeit der isotherm durchgeführten Reaktion unter der Annahme verschiedener limitierender Teilschritte. Die lineare Regression setzt jedoch voraus, dass die formulierten Geschwindigkeitsgleichungen in linearer Form darstellbar sein müssen, was häufig nicht möglich ist. Bei der nichtlinearen Regression muss man iterativ vorgehen, indem man die Parameterwerte in der Geschwindigkeitsgleichung so lange variiert, bis die Fehlerquadratsumme $\sum (r_{mod} - r_{exp})^2$ minimal ist. Die Messung der Anfangsgeschwindigkeit (r_0) in Abhängigkeit des verwendeten Anfangsdruckes des Reaktanden ($p_{A,0}$) bei gegebener Temperatur hat den wesentlichen Vorteil, dass r_0 für sehr geringe Umsätze ermittelbar ist, bei denen die Partialdrücke der Endprodukte in der Geschwindigkeitsgleichung unberücksichtigt bleiben können. Dadurch reduziert sich die Anzahl der möglichen Geschwindigkeitsgleichungen drastisch. Außerdem hängt die Anfangsgeschwindigkeit je nach limitierendem Teilschritt in charakteristischer Weise vom Gesamtdruck bzw. dem Partialdruck eines Reaktanden bei konstantem Gesamtdruck ab. Unter den angegebenen Messbedingungen wären folgende vereinfachte Geschwindigkeitsansätze für eine irreversibel verlaufende monomolekulare Reaktion $A \rightarrow P$ denkbar (Kap. 4):

Modell I: Die Adsorption ist der geschwindigkeitsbestimmende Teilschritt:

$$r_0 = k p_{A,0}.$$

Modell II: Die Oberflächenreaktion ist der geschwindigkeitsbestimmende Schritt und läuft an einem katalytisch aktiven Zentrum (Einzentrenmechanismus) ab:

$$r_0 = \frac{k K_A p_{A,0}}{(1 + K_A p_{A,0})}.$$

Modell III: Die Oberflächenreaktion ist der geschwindigkeitsbestimmende Schritt und läuft unter Beteiligung von zwei aktiven Zentren (Zweizentrenmechanismus) ab:

$$r_0 = \frac{k K_A p_{A,0}}{(1 + K_A p_{A,0})^2}.$$

In Abb. 6.7 sind die unterschiedlichen Verläufe der Druckabhängigkeit der Anfangsgeschwindigkeit gemäß den betrachteten Modellen (I–III) veranschaulicht. Für Modell I beobachtet man einen steten linearen Anstieg von r_0 Im Modell II ergibt sich bei niedrigen Drücken ein nahezu linearer Anstieg von r_0, der bei höheren Drücken

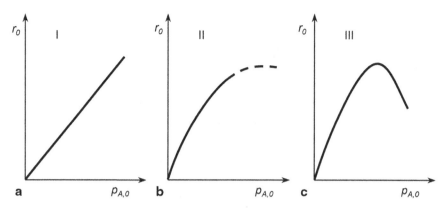

Abb. 6.7 Druckabhängigkeit der Anfangsgeschwindigkeit r_0 für die Modelle (*I–III*)

asymptotisch einem konstanten Wert von r_0 zuläuft. Schließlich durchläuft r_0 gemäß Modell III ein Maximum. Damit ist es möglich, allein durch die vergleichende Betrachtung dieser unterschiedlichen Abhängigkeiten das am wahrscheinlichsten zutreffende Modell auszuwählen. Danach erfolgt eine Diskriminierung zwischen verschiedenen kinetischen Modellen und deren Anpassung an die erhaltenen Versuchsdaten.

6.3 Versuchsplanung und Optimierung

Wie man aus vorangegangenen Abschnitten entnehmen konnte, ist – bei der richtigen Wahl des Versuchsreaktors – aus kinetischen Messungen der funktionale Zusammenhang zwischen der Reaktionsgeschwindigkeit und den Prozessgrößen wie Partialdrücken bzw. Konzentrationen der Reaktanden, Temperatur, Katalysatorbelastung usw. ableitbar. Auf diese Weise gelingt es, nicht nur den effektivsten Katalysator für eine bestimmte Reaktion herauszufinden und Informationen über die günstigsten Prozessbedingungen zu erhalten, sondern auch Hinweise zum möglichen Reaktionsmechanismus zu gewinnen. Die Aufklärung der Abhängigkeiten zwischen den den Ablauf der Reaktion beeinflussenden Größen und den Versuchsergebnissen ist jedoch ein mühsamer iterativer Vorgang und mit einem hohen experimentellen Aufwand verbunden, der häufig an die Grenzen des Machbaren führt. Abhilfe schafft hier die Anwendung versuchsplanerischer Methoden, die eine erhebliche Reduzierung des experimentellen Aufwandes sowie Identifizierung von denjenigen Faktoren (z. B. Reaktandenkonzentration, Temperatur, Druck, Volumenstrom etc.) ermöglichen, die einen signifikanten Einfluss auf die Zielgrößen (z. B. Umsatz, Ausbeute, Selektivität) ausüben.

Die klassische Methode zum Auffinden der funktionalen Zusammenhänge zwischen Zielgröße (y) und Einflussfaktoren ($x_1, x_2, \supset x_k$) beruht darauf, dass man von einem Versuchspunkt ausgehend zunächst nur einen Faktor variiert. Dabei erhält

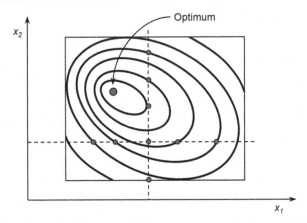

Abb. 6.8 Suche des Maximums einer Zielgröße durch Variation jeweils eines Faktors

man ein lokales Maximum einer abhängigen Größe, von dem aus startend der zweite Faktor systematisch verändert wird, bis man wieder ein lokales Maximum identifiziert und nun einen dritten Faktor variieren kann. Nach wiederholter Variation eines Faktors nach dem anderen gelangt man, wie die Abb. 6.8 veranschaulicht, mit einiger Sicherheit in die Nähe des vermuteten absoluten Maximums, ohne es wirklich zu erreichen. Will man bei dieser Methode der „Versuchsplanung" das vermeintlich absolute Maximum finden, muss man nach der systematischen Veränderung jedes Faktors vom letzten lokalen Maximum aus nochmals alle Faktoren nacheinander systematisch variieren.

In derselben Weise geht man vor, wenn die Aufgabe der Versuchsplanung darin besteht, das Minimum einer Zielgröße zu finden. Bei der Untersuchung heterogen katalysierter Reaktionen ist es jedoch schwierig, identifizierte Effekte tatsächlich dem geänderten Faktor zuordnen zu können, da oftmals Wechselwirkungen zwischen den Einflussfaktoren und zusätzliche physikalische Effekte (Adsorptionsvorgänge, Diffusionslimitierungen etc.) eine eindeutige Zuordnung mittels der Einfaktor-Methode erschweren.

Um den Einfluss von mehreren Faktoren auf die Zielgröße gleichzeitig zu untersuchen und dabei eine statistisch abgesicherte Interpretation der Ergebnisse zu erhalten, verwendet man die Methode der statistischen Versuchsplanung, die auch unter der Bezeichnung DoE (DoE, engl. *Design of Experiments*) bekannt ist. Die benötigte Anzahl der Versuche ist dabei von der Zahl der Faktoren (Variablen) und deren Niveaueinstellungen innerhalb des für die lineare Regression geeigneten Versuchsplanes abhängig. Variiert man die Variablen jeweils zwischen zwei Niveaus, so sind bei n Faktoren in einer vollständigen faktoriellen Versuchsplanung 2^n Versuche auszuführen. Bei der Variation dreier unterschiedlicher Variablen auf jeweils zwei Niveaus, die gleichweit (Schrittweite h_k) vom vorgegebenen Zentrum $x_{k,0}$ des Versuchsplanes entfernt sind, ergeben sich demzufolge $2^3 = 8$ Versuche. Aufgrund der Ergebnisse erhält man Regressionsgleichungen, die die Zusammenhänge zwischen den Variablen sowie deren Wechselwirkungen untereinander und

Tab. 6.1 Kombinationsmöglichkeiten in einem 2-Niveau-Versuchsplan mit 3-Faktoren

Versuch	ξ_1	ξ_2	ξ_3	Beobachtungsgröße
1	-1	-1	-1	y_1
2	$+1$	-1	-1	y_2
3	-1	$+1$	-1	y_3
4	$+1$	$+1$	-1	y_4
5	-1	-1	$+1$	y_5
6	$+1$	-1	$+1$	y_6
7	-1	$+1$	$+1$	y_7
8	$+1$	$+1$	$+1$	y_8

Beobachtungsgrößen beschreiben. Für ein lineares Modell mit 3 Variablen hat die Regressionsgleichung (ohne Berücksichtigung von Wechselwirkungen zwischen den Einflussgrößen) folgende Form:

$$y = a_0 + a_1 x_1 + a_2 x_2 + a_3 x_3.$$

Zur Vereinfachung der Rechenoperationen transformiert man die Einflussgrößen x_k in die dimensionslosen Zahlen ξ_k gemäß

$$\xi_k = \frac{x_k - x_{k,0}}{h_k}.$$

Diese nehmen entsprechend der Addition oder Subtraktion der Schrittweite vom Zentrum des Versuchsplanes die Niveauwerte $+1$ oder -1 an. Es ergibt sich die in Tab. 6.1 dargestellte Planmatrix mit 8 Versuchen.

Da jede Kombinationsmöglichkeit nur einmal auftritt, ist es möglich, die zugrunde liegenden Haupteffekte (ψ_k) der einzelnen Faktoren und deren Wechselwirkungen $\psi_{1\cdot2}$ $\psi_{1\cdot3}$ $\psi_{2\cdot3}$ $\psi_{1\cdot2\cdot3}$ zu berechnen. Der Haupteffekt des jeweiligen Faktors ergibt sich aus der Differenz der arithmetischen Mittel der Beobachtungsgröße jener Versuche auf dem oberen und unteren Niveau des entsprechenden Faktors. Beispielsweise erhält man für den Haupteffekt des ξ_1-Faktors

$$\psi_1 = y\xi_{1(+1)} - y\xi_{1(-1)}.$$

Die Wechselwirkung beschreibt die Veränderung der Beobachtungsgröße bei simultaner Variation von Faktoren. Exemplarisch ergibt sich für die Wechselwirkung zwischen ξ_1 und ξ_2:

$$\psi_{1\cdot2} = \frac{1}{2}(\psi_{1,\xi_2(+1)} - \psi_{1,\xi_2(-1)}).$$

In Analogie dazu ist die Dreifachwechselwirkung zwischen den betreffenden Faktoren wie folgt definiert:

$$\psi_{1\cdot2\cdot3} = \frac{1}{2}\left\{\frac{1}{2}\left[\left(\psi_{1,\xi_2(+1)} - \psi_{1,\xi_2(-1)}\right)_{\xi_3(+1)} - \left(\psi_{1,\xi_2(+1)} - \psi_{1,\xi_2(-1)}\right)_{\xi_3(-1)}\right]\right\}.$$

Die 8 Versuchspunkte bestimmen im transformierten Koordinatensystem die Ecken eines Würfels. Hat man für diese Versuchspunkte die Werte der Beobachtungsgröße ermittelt, gilt es, durch die Wahl der Koeffizienten den gewählten normierten Regressionsansatz an die experimentellen Ergebnisse anzupassen. Daraus lassen sich anschließend die Koeffizienten (a_k) der ursprünglichen Regressionsgleichung mit den dimensionsbehafteten Größen berechnen. Da in die Regressionsgleichung sowohl Versuchs- als auch Modellfehler eingehen, muss man das Ergebnis durch statistische Tests (Adäquatheitstest, Signifikanztest) absichern.

Auf der Basis der statistisch gesicherten Koeffizienten des adäquaten linearen Regressionsansatzes, der das Verhalten der Beobachtungsgröße in Abhängigkeit von den Einflussgrößen beschreibt, lässt sich ein Gradient ermitteln, der in Richtung des besten Funktionswertes führt (*Gradientenmethode*). Durch Versuche entlang des Gradienten bestimmt man einen Funktionswert, der das gesuchte Optimum darstellt oder aber als Startpunkt für eine neue Suche auf der Grundlage eines neuen Versuchsplanes dient. Die prinzipielle Arbeitsweise der Gradientenmethode ist in Abb. 6.9 dargestellt.

Für den Koeffizienten a_b mit dem stärksten Einfluss ($a_b = \max(a_k)$) gibt man eine sinnvolle Suchschrittweite Δx_b vor. In der Regel wählt man die doppelte Schrittweite der dazugehörigen Einflussgröße des Faktorplanes. Die restlichen Schrittweiten berechnen sich nach:

$$\Delta x_k = \frac{\Delta x_b}{a_b h_b}\, a_k h_k.$$

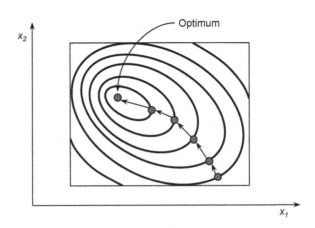

Abb. 6.9 Suche des Maximums einer Zielgröße nach dem Gradientenverfahren am Beispiel eines 2-Faktor-Systems

Mit dieser Schrittweite legt man ausgehend vom Mittelpunkt des Faktorplanes einen neuen Versuchspunkt fest:

$$x_{k,1} = x_{k,0} + \Delta x_k.$$

Ist das Versuchsergebnis im Punkt $x_{k,1}$ besser als im Punkt $x_{k,0}$, ermittelt man einen neuen Versuchspunkt:

$$x_{k,2} = x_{k,1} + \Delta x_k.$$

Den Vorgang wiederholt man so oft, bis sich die Versuchsergebnisse nicht weiter verbessern, und es gilt:

$$\left| f(x_{k,(n+1)}) \right| < \left| f(x_{k,n}) \right|.$$

Ein besonders elegantes Verfahren zur mehrdimensionalen Optimierung katalytischer Prozesse auf experimentellem Weg stellt die *Simplex-Methode* dar. Wenn n die Anzahl der die Zielgröße beeinflussenden Variablen ist, so legt man zu Beginn der Suche $(n+1)$ Punkte (d. h. im zweidimensionalen Raum drei Punkte) im Variablenraum so fest, dass sie die Ecken eines regulären Startsimplex bilden. Das ist im Beispiel der Abb. 6.10 ein gleichseitiges Dreieck (Eckpunkte 1, 2 und 3). Für diese Punkte lässt sich jeweils die Zielgröße (z. B. Ausbeute, Selektivität) in Abhängigkeit von der Reaktandenkonzentration, Reaktionstemperatur oder Verweilzeit bestimmen. Die weitere Vorgehensweise bei der Optimierung besteht darin, von einem experimentell ermittelten Versuchspunkt („schlechtester" Eckpunkt),

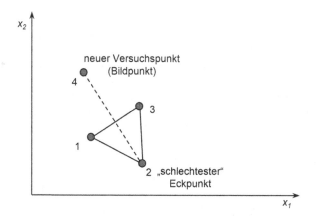

Abb. 6.10 Simplex-Methode für ein zweidimensionales Optimierungsproblem

festgelegt durch den Ortsvektor $\left(\bar{x}^{(\ldots)}\right)$, zum neuen Versuchspunkt (Bildpunkt, charakterisiert durch den Ortsvektor $\left(\bar{x}_{n+\ldots}\right)$) mit einem besseren Funktionswert fortzuschreiten. Die neuen Eckpunkte lassen sich durch Reflexion, Expansion, Kontraktion oder Drehung des Dreiecks bestimmen. Da es unendlich viele konstruierte Eckpunkte geben und wegen des Wachsens der Zielfunktion keine Ecke zweimal vorkommen kann, ist man nach endlich vielen Schritten am Ziel, wenn sich der Funktionswert nicht weiter verbessert.

6.4   Modellversuche zur Katalysatoraustestung

Dehydrierung von Cyclohexan in einem Strömungsrohrreaktor Die Cyclohexandehydrierung ist eine einfache Modellreaktion zur Untersuchung der katalytischen Wirksamkeit von metallischen und Metall/Träger-Katalysatoren. Die Reaktion führt man im Labormaßstab in Strömungsrohrreaktoren mit kontinuierlicher Substratdosierung durch. Als Trägergas verwendet man Wasserstoff mit einem Volumenstrom von 3–5 l h^{-1}, dem man einen Anfangsmolenstrom des Cyclohexans von 2 · 10^{-2} bis 3 · 10^{-2} mol h^{-1} mittels einer Spritzenpumpe am Reaktorkopf zudosiert. Die Katalysatoreinwaage beträgt 50–100 mg. Die Bestimmung des Umsatzes erfolgt in Abhängigkeit von der Reaktionstemperatur, der Katalysatorzusammensetzung oder der Katalysatorbelastung. Bei Temperaturen oberhalb 300 °C liegt das thermodynamische Gleichgewicht auf der Seite des Reaktionsproduktes Benzen. Die Reaktionstemperatur misst man in der Regel über ein Ni-Cr/Ni-Thermoelement, das in Höhe der Katalysatorschicht angeordnet ist. Das Reaktionsgemisch fängt man in einer Kühlfalle ab und analysiert es bezüglich seiner Zusammensetzung refraktometrisch. Aus den erhaltenen Daten ermittelt man den molaren Cyclohexanumsatz bei gegebenen Reaktionsbedingungen und berechnet daraus die Geschwindigkeitskonstante unter Zugrundelegung der Reaktionsordnung Null. Aus der Temperaturabhängigkeit der Geschwindigkeitskonstanten lässt sich nach Arrhenius die Aktivierungsenergie der Reaktion ($E_A \sim 115$ kJ mol^{-1}) bestimmen.

Spalten von Cumen in einem Impulsreaktor Die säurekatalysierte Cumenspaltung zu Benzen und Propen setzt man häufig als Modellreaktion ein, um die katalytischen Eigenschaften von sauren Katalysatoren (γ-Al$_2$O$_3$, SiO$_2$-Al$_2$O$_3$, H-Zeolithe) zu untersuchen. Hierzu eignet sich sehr gut die impulskatalytische Messapparatur, bestehend aus einem Impulsreaktor (Länge ca. 300 mm, Durchmesser ca. 4 mm) sowie aus einer gaschromatografischen Trennsäule (2 m, 15 % Squalan auf Porolith) und einem Wärmeleitfähigkeitsdetektor (WLD), die in einem Thermostaten bei 110–130 °C thermostatiert werden. Den Reaktor beschickt man oben und unten mit Quarzsplitt (125–315 µm) und in der Mitte mit 20–50 mg Katalysator der gleichen Körnung. Wasserstoff als Trägergas führt man mit einem Volumenstrom von 3 l h^{-1} zunächst über die Vergleichskammer des WLD, danach durch einen seitlichen Eingang des Reaktors und schließlich mit dem Reaktionsgemisch

durch die Messkammer des WLD. Die Substratdosierung in den Wasserstoffstrom
(10–20 µl Cumen) erfolgt mittels einer Mikroliterspritze über die Silicondichtung
am Reaktorkopf. Die Reaktion führt man bei Temperaturen zwischen 350 und
450 °C durch, die man mit Hilfe eines in der Höhe der Katalysatorschicht angeordneten Ni-Cr/Ni-Thermoelementes misst. Im Impulssystem verläuft die Spaltreaktion in Bezug auf das Cumen nach 1. Ordnung. Auf dieser Grundlage lassen sich
aus den Primärdaten (Messtemperatur, Umsatzgrad für jeweils 2 Impulse) oder den
Wertepaaren (Umsatzgrad, Impulszahl bei konstanter Temperatur) alle zur Katalysatorcharakterisierung erforderlichen Größen bestimmen (Aktivität, Selektivität,
Aktivierungsenergie, Desaktivierungsverhalten). Aus der Temperaturabhängigkeit
des gaschromatografisch bestimmten Umsatzgrades berechnet sich die scheinbare
Geschwindigkeitskonstante und aus der Arrhenius-Beziehung die Aktivierungsenergie der Reaktion ($E_A \sim 104$ kJ mol^{-1}).

Kinetik heterogen katalysierter Reaktionen und Reaktionsmechanismen

7

7.1 Mikrokinetik

Durch die Bestimmung kinetischer Parameter einer heterogen katalysierten Reaktion gelingt es, nicht nur den effektivsten Katalysator für eine bestimmte Reaktion herauszufinden und Informationen über die günstigsten Prozessbedingungen zu gewinnen, sondern auch Hinweise zum möglichen Reaktionsmechanismus zu erhalten. Wie im Kap. 4 bereits demonstriert, sind heterogen katalysierte Reaktionen in ihrem Ablauf sehr komplex, sodass bei der kinetischen Beschreibung neben den mikrokinetischen Effekten (Adsorption, Oberflächenreaktion, Desorption) häufig auch makrokinetische Stofftransporteinflüsse auf die messbare, effektive Reaktionsgeschwindigkeit berücksichtigt werden müssen. Bei der Untersuchung der Kinetik heterogen katalysierter Reaktionen ist es daher wichtig festzustellen, welcher der Teilschritte der Reaktionsfolge der geschwindigkeitsbestimmende bzw. langsamste Schritt ist. Will man den Reaktionsmechanismus ermitteln, sollte man sicherstellen, dass nur die Reaktion der auf der Oberfläche des Katalysators adsorbierten Reaktanden geschwindigkeitsbestimmend ist. Dabei geht man im Allgemeinen davon aus, dass die Adsorption, die Oberflächenreaktion und die Desorption untrennbar miteinander verbunden sind und im Komplex gemeinsam betrachtet und modelliert werden.

Unter der Annahme, dass die an der Reaktion beteiligte Katalysatoroberfläche energetisch homogen ist und keine lateralen Wechselwirkungen zwischen den adsorbierten Molekülen auftreten, lässt sich bei der Aufstellung der kinetischen Modelle die Oberflächenkonzentration des Reaktanden A durch den aus der Langmuir-Isothermen erhaltenen Bedeckungsgrad ausdrücken: $\theta_A = N_A/N_{A,m}$ (Kap. 4). Nehmen an der Reaktion mehrere Reaktanden teil, so kommt es zu einer konkurrierenden Adsorption an der katalytisch wirksamen Oberfläche. Bei der Ableitung der Geschwindigkeitsgesetze setzt man voraus, dass sich die Adsorptionsgleichgewichte aller Reaktionspartner und -produkte sehr schnell einstellen und dass die Oberflächenreaktion geschwindigkeitsbestimmend ist, wobei die Reaktion selbst in mehreren Schritten ablaufen kann. Nachfolgend sollen aus Gründen der Zweck-

© Springer-Verlag Berlin Heidelberg 2015
W. Reschetilowski, *Einführung in die Heterogene Katalyse*,
DOI 10.1007/978-3-662-46984-2_7

mäßigkeit zunächst solche Reaktionen behandelt werden, bei denen die Wirkung mikrokinetischer Faktoren auf die Reaktionsgeschwindigkeit dominiert. Erst im späteren Verlauf wird auf die Kopplung der chemischen Kinetik mit Stofftransportvorgängen eingegangen.

7.1.1 Oberflächenreaktion als geschwindigkeitsbestimmender Schritt

Für den Fall einer einfachen *unimolekularen* Reaktion des Typs $A \rightarrow P$ kann man voraussetzen, dass die Reaktionsgeschwindigkeit nur durch die Umsetzung des in der Oberfläche adsorbierten Reaktanden A bestimmt wird. Wenn man außerdem annimmt, dass das Produkt P nur sehr schwach adsorbiert wird, kann man für diese Reaktion das folgende einfache Geschwindigkeitsgesetz formulieren:

$$r = k\theta_A.$$

Mit $\theta_A = K_A p_A/(1 + K_A p_A)$, wobei θ_A – durch den Reaktanden A belegter Oberflächenanteil; p_A – Partialdruck des Reaktanden A und K_A – Adsorptionsgleichgewichtskonstante des Reaktanden A sind, ergibt sich für die Reaktionsgeschwindigkeit:

$$r = \frac{k K_A p_A}{1 + K_A p_A}.$$

Führt man eine Grenzbetrachtung dieser Geschwindigkeitsgleichung durch, kommt man zu folgenden, für die Anwendung wichtigen Sonderfällen:

1. Wenn das Produkt $K_A p_A \ll 1$ wird, deutet dies auf eine geringe Oberflächenbedeckung mit dem Reaktanden A hin und hat zur Folge, dass die Reaktion nach 1. Ordnung verläuft gemäß

$$r = k K_A p_A.$$

2. Wenn das Produkt $K_A p_A \gg 1$ wird, tritt eine nahezu maximale Oberflächenbedeckung durch den Reaktanden A ein, sodass die Reaktionsgeschwindigkeit vom Partialdruck des Reaktanden A unabhängig wird und man erhält ein Geschwindigkeitsgesetz 0. Ordnung:

$$r = k = \text{const.}$$

Sollte das Reaktionsprodukt P in der Katalysatoroberfläche merklich adsorbieren, dann lautet das Geschwindigkeitsgesetz für die betrachtete Reaktion:

$$r = \frac{k K_A p_A}{1 + K_A p_A + K_P p_P}.$$

Eine in analoger Weise durchgeführte Grenzbetrachtung führt hier zu folgenden Sonderfällen:

1. Hat man nur eine geringe Oberflächenbedeckung mit dem Reaktanden A, so gilt $K_A p_A \ll (1 + K_P p_P)$, und für die Reaktionsgeschwindigkeit ergibt sich

$$r = \frac{k K_A p_A}{1 + K_P p_P}.$$

2. Wird das Produkt P sehr stark adsorbiert, ist $K_P p_P \gg (1 + K_A p_A)$, und man erhält das Geschwindigkeitsgesetz

$$r = \frac{k K_A p_A}{K_P p_P} = k' \frac{p_A}{p_P},$$

das die Giftwirkung des Reaktionsproduktes beschreibt. Die Reaktionsgeschwindigkeit verringert sich nicht nur mit geringer werdendem Partialdruck des Reaktanden, sondern auch im Ergebnis der zunehmenden Produktbildung. Diese inhibierende Wirkung des Produktes kann man leicht experimentell nachweisen, indem man bei der labortechnischen Ausprüfung des Katalysators verschiedene Mengen des Produktes zum Reaktanden zugibt.

Will man für eine *bimolekulare* heterogen katalysierte Reaktion des Typs $A + B \rightarrow P$ die möglichen Geschwindigkeitsgesetze streng ableiten, muss man die konkurrierende Adsorption aller Reaktionspartner und -produkte berücksichtigen. Hierbei sind zwei Reaktionswege möglich, die man aus der Fachliteratur als Langmuir-Hinshelwood-Mechanismus und Eley-Rideal-Mechanismus kennt. In Abb. 7.1 sind beide Mechanismen schematisch dargestellt.

Der *Langmuir-Hinshelwood-Mechanismus* liegt vor, wenn sich die adsorbierten Moleküle A und B vor der Reaktion an benachbarten gleichartigen Zentren in einem vorgelagerten Adsorptionsgleichgewicht befinden. Die Desorption des Produktes P erfolgt unmittelbar nach seiner Bildung. Die Bildungsgeschwindigkeit ist demzufolge den Partialdrücken der Reaktionspartner p_A und p_B und damit den Bedeckungsgraden θ_A und θ_B proportional. Daraus folgt

$$r = k \theta_A \theta_B.$$

Für die Bedeckungsgrade beider Reaktionspartner, die um freie Plätze auf der Katalysatoroberfläche konkurrieren, gelten die Beziehungen der Mischadsorption:

$$\theta_A = \frac{K_A p_A}{1 + K_A p_A + K_B p_B} \text{ bzw. } \theta_B = \frac{K_B p_B}{1 + K_A p_A + K_B p_B}$$

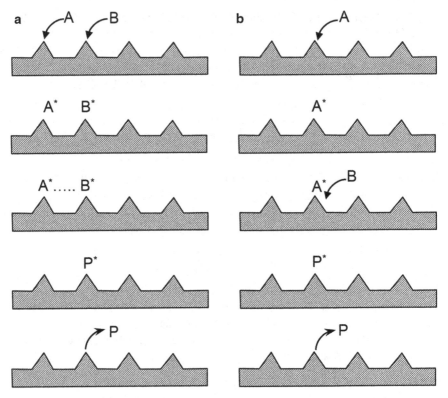

Abb. 7.1 Schematische Darstellung des Langmuir-Hinshelwood-Mechanismus (**a**) und Eley-Rideal-Mechanismus (**b**)

Damit lässt sich das entsprechende Geschwindigkeitsgesetz zur Beschreibung der Langmuir-Hinshelwood-Kinetik ohne Schwierigkeiten ableiten:

$$r = \frac{k\,K_A K_B p_A p_B}{(1 + K_A p_A + K_B p_B)^2}.$$

Eine Grenzbetrachtung der Gleichung führt zu mehreren Sonderfällen, von denen nur zwei genannt seien:

1. Liegen beide Reaktanden nur schwach adsorbiert vor, gilt $K_A p_A \ll 1$ und $K_B p_B \ll 1$ und damit

$$r = k\,K_A K_B p_A p_B = k' p_A p_B,$$

d. h., die Reaktion ist 1. Ordnung bezüglich jedes Reaktanden, und insgesamt folgt sie einem Zeitgesetz 2. Ordnung.

2. Wird hingegen nur B schwach adsorbiert, während A stark adsorbiert wird folgt mit $K_B p_B \ll 1 \ll K_A p_A$

$$r = \frac{k K_B p_B}{K_A p_A} = k'' \frac{p_B}{p_A},$$

d. h., die Reaktion ist 1. Ordnung in Bezug auf B und minus 1. Ordnung in Bezug auf A.

Wenn das Reaktionsprodukt P eine stark inhibierende Wirkung ausübt, gilt $K_P p_P \gg (1 + K_A p_A + K_B p_B)$ und das obige Geschwindigkeitsgesetz für bimolekulare Reaktionen reduziert sich zu

$$r = \frac{k K_A K_B p_A p_B}{(K_P p_P)^2}.$$

Erfolgt die Reaktion zwischen den Reaktanden A und B, die an verschiedenartigen Zentren adsorbiert vorliegen, verwendet man zur Ableitung des Geschwindigkeitsgesetzes die für beide Reaktanden unabhängige Langmuir-Isotherme:

$$\theta_A = \frac{K_A p_A}{1 + K_A p_A} \text{ bzw. } \theta_B = \frac{K_B p_B}{1 + K_B p_B}.$$

Für die Reaktionsgeschwindigkeit ergibt sich damit

$$r = \frac{k K_A K_B p_A p_B}{(1 + K_A p_A)(1 + K_B p_B)}.$$

Der Langmuir-Hinshelwood-Mechanismus lässt sich unter anderem bei der Oxidation von Kohlenstoffmonoxid an Platin-Katalysatoren, bei der Methanol-Synthese an Zinkoxid-Katalysatoren sowie bei der Komproportionierungsreaktion von Benzen und Xylen zu Toluen an Al_2O_3/SiO_2-Katalysatoren nachweisen.

Beim *Eley-Rideal-Mechanismus* reagieren adsorbierte Moleküle des Stoffes A mit aus der Gasphase auftreffenden Molekülen des Stoffes B. In diesem Fall ist für die Beschreibung der Kinetik der bimolekularen Reaktion in der Katalysatoroberfläche nur der Bedeckungsgrad θ_A und der Partialdruck p_B relevant. Das entsprechende Geschwindigkeitsgesetz lautet dann

$$r = k \theta_A p_B = \frac{k K_A p_A p_B}{1 + K_A p_A}.$$

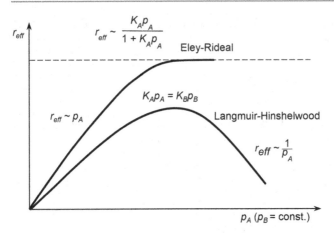

Abb. 7.2 Druckabhängigkeit der Reaktionsgeschwindigkeit bei bimolekularen Oberflächenreaktionen

Mit dem Eley-Rideal-Mechanismus lassen sich unter anderem die Oxidation von Ammoniak an Platin-Katalysatoren (Reaktion zwischen chemisorbiertem Sauerstoff und gasförmigem Ammoniak), die Semi-Hydrierung von Acetylen an Nickel- oder Eisen-Katalysatoren (Reaktion zwischen chemisorbiertem Acetylen und gasförmigem Wasserstoff) sowie die Hydrierung von Cyclohexen an Nickel-Katalysatoren (Reaktion zwischen chemisorbiertem Wasserstoff und gasförmigem Cyclohexen) beschreiben.

Der Langmuir-Hinshelwood- und der Eley-Rideal-Mechanismus unterscheiden sich signifikant durch die Druckabhängigkeit der Reaktionsgeschwindigkeit, deren Verlauf in Abb. 7.2 zu sehen ist. Wird der Partialdruck des Reaktanden A ständig erhöht und der von B konstant gehalten, durchläuft die Reaktionsgeschwindigkeit im Falle des Modellansatzes nach Langmuir-Hinshelwood ein Maximum, da zunächst der Bedeckungsgrad von A steigt, bei höheren Partialdrücken jedoch B durch A verdrängt wird und die Wahrscheinlichkeit, dass sich zwei Reaktionspartner A und B auf benachbarten Plätzen befinden, sinkt. Die Reaktionsgeschwindigkeit erreicht ihren maximalen Wert, wenn die Bedingung $K_A p_A = K_B p_B$ gilt, oder wenn bei vollständiger Oberflächenbedeckung $\theta_A = \theta_B$ ist. Demgegenüber folgt der Modellansatz nach Eley-Rideal mit steigendem Partialdruck P_A (bei konstantem Partialdruck p_B) der Adsorptionsisotherme für den Reaktanden A und erreicht schließlich einen konstanten Endwert der Reaktionsgeschwindigkeit.

Bisher erfolgte die Betrachtung bimolekularer Reaktionen nach dem Langmuir-Hinshelwood-Mechanismus unter der Annahme einer assoziativen Adsorption der Reaktionspartner A und B in der Katalysatoroberfläche. Bei einer dissoziativen Adsorption eines der Moleküle, z. B. von A_2, auf zwei Oberflächenzentren Z entstehen zunächst zwei reaktionsfähige Atome:

$$A_2 + 2Z^* \leftrightarrow 2Z - A.$$

Infolgedessen führt man für diesen Reaktionspartner in der Langmuir-Isotherme eine Wurzelfunktion ein. Für die Bedeckungsgrade θ_A und θ_B auf gleichartigen Zentren und unter der Voraussetzung, dass das Reaktionsprodukt P nur sehr schwach adsorbiert wird, folgt daraus

$$\theta_A = \frac{\sqrt{K_A p_A}}{1+\sqrt{K_A p_A}+K_B p_B} \quad \text{bzw. } \theta_B = \frac{K_B p_B}{1+\sqrt{K_A p_A}+K_B p_B}.$$

Das auf der Grundlage dieser Langmuir-Isothermen abgeleitete Geschwindigkeitsgesetz lautet folgerichtig

$$r = k\theta_A{}^2\theta_B = \frac{k\,K_A K_B p_A p_B}{(1+\sqrt{K_A p_A}+K_B p_B)^3}.$$

Mit diesem kinetischen Modellansatz lassen sich beispielsweise viele Hydrierreaktionen an Metall-Katalysatoren, die Oxidation von CO an Platin-Katalysatoren oder die Methanol-Oxidation an Eisenoxid-Katalysatoren sehr gut beschreiben.

Mars und van Krevelen erarbeiteten einen modifizierten Ansatz des Langmuir-Hinshelwood-Typs, indem sie für die Wirkungsweise oxidischer Katalysatoren einen speziellen Zweistadienmechanismus (*Mars-van-Krevelen-Mechanismus*) zugrunde legten. Danach wird der Reaktand A zunächst aus der Gasphase auf der Katalysatoroberfläche adsorbiert und reagiert mit vorhandenem Gittersauerstoff:

$$A + \text{O-Kat} \rightarrow A-\text{O}(P) + *\text{-Kat} \quad (\text{Katalysator} - \text{Reduktion})$$

Das gebildete Produkt P desorbiert und hinterlässt eine Sauerstoffleerstelle im Kristallgitter (*-Kat), die durch Sauerstoff aus der Gasphase wieder aufoxidiert wird:

$$0,5\ O_2 + *\text{-Kat} \rightarrow \text{O-Kat} \quad (\text{Katalysator} - \text{Oxidation})$$

Das Mars-van-Krevelen-Modell unterbreitet keine Vorstellungen zur Natur des reaktiven Oberflächensauerstoffes. Generell ist jedoch festzustellen, dass diejenigen Übergangsmetalloxide eine hohe Aktivität in Oxidationsreaktionen besitzen, bei denen die Metalle in der jeweils höchsten Oxidationsstufe leicht Gittersauerstoff, formal als O^{2-}, abgeben. Im stationären Zustand muss die Geschwindigkeit des Reduktions- und Oxidationsvorganges in der Katalysatoroberfläche gleich sein:

$$r_{red} = r_{ox}.$$

Dabei ist die Geschwindigkeit der Katalysator-Reduktion (zugleich der Oxidation des Reaktanden A) direkt proportional dem Anteil der aktiven Zentren im oxidierten Zustand $(1-\theta_{red})$ und dem Partialdruck des Reaktanden p_A mit der Ordnung m:

$$r_{red} = k_{red}\, p_A^m\, (1-\theta_{red}).$$

Die Geschwindigkeit der Katalysator-Reoxidation ist vom Anteil aktiver Zentren im reduzierten Zustand θ_{red} und vom Sauerstoff-Partialdruck p_{O_2} mit der Ordnung n abhängig:

$$r_{ox} = k_{ox}\, p_{O_2}^n\, \theta_{red}.$$

Da beide Vorgänge irreversibel ablaufen, spielen hier die im Langmuir-Hinshelwood-Modell typischen Adsorptionsterme keine Rolle. Im stationären Zustand lässt sich für die Geschwindigkeit des betrachteten katalytischen Oxidationsprozesses angeben:

$$r = \frac{k_{red}\,k_{ox}\,p_A^m\,p_{O_2}^n}{k_{red}\,p_A^m + k_{ox}\,p_{O_2}^n}.$$

Als Kriterium der Anwendbarkeit des abgeleiteten Geschwindigkeitsgesetzes gilt die im stationären Zustand beobachtete Bildungsgeschwindigkeit des Reaktionsproduktes, die mit der Oxidationsgeschwindigkeit des Reaktanden durch den Gittersauerstoff in Abwesenheit des Sauerstoffs in der Gasphase vergleichbar ist. Wenn die Geschwindigkeit der katalytischen Oxidation höher als die der Katalysator-Reoxidation in Abwesenheit von Sauerstoff ist, dann muss die effektive Reaktionsgeschwindigkeit unabhängig vom Partialdruck des Reaktanden sein, d. h., in Bezug auf den Reaktanden verläuft die Reaktion in diesem Fall nach 0. Ordnung. Von der Mehrzahl der heterogen katalysierten Oxidationsreaktionen, die nach dem Mars-van-Krevelen-Mechanismus ablaufen, seien beispielsweise die oxidative Dehydrierung von Propan zu Propen oder die selektive Oxidation von o-Xylen zu Phthalsäureanhydrid jeweils an vanadiumhaltigen Metalloxidkatalysatoren genannt.

In den bisher entwickelten kinetischen Gleichungen unter der Annahme, dass die Oberflächenreaktion der geschwindigkeitsbestimmende Schritt ist und die Adsorption und Desorption der Reaktionspartner dagegen sehr schnell verlaufen, setzen sich die effektiven Geschwindigkeitskonstanten (k', k'' etc.) aus $kK_A, kK_AK_B, kK_B / K_A, k\sqrt{K_AK_B}$ etc. mit den dazugehörigen Adsorptionskonstanten zusammen, deren Temperaturabhängigkeit mit der Adsorptionswärme durch folgende Beziehung verknüpft ist:

$$K_{i,T} = K_{i,0}\,\mathrm{e}^{\frac{\Delta H_{i,ads}}{RT}}.$$

Aus diesem Grund leitet sich aus der Temperaturabhängigkeit der effektiven Geschwindigkeitskonstanten

$$k_{eff} = k_0 e^{-\frac{E'_A}{RT}}$$

nur eine scheinbare Aktivierungsenergie E'_A ab, da sie noch die Adsorptionswärmen enthält. Betrachtet man beispielsweise einen Sonderfall der Langmuir-Hinshelwood-Kinetik mit dem Geschwindigkeitsgesetz

$$r = k K_A K_B p_A p_B = k' p_A p_B,$$

dem eine schwache Adsorption von Reaktionspartnern zugrunde liegt, so lässt sich die Temperaturabhängigkeit der Reaktionsgeschwindigkeitskonstanten wie folgt angeben:

$$\frac{d \ln k'}{dT} = \frac{d \ln k}{dT} + \frac{d \ln K_A}{dT} + \frac{d \ln K_B}{dT}.$$

Für die scheinbare Aktivierungsenergie resultiert daraus:

$$E'_A = E_A + \Delta H_{A,ads} + \Delta H_{B,ads}$$

Mit E_A – wahre Aktivierungsenergie;
$\Delta H_{A,ads}$ – Adsorptionswärme des Reaktanden A;
$\Delta H_{B,ads}$ – Adsorptionswärme des Reaktanden B.
In Tab. 7.1 sind Beispiele einiger Geschwindigkeitsgesetze für einfache uni- und bimolekulare heterogen katalysierte Reaktionen und die daraus abgeleiteten Ausdrücke zur Berechnung der wahren Aktivierungsenergie angegeben.

7.1.2 Kinetische Ansätze nach Hougen-Watson

Sind die Adsorption bzw. die Desorption während einer heterogen katalysierten Reaktion geschwindigkeitsbestimmend, oder erfolgt die Oberflächenreaktion in mehreren Schritten, von denen einer der langsamste ist, dann kann man die Langmuir-Hinshelwood- und Eley-Rideal-Kinetikansätze nicht mehr anwenden. Eine Erweiterung dieser Ansätze zwecks Beschreibung von einfachen Reaktionen mit einer komplexen Kinetik gelingt mit dem *Hougen-Watson-Ansatz*, der über die Annahme hinausgeht, dass nämlich nur die Oberflächenreaktion der geschwindigkeitsbestimmende Schritt ist.

Tab. 7.1 Beispiele kinetischer Gleichungen mit den abgeleiteten wahren Aktivierungsenergien

Kinetisches Gesetz	Reaktions-typ	Adsorptionszustand	Wahre Aktivierungsenergie
$r = k\,K_A p_A$	$A \rightarrow P$	Geringe Oberflächenbedeckung mit A; $K_A p_A \ll 1$	$E_A = E'_A - \Delta H_{A,ads}$
$r = k$	$A \rightarrow P$	Maximale Oberflächenbedeckung mit A; $K_A p_A \gg 1$	$E_A = E'_A$
$r = \dfrac{k\,K_A p_A}{K_P p_P}$	$A \rightarrow P$	Starke Adsorption von P; $K_P p_P \gg (1 + K_A p_A)$	$E_A = E'_A + \Delta H_{P,ads} - \Delta H_{A,ads}$
$r = k\,K_A K_B p_A p_B$	$A + B \rightarrow P$	Schwache Adsorption von A und B; $K_A p_A \ll 1$ $K_B p_B \ll 1$	$E_A = E'_A - \Delta H_{A,ads} - \Delta H_{B,ads}$
$r = \dfrac{k\,K_B p_B}{K_A p_A}$	$A + B \rightarrow P$	Schwache Adsorption von B und starke Adsorption von A; $K_B p_B \ll 1 \ll K_A p_A$	$E_A = E'_A + \Delta H_{A,ads} - \Delta H_{B,ads}$
$r = \dfrac{k\,K_A K_B p_A p_B}{(K_P p_P)^2}$	$A + B \rightarrow P$	Starke Adsorption von P; $K_P p_P \gg (1 + K_A p_A + K_B p_B)$	$E_A = E'_A - \Delta H_{A,ads} - \Delta H_{B,ads} + 2\,\Delta H_{P,ads}$

Bei der Aufstellung des Geschwindigkeitsgesetzes geht man in diesem Fall in analoger Weise vor, indem man annimmt, dass die Reaktionsgeschwindigkeit durch die Geschwindigkeit des langsamsten Elementarschrittes während der Adsorption, Oberflächenreaktion oder Desorption der Reaktionspartner an katalytisch aktiven Zentren bestimmt wird. Die übrigen Elementarschritte lassen sich dann als Gleichgewichtsschritte durch die entsprechende Gleichgewichtskonstante beschreiben. Die für die Formulierung des Geschwindigkeitsgesetzes notwendigen Terme leitet man aus der Abfolge der Elementarschritte ab. Danach lassen sich kinetische Gesetze für eine große Zahl von Reaktionstypen mit folgendem allgemeinen Ansatz des Hougen-Watson-Typs darstellen:

$$r = \frac{(\text{kinetischer Term}) \cdot (\text{Potenzialterm})}{(\text{Adsorptionsterm})^n}.$$

Im kinetischen Term, den man häufig zum Vergleich der katalytischen Eigenschaften verschiedener Katalysatoren heranzieht, sind die Geschwindigkeitskonstanten des langsamsten Elementarschrittes und in den meisten Fällen noch Adsorptionsgleichgewichtskonstanten zusammengefasst. Der Potenzialterm beschreibt die Abweichung vom thermodynamischen Gleichgewicht und stellt somit die Triebkraft des Prozesses dar. Der Adsorptionsterm gibt den Grad der Bedeckung der katalytisch aktiven Oberflächenzentren mit Reaktanden wieder. Der Exponent n hängt von der Anzahl der am geschwindigkeitsbestimmenden Elementarschritt beteiligten katalytisch wirksamen Zentren ab und nimmt meistens den Wert 1 oder 2 an.

Betrachtet man als Beispiel die einfache Gleichgewichtsreaktion $A \rightleftarrows P$, bei der bezüglich der aktiven Zentren Z, die an der Reaktion beteiligt sind, neben der Rückreaktion des noch adsorbierten Produktes P zum Ausgangsstoff A zugleich auch der Desorptionsschritt berücksichtigt wird, so ergibt sich das folgende allgemeine Reaktionsschema:

$$A + Z \underset{k_{-1}}{\overset{k_1}{\rightleftarrows}} (A \cdots Z) \underset{k_{-2}}{\overset{k_2}{\rightleftarrows}} (Z \cdots P) \underset{k_{-3}}{\overset{k_3}{\rightleftarrows}} Z + P.$$

Daraus lassen sich die Zeitgesetze für die einzelnen Schritte der Reaktionsfolge formulieren, und zwar,

für die Adsorption

$$r_{ads} = r_1 - r_{-1} = k_1 p_A (1 - \theta_A - \theta_P) - k_{-1} \theta_A.$$

für die Oberflächenreaktion

$$r_{chem} = r_2 - r_{-2} = k_2 \theta_A - k_{-2} \theta_P$$

und für die Desorption

$$r_{des} = r_3 - r_{-3} = k_3 - k_{-1} p_P (1 - \theta_A - \theta_P).$$

Bei Annahme der Adsorption als geschwindigkeitsbestimmenden Schritt stellen sich die nachgelagerten Gleichgewichte ein, sodass in der Folge gilt

$$r_{chem} = r_2 - r_{-2} = 0,$$

$$r_{des} = r_3 - r_{-3} = 0.$$

Mit Einführen der entsprechenden Gleichgewichtskonstanten K_2 für die Oberflächenreaktion und K_3 für den Desorptionsschritt ergibt sich nach dem Massen- bzw. Oberflächenwirkungsgesetz

$$K_2 = \frac{k_2}{k_{-2}} = \frac{\theta_P}{\theta_A} \text{ bzw. } K_3 = \frac{k_3}{k_{-3}} = \frac{p_P (1 - \theta_A - \theta_P)}{\theta_P}.$$

Nach Einsetzen von $\theta_A = \theta_P / K_2$ in die letzte Gleichung und Auflösung nach θ_P erhält man

$$\theta_P = \frac{K_2 p_P}{K_2 K_3 + K_2 p_P + p_P}.$$

Damit lässt sich für den Fall, dass die Adsorption der geschwindigkeitsbestimmende Schritt ist, das folgende Brutto-Zeitgesetz der Reaktion aufstellen:

$$r_{ads} = r = k_1 p_A \left(1 - \frac{\theta_P}{K_2} - \theta_P \right) - k_{-1} \left(\frac{\theta_P}{K_2} \right).$$

Nach Einsetzen des Ausdrucks für den Bedeckungsgrad des Produktes θ_P in diese Gleichung folgt nach Umformen die Gleichung für die Brutto-Reaktionsgeschwindigkeit:

$$r = \frac{k_1 K_2 K_3 p_A - k_{-1} p_P}{K_2 K_3 + K_2 p_P + p_P}.$$

Eine Division der letzten Gleichung durch $K_2 K_3$ und ein wiederholtes Umformen führt zu

$$r = \frac{k_1 \left(p_A - \dfrac{k_{-1}}{k_1 K_2 K_3} \cdot p_P \right)}{1 + \dfrac{p_P}{K_3} + \dfrac{p_P}{K_2 K_3}}.$$

Um zu einem übersichtlichen Ausdruck zu gelangen, kann man die jeweiligen Gleichgewichtskonstanten zu einer Konstante zusammenfassen, die das Verhältnis des Partialdruckes des Produktes p_P^* zum Partialdruck des Reaktanden p_A^* im Gleichgewichtszustand angibt:

$$K = \frac{p_P^*}{p_A^*} = \frac{K_{chem} K_A}{K_P} \text{ mit } K_{chem} = K_2 \text{ und } K_A = K_1.$$

Dabei ist zu beachten, dass K_P als Adsorptionsgleichgewichtskonstante und nicht als Desorptionskonstante aufzufassen ist. Daraus folgt

$$K_P = \frac{1}{K_3} \text{ und } K = \frac{k_1}{k_{-1}} \cdot K_2 K_3.$$

Für die Brutto-Reaktionsgeschwindigkeit ergibt sich damit die Gleichung vom Hougen-Watson-Typ:

$$r = \frac{k_1\left(p_A - \dfrac{p_P}{K}\right)}{1 + \dfrac{K_A p_P}{K} + K_P p_P}.$$

Prinzipiell lässt sich diese, am einfachen Beispiel demonstrierte Vorgehensweise für eine Vielzahl von komplexen Reaktionen anwenden, um so die einzelnen Terme zur Aufstellung einer kinetischen Gleichung abzuleiten.

In Tab. 7.2 sind ausgewählte Beispiele charakteristischer Terme einiger Gleichungssysteme für die Reaktion $A \rightleftarrows P$ angegeben. Häufig können mehrere Ansätze die Messergebnisse etwa gleich gut beschreiben, ohne dass dabei richtige Rückschlüsse auf den Reaktionsmechanismus gezogen werden können. Eine Überprüfung des zusammengestellten Geschwindigkeitsgesetzes ist daher immer anhand des Experimentes erforderlich.

7.2 Makrokinetik

Beim Ablauf einer heterogen katalysierten Reaktion überlagern sich sowohl chemische und physikalische als auch Stofftransportvorgänge (Kap. 4). Man kann jedoch in vielen Fällen zwischen der sogenannten kinetisch kontrollierten Reaktion mit

Tab. 7.2 Hougen-Watson-Geschwindigkeitsansätze für die Reaktion $A \rightleftarrows P$ (c_Z = Gesamtzahl aktiver Zentren)

Geschwindigkeitsbestimmender Schritt	Kinetischer Term	Potenzialterm	Adsorptionsterm	n
Adsorption des Reaktanden A	kc_Z	$p_A - \dfrac{p_P}{K}$	$1 + \dfrac{K_A p_P}{K} + K_P p_P$	1
Oberflächenreaktion	$kK_A c_Z$	$p_A - \dfrac{p_P}{K}$	$1 + K_A p_A + K_P p_P$	1
Desorption des Produktes P	$kKK_P c_Z$	$p_A - \dfrac{p_P}{K}$	$1 + K_A p_A + KK_P p_A$	1
Dissoziative Adsorption von A	$kK_A c_Z$	$p_A - \dfrac{p_P}{K}$	$1 + 2\sqrt{\dfrac{K_A p_P}{K}} + K_P p_P$	2
Oberflächenreaktion nach dissoziativer Adsorption von A	$kK_A c_Z$	$p_A - \dfrac{p_P}{K}$	$1 + 2\sqrt{K_A p_A} + K_P p_P$	2

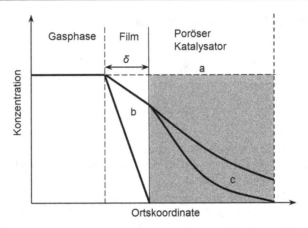

Abb. 7.3 Konzentrationsprofile im porösen Katalysatorkorn für verschiedene kinetische Regime: kinetisch kontrollierter Bereich (**a**), filmdiffusionskontrollierter Bereich (**b**), porendiffusionskontrollierter Bereich (**c**)

der Oberflächenreaktion (einschließlich Adsorption und Desorption) als geschwindigkeitsbestimmenden Schritt und der Reaktion, deren Geschwindigkeit durch die makrokinetischen Diffusionsprozesse bestimmt wird, unterscheiden.

Verlaufen die Diffusionsprozesse mit Geschwindigkeiten, die unter denen der Oberflächenreaktion liegen, kommt es durch den ungenügenden Stoffübergang zu der äußeren Katalysatoroberfläche oder durch die langsame Diffusion des Reaktanden in den Katalysatorporen zu Reaktionshemmungen, die sich als Folge einer Reaktandenverarmung an der Phasengrenzfläche und in den Poren einstellen. In Abb. 7.3 ist der Konzentrationsverlauf des Reaktanden im Katalysatorkorn für verschiedene kinetische Regime schematisch dargestellt.

Bei der kinetisch kontrollierten Reaktion mit der Oberflächenreaktion als geschwindigkeitsbestimmenden Schritt tritt keine Reaktionshemmung auf (Abb. 7.3a). Infolge des schnellen Stofftransportes gibt es weder an der Phasengrenzfläche noch in den Katalysatorporen einen Abfall der Reaktandenkonzentration, die weiterhin der Konzentration in der fluiden Phase entspricht. Anders ist es bei der stofftransportkontrollierten Reaktion, die mit hoher Reaktionsgeschwindigkeit ausschließlich in der laminaren Grenzschicht um das Katalysatorkorn abläuft (Abb. 7.3b). Hier kommt es zu einem starken Konzentrationsabfall bereits in der hydrodynamischen Grenzschicht, und die äußere Diffusion (*Fimdiffusion*) wird geschwindigkeitsbestimmend. Ist die Geschwindigkeit der chemischen Reaktion vergleichbar mit der der Reaktandendiffusion im porösen Katalysatorkorn, nimmt die Konzentration innerhalb der Katalysatorpore mehr oder weniger stark ab (Abb. 7.3c). In diesem Fall wird die Reaktionsgeschwindigkeit durch die innere Diffusion (*Porendiffusion*) bestimmt. Der Gesamtreaktionsprozess setzt sich somit aus den Stofftransportvorgängen durch die Grenzschicht, aus Porendiffusionsprozessen und aus der Reaktionskinetik zusammen. Will man die Kinetik der chemischen Reaktion exakt bestimmen, muss man den Einfluss der Diffusionsprozesse auf die Reaktionsgeschwindigkeit ausschalten. Anderenfalls sollte man die heterogen katalysierte Reaktion als einen gekoppelten Prozess mit Wechselwirkungen von Diffusions- und Reaktionsschritten im Komplex gemeinsam mathematisch beschreiben. Bei nichtisothermen Reaktionen kommt noch die Beeinflussung des Reaktionsgeschehens durch die Wärmetransportvorgänge hinzu.

7.2.1 Filmdiffusion und Reaktion

Bei der Durchströmung der Katalysatorschüttung bildet sich unmittelbar in der äußeren Katalysatoroberfläche (zwischen der Kernströmung der fluiden Phase und dem Katalysatorkorn) eine laminare Grenzschicht heraus, die nur durch eine starke Turbulenz zerstört werden kann. Die Ausbildung der Grenzschicht, die im Wesentlichen durch die *Reynolds-Zahl* (*Re*) charakterisiert wird, hängt von der Strömungsgeschwindigkeit und den physikalischen Eigenschaften des strömenden Fluids sowie vom Charakter der Schüttung ab:

$$Re = \frac{d_K w}{\mu}$$

d_K – Katalysatorkorndurchmesser;
w – Massengeschwindigkeit des Fluids pro Querschnitt des Katalysatorbettes;
μ – Viskosität.

In Rohrreaktoren bleibt die laminare Strömung bis zu $Re < 2200$ erhalten. Die turbulente Strömung tritt bei $Re > 10.000$ auf und im Übergangsgebiet ändert sich die Strömungsart von der laminaren zur turbulenten.

Abbildung 7.4 zeigt schematisch die Konzentrationsverhältnisse in der Nähe der Phasengrenzfläche zwischen einem gasförmigen Reaktanden und dem Katalysatorkorn. Bei einer schnellen Reaktion an der Phasengrenze tritt in der laminaren Grenzschicht mit der „Filmdicke" δ ein Konzentrationsabfall auf, wobei ein Stoffstrom (n_{diff} in mol m^{-2} s^{-1}) aus der stationären Kernströmung des Reaktanden A (Konzentration c_A) zur Katalysatoroberfläche (Konzentration c_S) für den Stofftransport, dem sogenannten Stoffübergang, entsprechend dem 1. Fick'schen Gesetz sorgt:

$$n_{diff} = \frac{D}{\delta}(c_A - c_S).$$

Mit der Einführung der Stoffübergangszahl $\beta = D/\delta$ und eines Überlappungsfaktors φ zur Berücksichtigung der partiellen gegenseitigen Abdeckung der Kornoberfläche in einer Katalysatorschüttung folgt

$$n_{diff} = \beta(c_A - c_S)\varphi.$$

Im stationären Zustand setzt sich während der Reaktion am Katalysator nur die Stoffmenge um, die durch den Stoffübergang aus der Kernströmung an die Kataly-

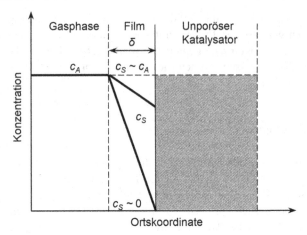

Abb. 7.4 Schematischer Konzentrationsverlauf eines gasförmigen Reaktanden in der laminaren Grenzschicht des Katalysatorkorns beim Zusammenwirken von Filmdiffusion und Reaktion

satoroberfläche transportiert wird. Es stellt sich in Bezug auf den Stoffstrom und die resultierende effektive Reaktionsgeschwindigkeit ein Gleichgewichtszustand ein:

$$n_{diff} = r_{eff}.$$

Für eine einfache Reaktion 1. Ordnung vom Typ $A \rightarrow P$ mit dem Zeitgesetz

$$r_{eff} = kc_S$$

ergibt sich

$$\beta(c_A - c_S)\varphi = kc_S.$$

Hieraus lässt sich zunächst die Oberflächenkonzentration c_S berechnen

$$c_S = \frac{\beta\varphi c_A}{\beta\varphi + k}$$

und zur Formulierung der effektiven Reaktionsgeschwindigkeit einsetzen:

$$r_{eff} = kc_S = \frac{k\beta\varphi c_A}{\beta\varphi + k}.$$

Der Term

$$\frac{k\beta\varphi}{\beta\varphi + k}$$

kann zu k_{eff} zusammengefasst werden. Damit folgt

$$r_{eff} = k_{eff} c_A.$$

Der reziproke Wert der effektiven Geschwindigkeitskonstanten setzt sich additiv aus den Einzelwiderständen der chemischen Reaktion und des Stoffüberganges zusammen:

$$\frac{1}{k_{eff}} = \frac{1}{\dfrac{1}{k} + \dfrac{1}{\beta\varphi}}.$$

Daraus sind durch eine Grenzbetrachtung folgende Sonderfälle ableitbar:

1. Bei $\beta\varphi \ll k$ kommt es zur starken Hemmung des Stofftransportes durch die Grenzschicht. Somit wird die Filmdiffusion zum geschwindigkeitsbestimmenden Schritt des katalytischen Prozesses, der sich mit $k_{eff} = \beta\varphi$ und $c_S \sim 0$ beschreiben lässt.
2. Umgekehrt ist bei $\beta\varphi \gg k$ die Geschwindigkeit der chemischen Reaktion im Vergleich zur äußeren Diffusion sehr langsam. Damit wird sie zum limitierenden Schritt des Prozesses, dessen kinetisches Gesetz mit $k_{eff} = k$ und $c_S \sim c_A$ darstellbar ist. Im Allgemeinen ist der Einfluss der Filmdiffusion vernachlässigbar, wenn die Konzentrationsdifferenz zwischen dem Gasstrom und der Katalysatoroberfläche $(\Delta c/c) \cdot 100 < 1\,\%$ ist.

Zur Beurteilung des Einflusses der äußeren Diffusion auf die Geschwindigkeit der chemischen Reaktion können mehrere Kriterien dienen. Beispielsweise ist bekannt, dass steigende Temperaturen und verminderte Stoffströme einen Übergang der Reaktion aus dem kinetischen Gebiet in das Gebiet der äußeren Diffusion befördern. Da im Bereich der äußeren Diffusion nur eine sehr geringe Temperaturabhängigkeit der Reaktionsgeschwindigkeit besteht, liegt der Wert der scheinbaren Aktivierungsenergie in diesem Fall nahe null. In dem Maße wie sich der Reaktionsablauf immer mehr in das diffusionskontrollierte Gebiet verlagert, lassen sich Reaktionen beliebiger Ordnung typischerweise durch einen kinetischen Ansatz 1. Ordnung beschreiben. Wenn die Änderung der Katalysatoraktivität bis zu einem gewissen Grad keinen Einfluss auf die Geschwindigkeit des ablaufenden Prozesses ausübt, kann dies ebenfalls ein Hinweis auf den Einfluss der Filmdiffusion sein.

Experimentell lässt sich das Vorliegen oder die Abwesenheit des Einflusses der Filmdiffusion auf die Reaktionsgeschwindigkeit überprüfen, indem man den Umsatzgrad unter sonst gleichen Bedingungen als Funktion der Kontaktzeit W/F gemäß

$$U_A = \int r \cdot d\left(\frac{W}{F}\right)$$

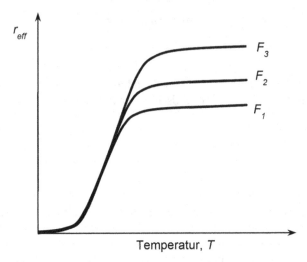

Abb. 7.5 Überprüfung der Wirkung der Filmdiffusion auf die Reaktionsgeschwindigkeit bei konstantem W/F -Verhältnis und mit steigender Strömungsgeschwindigkeit $(F_3 > F_2 > F_1)$

untersucht (Kap. 2). Dabei variiert man die Katalysatormasse W und die Strömungsgeschwindigkeit F in der Weise, dass der Quotient W/F stets den gleichen Wert beibehält. Bei Abwesenheit des Einflusses der äußeren Diffusion dürfen diese Variationen bei konstantem W/F-Verhältnis keine Wirkung auf den Umsatzgrad zeigen. Übt die äußere Diffusion einen limitierenden Einfluss aus, so steigt der Umsatz mit der Erhöhung von F (Abb. 7.5).

In analoger Weise wie der Stoffübergang kann der Wärmeübergang im Bereich der äußeren Diffusion die chemische Reaktion beeinflussen. Verläuft die Reaktion sehr schnell, so verlangsamt sich dabei der Austausch der Wärmemenge über die Grenzschicht in Richtung Kernströmung. Bei stark exothermen oder endothermen Reaktionen führt dies entsprechend zu höheren oder niedrigeren Temperaturen in der Katalysatoroberfläche im Vergleich zur Temperatur des Reaktionsgemisches. Es ist daher aus praktischer Sicht ungünstig, heterogen katalysierte Reaktionen unter den Bedingungen der äußeren Diffusionskontrolle durchzuführen. Einerseits erreicht man mit der in der Reaktion wirksamen äußeren Katalysatoroberfläche nicht die erforderlichen Reaktionsgeschwindigkeiten und Katalysatorleistungen. Andererseits kann es bei stark exothermen Reaktionen und lokalen Überhitzungen zum Sintern bzw. Rekristallisieren der katalytisch aktiven Zentren kommen. Katalysatoren, die auch im Arbeitsbereich der Filmdiffusion Verwendung finden, müssen nicht porös sein, dennoch eine möglichst große äußere Oberfläche aufweisen. Typische Katalysatoren dieser Art sind Schmelzkatalysatoren und Metallnetz- bzw. Metallgewirk-Katalysatoren.

7.2.2 Porendiffusion und Reaktion

Die innere spezifische Oberfläche eines porösen Katalysators nimmt bis zu 99 % der gesamten Feststoffoberfläche ein. Um die katalytisch wirksamen Zentren im Katalysatorinneren zu erreichen, müssen die Reaktionspartner, nachdem sie – wie im vorangegangenen Abschn. 7.2.1 beschrieben – die äußere Grenzschicht des von Gas umströmten Katalysatorkorns passierten, durch die Poren des Katalysators transportiert werden. Dieser Stoffübertragungsprozess, den man als innere Diffusion oder Porendiffusion bezeichnet, erfolgt auf dem Wege der ungeordneten Wärmebewegung der Moleküle. Die Porendiffusion kann unter isothermen Bedingungen prinzipiell mit dem 2. Fick'schen Gesetz beschrieben werden:

$$\frac{\partial c_A}{\partial t} = D \cdot \frac{\partial^2 c_A}{\partial L^2}.$$

Damit lässt sich angeben, wie sich die Konzentration der Moleküle c_A mit der Zeit t und über die Porenlänge L verändert. Die Proportionalitätskonstante D ist der Diffusionskoeffizient, der von der Art der Diffusion abhängig ist, die wiederum durch die Porosität des Feststoffes, die Art der Moleküle und die Prozessbedingungen bestimmt wird.

Je nach Transportmechanismus der Moleküle unterscheidet man bei der Porendiffusion zwischen der Normal-, Knudsen- und Oberflächendiffusion. Sind die Porenradien größer als die mittlere freie Weglänge der Moleküle und ist das Gas relativ dicht, so handelt es sich um die *Normaldiffusion*. Hierbei ist die Zahl der Zusammenstöße zwischen den Molekülen größer als zwischen den Molekülen und den Porenwänden. Für D verwendet man in diesem Fall den molekularen Diffusionskoeffizienten, der aus der kinetischen Gastheorie erhältlich und von der mittleren Molekülgeschwindigkeit w sowie der mittleren freien Weglänge der Moleküle λ abhängig ist:

$$D = \frac{1}{3} w \lambda.$$

Um die innere Geometrie der porösen Katalysatoren zu berücksichtigen, verwendet man einen effektiven Diffusionskoeffizienten, der im Unterschied zum molekularen Diffusionskoeffizienten den Porositäts-Faktor ε_P (Hohlraumanteil) und Labyrinth-Faktor τ enthält:

$$D_{eff} = D \frac{\varepsilon_P}{\tau}.$$

Die Porositäten gebräuchlicher Katalysatoren liegen im Bereich um 0,5, die Labyrinth-Faktoren nehmen Werte zwischen 1 und 10 an. Daraus ergibt sich, dass der effektive Diffusionskoeffizient um den Faktor 5 bis 50 kleiner ist als der molekulare Diffusionskoeffizient.

Ist dagegen die Zahl der Zusammenstöße zwischen den Molekülen und den Porenwänden bedeutend höher als die der Moleküle untereinander und ist die Gasdichte niedrig, so liegt eine *Knudsen-Diffusion* vor. Die mittlere freie Weglänge ist hier sehr groß gegenüber dem Porenradius, d. h., es handelt sich dabei um mikroporöse Katalysatoren. In solchen Fällen setzt man den Knudsen-Diffusionskoeffizienten D_K ein, der im Unterschied zum molekularen Diffusionskoefizienten anstelle der mittleren freien Weglänge den Kapillardurchmesser d_K enthält:

$$D_K = \frac{1}{3} w d_K.$$

Setzt man in diese Gleichung den aus der kinetischen Gastheorie für w erhaltenen Wert ein, so folgt

$$D_K = \frac{4 r_P}{3} \sqrt{\frac{2RT}{\pi M}}$$

mit r_p = äquivalenter (= mittlerer) Porenradius.

Der Knudsen-Diffusionskoeffizient ist somit proportional der Größe des Porenradius und unabhängig vom Druck, während der Diffusionskoeffizient der Normaldiffusion unabhängig vom Porenradius und indirekt proportional dem Druck ist. Sind die Porenradien und die mittlere freie Weglänge der Moleküle von gleicher Größenordnung, so kann es zu einer Überlagerung der Normaldiffusion und der Knudsen-Diffusion kommen. Daneben tritt auch die sogenannte *Oberflächendiffusion* bzw. *Vollmer-Diffusion* auf, bei der die adsorbierten Moleküle einer ständigen Wärmebewegung in der Feststoffoberfläche unterworfen sind. Diese Diffusionsart trägt in bedeutendem Maße zum Gesamttransport durch den porösen Katalysator bei, wenn eine beträchtliche Adsorption vorliegt. Befinden sich die Porendurchmesser in der Größenordnung der kinetischen Moleküldurchmesser, so bewirken die Repulsionskräfte ein starkes Absinken der Diffusionskoeffizienten mit abnehmendem Porenradius. Typisches Beispiel einer solchen *konfigurellen Diffusion* ist der Stofftransport im Porengefüge von Zeolithkatalysatoren. Selbst kleine Veränderungen an der zeolithischen Struktur oder an der Art der diffundierenden Spezies können in diesem Fall den Wert des Diffusionskoeffizienten um mehrere Zehnerpotenzen verschieben.

Generell ist festzustellen, dass das Vorliegen der Porendiffusion unabhängig von ihrer Art immer zu einer Verlangsamung des Reaktionsablaufs im Innern des Porengefüges eines porösen Katalysators führt. Als ein Maß für die Einschätzung der Beeinflussung der Reaktionsgeschwindigkeit durch die innere Diffusion dient der *Porenwirkungs-* oder *Porenausnutzungsgrad* η. Er ist definiert als das Verhältnis der unter isothermen Bedingungen gemessenen (effektiven) Reaktionsgeschwindigkeit mit Porendiffusionswiderstand zu der intrinsischen (oberflächenchemischen) Reaktionsgeschwindigkeit, die nicht durch die Diffusion beeinflusst ist:

$$\eta = \frac{r_{eff}}{r_{chem}}.$$

Der Porenwirkungsgrad nimmt folglich die Werte $0 < n < 1$ an, die schlussfolgern lassen, inwieweit sich die intrinsische Reaktionsgeschwindigkeit infolge der Diffusionshemmung in der Pore des Katalysators verringert hat. Bei komplexen Reaktionen benötigt man für jede einzelne Reaktion einen Porenwirkungsgrad. Die effektive Reaktionsgeschwindigkeit wird dann jeweils beschrieben durch

$$r_{eff} = k_{chem} \, c_S^n \, \eta \, .$$

Die Bestimmung von η kann über die dimensionslose *Thiele-Zahl* (auch *Thiele-Modul* genannt) erfolgen, die den Zusammenhang zwischen der Reaktionsgeschwindigkeit, der Diffusionsgeschwindigkeit und der Porenstruktur wiedergibt:

$$\phi_S = R_0 \sqrt{\frac{k c_S^{(n-1)}}{D_{eff}}}$$

ϕ_S – Thiele-Modul für das Kugelmodell des Katalysatorkorns;
R_0 – Kugelradius;
k – volumenbezogene „wahre" Reaktionsgeschwindigkeitskonstante;
c_S – Konzentration des Reaktanden an der äußeren Kornoberfläche;
n – Reaktionsordnung;
D_{eff} – effektiver Diffusionskoeffizient.

Unter der Annahme bestimmter Reaktionsordnungen und Geometrien für die Katalysatorformkörper lässt sich die Funktion $\eta = f(\phi_S)$ explizit angeben. Beispielsweise gilt für einen Katalysator in Kugelform und eine Reaktion 1. Ordnung

$$\eta = \frac{3}{\phi_S} \left(\frac{1}{\tan h \phi_S} - \frac{1}{\phi_S} \right)$$

bzw. bei starker Diffusionsbeeinflussung in erster Näherung

$$\eta \sim C \cdot \frac{1}{\phi_S} .$$

Trägt man den Porenwirkungsgrad als Funktion des Thiele-Moduls logarithmisch auf, so erhält man für Katalysatoren in Form einer Kugel, eines Zylinders und einer Platte für die irreversible Reaktion 1. Ordnung und isotherme Verhältnisse den in Abb. 7.6 dargestellten Kurvenverlauf. Im Allgemeinen strebt der Porenwirkungsgrad gegen 1, wenn der Thiele-Modul gegen null geht. Eingedenk des Ausdruckes für den Thiele-Modul trifft das bei sehr kleinen Kugelradien, großen Diffusionskoeffizienten und geringen katalytischen Aktivitäten zu. Im umgekehrten Fall erreicht man einen geringen Porenwirkungsgrad, wenn die Kugelradien groß bzw. die effektiven Diffusionskoeffizienten klein sind und der Katalysator über eine hohe Aktivität verfügt.

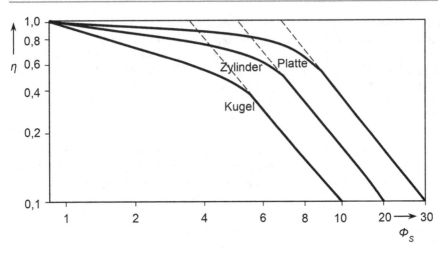

Abb. 7.6 Porenwirkungsgrad für verschiedene Katalysatorgeometrien als Funktion des Thiele-Moduls

Ob die Porendiffusion eine geschwindigkeitsbestimmende Wirkung auf die Gesamtreaktion an porösen Katalysatoren ausübt, lässt sich auf unterschiedliche Weise anhand einfacher Experimente oder Kriterien überprüfen. Entsprechend der Definitionsgleichung für den Thiele-Modul ist ϕ_S direkt proportional dem Kornradius und indirekt proportional der Reaktionsgeschwindigkeit. Demnach kann man die Katalysatorkörner so weit zerkleinern, bis sich schließlich die Reaktionsgeschwindigkeit an Körnern unterschiedlicher Größe, aber unter sonst gleichen experimentellen Bedingungen gemessen, nicht weiter ansteigt. Wie der Abb. 7.7 zu entnehmen ist, erzielt man bei Abwesenheit einer Diffusionshemmung und mit η nahe 1 diesbezüglich übereinstimmende Ergebnisse.

Mit Hilfe des sogenannten *Weisz-Prater-Kriteriums* lässt sich der Einfluss der Porendiffusion auf die Reaktionsgeschwindigkeit ebenfalls gut abschätzen. Hierzu verwendet man die modifizierte dimensionslose Zahl $\phi_S^2 \eta$. Ist $\phi_S^2 \eta < 1$, liegt für den Fall der Reaktion 1. Ordnung keine Porendiffusionshemmung vor, hingegen ist bei $\phi_S^2 \eta > 1$ die Porendiffusion geschwindigkeitsbestimmend.

Ein deutlicher Hinweis auf die Beeinflussung der Reaktionsgeschwindigkeit durch die innere Diffusion liefern häufig die während der kinetischen Messung beobachteten scheinbaren Änderungen der Reaktionsordnung und der Aktivierungsenergie. Bei starker Diffusionsbeeinflussung gilt wie oben beschrieben

$$\eta \sim \frac{1}{\phi_S} = \frac{1}{R_0}\sqrt{\frac{D_{eff}}{kc_S^{(n-1)}}}.$$

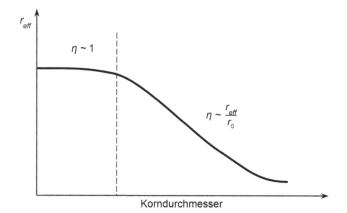

Abb. 7.7 Überprüfung des Einflusses der Porendiffusion auf die Reaktionsgeschwindigkeit in Abhängigkeit von der Katalysatorkorngröße

Damit folgt für die effektive Reaktionsgeschwindigkeit

$$r_{eff} = k\,c_S^n\,\eta = k\,c_S^n \cdot \frac{1}{R_0}\sqrt{D_{eff}/k}\,\sqrt{1/c_S^{(n-1)}} = \frac{1}{R_0}\sqrt{kD_{eff}} \cdot \sqrt{c_S^{2n}/c_S^{(n-1)}}$$

bzw.

$$r_{eff} = \frac{1}{R_0}\sqrt{kD_{eff}} \cdot c_S^{(n+1)/2}.$$

Aus der letzten Beziehung geht unmittelbar hervor, dass die Reaktionsordnung n bei starkem Einfluss der Porendiffusion auf $(n+1)/2$ sinkt. Dabei behalten Reaktionen 1. Ordnung scheinbar ihre Ordnung, während eine Reaktion 0. Ordnung nach der scheinbaren Reaktionsordnung 0,5 und eine Reaktion 2. Ordnung nach der scheinbaren Reaktionsordnung 1,5 verlaufen.

Neben der Reaktionsordnung wird auch die scheinbare Aktivierungsenergie einer diffusionsbeeinflussten Reaktion stark verändert. Setzt man die Arrhenius-Beziehung zur Beschreibung der Temperaturabhängigkeit von k und D_{eff} an, so folgt

$$k = k_0\,e^{-\frac{E_A}{RT}} \text{ bzw. } D_{eff} = D_{0,eff}\,e^{-\frac{E_D}{RT}}$$

und damit ergibt sich entsprechend der Gleichung

$$r_{eff} = \frac{1}{R_0}\sqrt{kD_{eff}} \cdot c_S^{(n+1)/2} = k'c_S^{(n+1)/2}$$

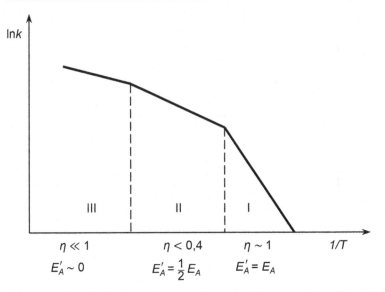

Abb. 7.8 Schematische Darstellung der Temperaturabhängigkeit der Geschwindigkeitskonstanten in einem weiten Temperaturbereich: kinetischer Bereich (***I***), die Porendiffusion ist der langsamste Schritt (***II***), die Diffusion aus der Gasphase zum Katalysatorkorn ist geschwindigkeitsbestimmend (***III***)

für die Temperaturabhängigkeit von k'

$$k' = \frac{1}{R_0}\sqrt{k_0 e^{-\frac{E_A}{RT}} D_{0,eff}\, e^{-\frac{E_D}{RT}}} = C \cdot e^{\frac{-(E_A+E_D)}{2RT}}.$$

Da für die Normal- und Knudsen-Diffusion $E_A \gg E_D$ ist, sinkt die gemessene Aktivierungsenergie bis auf die Hälfte des wahren Wertes der Aktivierungsenergie der chemischen Reaktion

$$E_{eff} = \frac{1}{2}E_{chem.}$$

Im Arrhenius-Diagramm macht sich daher der Übergang von der Oberflächenreaktion zur diffusionsbeeinflussten Reaktion durch einen Knickpunkt bemerkbar. Will man kinetische Messungen im kinetisch kontrollierten Bereich ausführen, so muss man zunächst über die Arrhenius-Auftragung die Temperatur ermitteln, bei der die Diffusion an Einfluss gewinnt, und führt dann die Messungen unterhalb dieser Temperatur durch. Im Extremfall kann sich bei der Messung der Temperaturabhängigkeit der Reaktionsgeschwindigkeit der in Abb. 7.8 dargestellte Kurvenverlauf ergeben.

Darüber hinaus kann durch Variation sämtlicher Prozessbedingungen, die eine Änderung von Diffusionskoeffizienten nach sich ziehen, ebenfalls eine Änderung der Reaktionsgeschwindigkeit in den Bereichen hervorgerufen werden, in denen eine Reaktionshemmung durch Porendiffusion vorhanden ist. Wird beispielsweise die bei einer exothermen Reaktion freiwerdende Wärme nicht schnell genug vom Reaktionsort entfernt, treten Temperaturgradienten sowohl innerhalb des Katalysatorkorns als auch in der Grenzschicht auf. Die Temperaturdifferenz kann Werte bis zu 100 K annehmen, was zur Folge hat, dass die Reaktion im Korninneren schneller abläuft, obwohl aufgrund der Porendiffusionshemmung die Konzentration des Reaktanden niedriger als in der Kernströmung ist. Dadurch kann der Porenwirkungsgrad Werte von größer 1 annehmen und ist nicht mehr nur eine Funktion vom Thiele-Modul, sondern hängt auch von der Aktivierungsenergie der Reaktion und dem Zusammenwirken des Stoff- und Wärmetransportes ab.

7.2.3 Einfluss der Diffusion auf die Reaktionsselektivität

Die Selektivitäten in komplexen heterogen katalysierten Reaktionen hängen in erster Linie von der Natur der verwendeten Katalysatoren sowie von der Art, Anzahl und Zugänglichkeit der katalytisch wirksamen Zentren ab. In vielen Fällen kann jedoch eine Änderung der Reaktionsselektivität durch Diffusionseinflüsse eintreten. Dabei muss man zwischen dem Verhalten der Simultan-, Parallel- und Folgereaktionen beim Vorliegen von Porendiffusionshemmungen unterscheiden. Die Selektivität lässt sich im Allgemeinen durch das Verhältnis der Geschwindigkeiten von den jeweils betrachteten Reaktionen ausdrücken, wobei bereits kleine Unterschiede in den Aktivierungsbarrieren für einzelne Prozessschritte bestimmen können, über welchen Reaktionsweg das gewünschte Produkt entsteht.

Laufen beispielsweise Simultanreaktionen des Typs

$$A \xrightarrow{k_1} P \text{ (Hauptprodukt)}$$

$$B \xrightarrow{k_2} R \text{ (Nebenprodukt)}$$

als diffusionsbeeinflusste Reaktionen 1. Ordnung ab, so erhält man unter Berücksichtigung der entsprechenden Porenwirkungsgrade für die experimentell gefundene Selektivität $S_{R,exp}$:

$$S_{R,exp} = \frac{r_P}{r_R} = \frac{k_1 c_A \eta_A}{k_2 c_B \eta_B} .$$

Geht man von der Bedingung aus, dass $c_A = c_B$ ist, vereinfacht sich der Ausdruck für die Selektivität zu

$$S_{R,exp} = \frac{k_1 \eta_A}{k_2 \eta_B} .$$

Substituiert man η_A und η_B durch die jeweiligen Thiele-Zahlen gemäß $\eta \sim (1/\phi_S)$, so ergibt sich schließlich

$$S_{R,exp} = \sqrt{\frac{k_1 D_{A,eff}}{k_2 D_{B,eff}}} = \sqrt{S_R} \cdot \sqrt{\frac{D_{A,eff}}{D_{B,eff}}}.$$

mit $S_R = k_1 / k_2$ als die „wahre" Selektivität im kinetisch kontrollierten Bereich, die sich von der experimentell beobachteten $S_{R,exp}$ unterscheidet. Beträgt z. B. die kinetische Selektivität $S_R = 1/9$, so erreicht man durch Übergang in den Bereich der inneren Diffusion und unter der Annahme, dass $D_{A,eff} = D_{B,eff}$ ist, einen Selektivitätsanstieg bis auf 1/3. Aus der letzten Beziehung leitet sich für den Fall der betrachteten Simultanreaktion außerdem die Möglichkeit ab, die Selektivität der Reaktion über die Änderung der effektiven Diffusionskoeffizienten gezielt steuern zu können, indem man die Größe und Form der Katalysatorkörner bzw. den effektiven Porenradius variiert.

Für die Parallelreaktionen des Typs

$$A \xrightarrow{k_1} P \,(\text{Hauptprodukt}) \text{ und } A \xrightarrow{k_2} R \,(\text{Nebenprodukt})$$

lässt sich die Selektivität in folgender Weise allgemein angeben:

$$S_{R,exp} = \frac{r_P}{r_R} = \frac{k_1 c_A^{n_1} \eta_A}{k_2 c_A^{n_2} \eta_A}.$$

Daraus ist ersichtlich, dass sich die Selektivität durch Porendiffusionshemmung nur dann ändern kann, wenn beide Reaktionen mit verschiedenen Ordnungen ablaufen, d. h. $n_1 \neq n_2$. Wie im vorangegangenen Abschn. 7.2.2 bereits geschildert, ist der Porenwirkungsgrad für Reaktionen mit niedrigerer Ordnung größer als für Reaktionen mit höherer Ordnung. Das hat zur Folge, dass die Reaktionen niedrigerer Ordnung bei einer Porendiffusionshemmung bevorzugt ablaufen. Erfolgt in dem hier betrachteten Fall die Bildung des Hauptproduktes P in einer Reaktion 1. Ordnung und die des Nebenproduktes R in einer Reaktion 2. Ordnung, so ergibt sich für die experimentell beobachtete Selektivität:

$$S_{R,exp} = \frac{r_P}{r_R} = \frac{k_1 c_A}{k_2 c_A^2} = \frac{k_1}{k_2} \cdot \frac{1}{c_A} = S_R \cdot \frac{1}{c_A}.$$

Die Selektivität ist demnach umso höher, je höher der Porenwirkungsgrad und je niedriger die Konzentration des eingesetzten Reaktanden sind. Läuft dagegen die Hauptreaktion nach 1. Ordnung und die Nebenreaktion nach 0. Ordnung ab, so wird die Selektivität in diesem Fall erniedrigt. Eine Steigerung der Selektivität lässt sich daher durch den Einsatz von großen Katalysatorkörnern mit kleinen Porenradien erreichen.

Liegen Folgereaktionen des Typs

$$A \xrightarrow{k_1} R \xrightarrow{k_2} P$$

vor, und ist P das gewünschte Produkt, so befördert die Porendiffusionshemmung aufgrund der längeren mittleren Verweilzeit der Moleküle im Katalysatorinneren sowie einer relativen Anreicherung des Zwischenproduktes R in den Poren seine schnelle Umsetzung zum Zielprodukt. Umgekehrt, wenn R das gewünschte Produkt ist, dessen Abtransport durch Diffusion behindert wird, kommt es zu einer deutlichen Selektivitätsminderung. Die Selektivität lässt sich in diesem Fall durch das Zurückdrängen der Porendiffusion steigern. Das gelingt am besten bei Verwendung von kleinen Katalysatorkörnern mit großen Porenradien.

Theoretische Konzepte in der heterogenen Katalyse

Aus den bisherigen Kapiteln ist deutlich geworden, dass erst eine gesamtheitliche Betrachtung der Teilgebiete der Synthese, Charakterisierung und Reaktionskinetik ein besseres Verständnis der Wirkungsweise heterogener Katalysatoren ermöglicht. Eine wesentliche Vertiefung des theoretischen Verständnisses und die darauf basierende Entwicklung eines Katalysators „nach Maß" gelingt aber erst, wenn man auch in der Lage ist, die zugrunde liegenden atomaren Oberflächenvorgänge aufzuklären bzw. mit Hilfe geeigneter theoretischer Konzepte widerspruchsfrei zu beschreiben. Eine schier unübersehbare Vielzahl an katalytischen Reaktionen und Katalysatoren, durch unterschiedlichste Prozessbedingungen sowie chemische und physikalische Eigenschaften der Katalysatoroberfläche erschwert, sorgen dafür, dass es eine allumfassende Theorie der heterogenen Katalyse wohl kaum je geben wird.

Zunächst erscheint es nahe liegend, dass man in Anlehnung an die Erkenntnisse der homogenen Katalyse auch in der heterogenen Katalyse von der Ausbildung reaktiver Zwischenstufen (Intermediate) zwischen Reaktanden und Katalysator ausgehen kann, deren Zerfall im weiteren Verlauf zum Reaktionsprodukt führt. Hierbei bestehen allerdings prinzipielle Unterschiede zwischen den homogenen und heterogenen Systemen in Bezug auf die Mitwirkung des verwendeten Katalysators. Während bei der homogenen Katalyse alle Katalysatormoleküle an der Reaktion beteiligt sind, nimmt bei heterogenen Katalysatoren nur ein gewisser Teil der Oberflächenatome daran teil. Diese Erkenntnis, dass nicht die gesamte Feststoffoberfläche, sondern nur exponierte Oberflächenatome, z. B. an Ecken und Kanten von Kristallen, katalytisch wirksam sein sollen, bildete die Grundlage der von Hugh S. Taylor (1890–1974) in den frühen Zwanzigerjahren des vorigen Jahrhunderts vorgeschlagenen Theorie der aktiven Zentren. Er unterstrich damit die Bedeutung der Oberflächenheterogenität von Feststoffkatalysatoren für die vorgelagerten Adsorptionsvorgänge und die Bildung intermediärer Oberflächenspezies verschiedener Art, die jedoch im Gegensatz zu Intermediaten in einem homogenen System nicht so leicht zugänglich sind. Die Vorstellung darüber, dass für die katalytische Aktivität heterogener Katalysatoren vorwiegend Strukturen mit Oberflächenanomalien fernab vom Gleichgewicht verantwortlich sind, erhielt im Laufe der Zeit

© Springer-Verlag Berlin Heidelberg 2015
W. Reschetilowski, *Einführung in die Heterogene Katalyse*,
DOI 10.1007/978-3-662-46984-2_8

ihre Bestätigung durch eine Reihe von experimentellen Befunden. So konnte J. Arvid Hedvall (1888–1974) zeigen, dass oxidische Katalysatoren eine auffällig hohe katalytische Aktivität nahe den Temperaturen aufweisen, bei denen sich ihre elektrischen, magnetischen und kristallchemischen Eigenschaften infolge von Phasenumwandlungen drastisch ändern (*Hedvall-Effekt*).

Dieser theoretische Ansatz konnte jedoch weder den erwiesenen Einfluss des texturellen und morphologischen Aufbaus eines heterogenen Katalysators auf die Reaktionsgeschwindigkeit noch seine einzigartige Eigenschaft erklären, aus einer Vielzahl von thermodynamisch möglichen Reaktionen nur eine bestimmte Reaktion mit hoher Selektivität unter gegebenen Prozessbedingungen zu katalysieren. Daher erfuhr die Theorie der aktiven Zentren später mehrere, inzwischen etwas betagte Konkretisierungen, die auch heute noch als theoretische Grundlage zur wissenschaftlichen Deutung des Ablaufs von heterogen katalysierten Reaktionen eine Rolle spielen können. Dazu gehören in erster Linie die Berücksichtigung der räumlichen Anordnung der Oberflächenatome (geometrischer bzw. sterischer Faktor) und der Wechselwirkungsstärke Reaktand–Oberfläche (energetischer Faktor) sowie der kollektiven elektronischen Eigenschaften im Festkörper (elektronischer Faktor).

8.1 Geometrische und energetische Faktoren

Existiert zwischen der Molekülstruktur und einer bestimmten Anordnung der Oberflächenatome eine sogenannte „geometrische Korrespondenz", so lässt sich die Reaktivität des Moleküls in der Katalysatoroberfläche häufig unter Berücksichtigung des geometrischen bzw. sterischen Faktors beschreiben. Die darauf beruhende, von Aleksej A. Balandin (1898–1967) entwickelte Multiplett-Theorie der heterogenen Katalyse geht davon aus, dass das preadsorbierte Reaktandenmolekül mit dem katalytisch aktiven Multiplett-Zentrum einen Reaktanden-Oberflächen-Komplex (*Multiplett-Komplex – MPK*) bildet, der eine leichte Aktivierung des Moleküls und eine Umverteilung der Bindungen unter Bildung des Produktmoleküls zur Folge hat. Ausgenommen sind solche Moleküle, die zu ihrer Umsetzung nur ein Adsorptionszentrum benötigen (Einpunkt-Adsorption). Für verschiedene Reaktionen ist die Anzahl der Adsorptionszentren (z. B. Metallatome in Metallkatalysatoren) unterschiedlich und kann 2, 3, 4 usw. betragen. Die durch eine Mehrpunkt-Adsorption entstehenden Multiplett-Komplexe bezeichnet man dementsprechend als Duplett, Triplett, Quadruplett usw. In den meisten Fällen genügt zur Wiedergabe heterogen katalysierter Reaktionen die Annahme von Duplett- oder Sextett-Mechanismen bzw. deren Aufeinanderfolge.

In Abb. 8.1 sind vereinfachte Reaktionsschemata der katalytischen Dehydrierung eines primären Alkohols und eines Alkans auf dem Duplettzentrum eines Metallkatalysators dargestellt. Die geometrische Anordnung und die Abstände zwischen den Atomen des aktiven Zentrums entsprechen im Idealfall der geometrischen Anordnung und den Atomabständen im Reaktandenmolekül. In der ersten Phase kommt es zur Adsorption des Reaktandenmoleküls auf der Metalloberfläche mit einer solchen

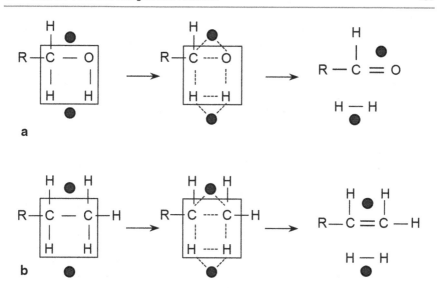

Abb. 8.1 Schematische Darstellung der katalytischen Wirkung auf dem katalytisch aktiven Duplettzentrum in der Dehydrierung eines primären Alkohols RCH_2OH (**a**) und Dehydrierung eines Alkans RCH_2CH_3 (**b**). *Punkte* sind Metallatome, *eingerahmt* sind Indexgruppen

Orientierung des Moleküls gegenüber den Metallatomen, die für eine Dehydrierung günstig ist. In der Folge entstehen chemische Bindungen zwischen den Molekülatomen einer sogenannten Indexgruppe und dem Duplettzentrum unter gleichzeitiger Schwächung der Bindungen im Reaktandenmolekül. Schließlich vollzieht sich die Bildung neuer Bindungen, und es entsteht das Produktmolekül.

In analoger Weise lässt sich die katalytische Dehydrierung von Cyclohexan mit Metallkatalysatoren auf der Grundlage der Multiplett-Theorie diskutieren. Die geometrische Anordnung und die Atomabstände im sechsgliedrigen Cyclohexanring korrespondieren mit dem Sextettzentrum der Metallatome auf Kristallflächen vieler Metalle der Gruppe VIIIB des PSE (z. B. Pt, Ni, Pd) sowie deren Legierungen (z. B. NiCo, NiFe). Die Atom-Atom-Abstände auf der Metalloberfläche müssen so beschaffen sein, dass eine möglichst maximale Wechselwirkung der Wasserstoffatome mit dem Sextettzentrum stattfinden kann. Das setzt eine hexagonale Symmetrie der Gitter-Netzebene kristallisierter Metalle voraus, die nur an kubisch-flächenzentrierten und hexagonalen, nicht aber an kubisch-raumzentrierten Kristallen auftritt. In Tab. 8.1 sind die Gittertypen und Atomabstände einiger Metalle angegeben. Metallkatalysatoren, die in der Cyclohexandehydrierung aktiv sind, weisen Atom-Atom-Abstände zwischen 0,24916 nm (Ni) und 0,27746 nm (Pt) auf (kursiv hervorgehoben).

Die flache Orientierung des Cyclohexanmoleküls z. B. über der {111}-Fläche des Platins sorgt dafür, dass alle Molekülatome einer gemeinsamen Indexgruppe angehören, die wiederum mit dem Sextettzentrum der Platinatome gleichartige chemische Bindungen eingehen (Abb. 8.2). Dadurch kommt es zum synchronen Abspalten von Wasserstoffatomen und der Bildung von Benzen, ohne dass in der Gasphase partiell dehydrierte Produkte Cyclohexen oder Cyclohexadien auftreten.

Tab. 8.1 Gittertyp und die kürzesten Atomabstände verschiedener Metalle (in nm)

Kubisch flächenzentriert	Kubisch raumzentriert	Hexagonal dichteste Packung
Ce 0,3650	K 0,4544	β-Sr 0,432; 0,4324
Ag 0,28894	Ta 0,286	Mg 0,31917; 0,32094
Au 0,28841	W 0,27409	α-Zr 0,31790; 0,32313
Al 0,28635	Mo 0,27251	Cd 0,29788; 0,32933
	V 0,26224	α-Ti 0,28956; 0,29505
Pt 0,27746	Cr 0,24980	
Pd 0,27511	γ-Fe 0,24823	*Re 0,2741; 0,2760*
Ir 0,2714		*Tc 0,2703; 0,2735*
Rh 0,26901		*Os 0,26754; 0,27354*
Cu 0,25560		*Zn 0,26649; 0,29129*
Co 0,25061		*Ru 0,26502; 0,27058*
Ni 0,24916		
		α-Be 0,22260; 0,22856

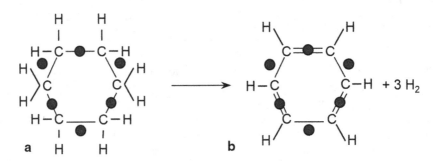

Abb. 8.2 Sextett-Mechanismus der Cyclohexandehydrierung an Platin

Läuft die Cyclohexandehydrierung nach einem Duplett-Mechanismus über die Kante des Cyclohexanringes ab, wie analoge Versuche an Cr_2O_3 zeigen, so ist auch die Bildung von Cyclohexen oder Cyclohexadien zu beobachten. Der Sextett-Mechanismus der Cyclohexandehydrierung an Platin hat gegenüber dem Duplett-Mechanismus an Cr_2O_3 auch energetische Vorteile. Während die metallkatalysierte Dehydrierung von Cyclohexan schon bei einer Temperatur um 300 °C und mit einer Aktivierungsenergie von 54–75 kJ mol^{-1} sehr effektiv verläuft, sind oxidische Katalysatorsysteme in derselben Reaktion erst im Temperaturbereich von 500–600 °C und mit einer Aktivierungsenergie von 84–168 kJ mol^{-1} katalytisch wirksam.

Die Gitterparameter und damit die Art des Multipletts beeinflussen nicht nur die Aktivierungsenergie, sondern auch die Chemisorptionseigenschaften bzw. die Adsorptionswärme. Als Beispiel sei die Bildung des Multiplett-Komplexes während der katalytischen Ethenhydrierung an Nickel in Abb. 8.3 betrachtet. Liegt ein Duplett-Mechanismus (Zweipunkt-Adsorption) vor, so bilden sich von den C-Atomen zu den Ni-Oberflächenatomen zwei σ-Bindungen aus. Geht man von einer C-

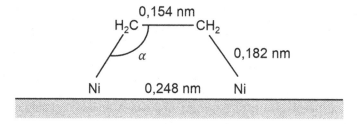

Abb. 8.3 Schematische Darstellung des chemisorbierten Ethens an Nickel

Tab. 8.2 Einfluss der Parameter des Chemisorptionskomplexes von Ethen an Nickel auf die katalytische Hydrieraktivität

Ni-Ni-Atomab-stand	Netzebene	Ni-C-C-Valenz-winkel	Chemisorption	Katalytische Wirkung
0,248 nm	{111}	105°	stark	gering
0,351 und 0,248 nm	{100} und {110}	123°	moderat	hoch

Ni-Bindungslänge gemäß den Bindungsverhältnissen im Nickeltetracarbonyl von 0,182 nm aus und nimmt für den C-C-Bindungsabstand in Analogie zu C-C-Bindungslängen in Alkanen den Wert 0,154 nm an, so lässt sich für einen gegebenen Ni-Ni-Atomabstand der Ni-C-C-Valenzwinkel errechnen.

Tabelle 8.2 gibt die berechneten Winkel für die Ni-Ni-Atomabstände in verschiedenen Netzebenen des Nickelkristalls und deren Auswirkung auf die Adsorption und Hydrierung von Ethen auf Nickel-Oberflächen wieder. Legt man für den Ni-Ni-Atomabstand, wie er in der {111}-Fläche vorliegt, 0,248 nm zugrunde, so berechnet sich der Ni-C-C-Valenzwinkel zu 105°, der in der Nähe zum Tetraederwinkel von 109° 28′ liegt. Diese relativ gute Winkelübereinstimmung sorgt für eine recht starke Chemisorption des Ethens an der {111}-Fläche, wodurch seine Reaktivität spürbar vermindert wird. Mit dem Ni-Ni-Atomabstand von 0,351 nm im Falle von {100}- und {110}-Flächen ergibt sich für den Valenzwinkel 123°. Aufgrund der starken Verzerrung des Tetraederwinkels kommt es hierbei zur Ausbildung eines energiereichen Adsorptionskomplexes und damit zu einer höheren Reaktivität des chemisorbierten Ethens. Daraus folgt, dass für die gute katalytische Aktivität der Metalle die chemische Affinität zwischen den aktiven Zentren und den Reaktanden nicht zu groß sein darf.

Vergleicht man verschiedene Metalle in ihrer katalytischen Aktivität bei der Hydrierung von Ethen als Funktion des Gitterabstandes innerhalb der {110}-Fläche, so zeichnet sich Rh mit dem Atomabstand von 0,375 nm aufgrund der optimalen Stärke der Chemisorptionsbindung und der Aktivierung des Ethenmoleküls durch die höchste katalytische Wirksamkeit aus. Metalle wie Pd oder Pt, bei denen eine Zweipunkt-Adsorption aufgrund größerer Atomabstände erschwert ist, weisen gegenüber Rh Aktivitäten von 1/10 und 1/100 auf. Ebenso zeigt Ni mit kleinerem Atomabstand eine um drei Zehnerpotenzen geringere Aktivität.

Die Annahme der „geometrischen Korrespondenz" zwischen dem Reaktandenmolekül und den Oberflächenatomen zur Erklärung der katalytischen Wirkung insbesondere von Metallkatalysatoren hat sich in vielen Fällen als sehr fruchtbar erwiesen. Dennoch stellt der geometrische Faktor allein lediglich eine notwendige, jedoch keine hinreichende Bedingung zum Ablauf einer heterogen katalysierten Reaktion dar, da er stets mit den energetischen Einflussfaktoren (Adsorptionswärme) gekoppelt ist. Beispielsweise betragen Atom-Atom-Abstände im kubisch-flächenzentrierten Gitter des Kupferkristalls 0,25560 nm. Damit ordnet sich Cu zwischen Ni (0,24916 nm) und Pt (0,27746 nm) ein, die bekanntlich über sehr gute Hydrier-/ Dehydriereigenschaften verfügen. Demnach sollte Cu z. B. bei Hydrier- und Dehydrierreaktionen von Kohlenwasserstoffen gemäß der Vorstellung über die „geometrische Korrespondenz" ebenfalls katalytisch wirksam sein, was jedoch nicht der Fall ist. Das hängt damit zusammen, dass die Bindungsenergie zwischen Kupfer- und Kohlenstoffatomen zu niedrig ist, um eine Aktivierung der Reaktandenmoleküle herbeiführen zu können. D. h., dass für die gute katalytische Aktivität von Metallkatalysatoren auch ihre Fähigkeit entscheidend ist, die Reaktanden in der Katalysatoroberfläche nicht zu schwach, aber auch nicht zu stark zu chemisorbieren (*Sabatier-Regel*, Paul Sabatier (1854–1941), Nobelpreis für Chemie 1912). Folglich bestimmt nicht nur der geometrische Faktor über die katalytische Wirksamkeit metallischer Katalysatoren, sondern auch die „energetische Korrespondenz".

Balandin erweiterte daraufhin seine Multiplett-Theorie mit der energetischen Komponente, indem er zusätzlich die Verhältnisse der Bindungsenergien zwischen den Indexgruppen-Atomen und den Bindungsenergien dieser Atome mit Oberflächenatomen eines Multiplettzentrums betrachtete. Auf diesem Weg gelingt es, Prozessbedingungen zu ermitteln, unter denen eine „energetische Korrespondenz" zwischen Reaktandenmolekülen und der Katalysatoroberfläche gegeben ist. Das lässt sich am Beispiel einer nach dem Duplett-Mechanismus ablaufenden, hypothetischen Reaktion vom Typ $AB + CD \rightarrow AC + BD$ anschaulich demonstrieren, bei der die Umsetzung unter Spaltung von Bindungen auf dem katalytisch aktiven Doppelzentrum (jeweils gekennzeichnet mit leeren und vollen Punkten) stattfindet:

$$
\begin{array}{ccc}
\overset{\bullet}{A} \quad \overset{\bullet}{C} & \overset{\bullet}{A} \text{----} \overset{\bullet}{C} & \overset{\bullet}{A} \text{---} \overset{\bullet}{C} \\
\circ | \quad | \circ \quad \longrightarrow & \circ \vdots \quad \vdots \circ \quad \longrightarrow & \circ \qquad \circ \\
B \quad D & B \text{----} D & B \text{---} D \\
\bullet & \bullet & \bullet
\end{array}
$$

(MPK)

Mögen die Bindungsenergien der Reaktanden AB und CD jeweils Q_{AB} und Q_{CD} sein. Durch die Wechselwirkung der Reaktanden mit der Katalysatoroberfläche bilden sich neue Bindungen heraus, deren Bindungsenergien Q_{AK}, Q_{BK}, Q_{CK} und Q_{DK} betragen. Für die Reaktionsprodukte AC und BD ergeben sich Bindungsenergien von Q_{AC} und Q_{BD}. Daraus errechnen sich unter Berücksichtigung der thermochemischen Daten der betrachteten Reaktion die Bildungs- (E') und die Zerfallsenergie (E'') des *MPK* wie folgt:

$$E' = -Q_{AB} - Q_{CD} + (Q_{AK} + Q_{BK} + Q_{CK} + Q_{DK})$$

$$E'' = +Q_{AC} + Q_{BD} - (Q_{AK} + Q_{BK} + Q_{CK} + Q_{DK}).$$

Diese Gleichungen deuten auf das Vorliegen optimaler Bindungsenergien für die betrachtete Reaktion hin, wobei die Werte für E' und E'' die Aktivierungsenergie der Reaktion bestimmen. Wenn $E' < E''$ ist, dann wird die Reaktion durch die Bildung des *MPK* kontrolliert. Bei $E'' < E'$ sind die Zerfallsreaktion und die Bildung der Reaktionsprodukte bestimmend. Zwecks Festlegung optimaler energetischer Verhältnisse im betrachteten Reaktionssystem führt man folgende Größen ein:

$$U = -Q_{AB} - Q_{CD} + Q_{AC} + Q_{BD},$$
$$s = Q_{AB} + Q_{CD} + Q_{AC} + Q_{BD},$$
$$q = Q_{AK} + Q_{BK} + Q_{CK} + Q_{DK},$$

mit
U – Reaktionswärme;
s – Summe der Bindungsenergien;
q – Adsorptionspotenzial.

Damit ergibt sich für die Bildungs- und Zerfallsenergie des *MPK*

$$E' = -Q_{AB} - Q_{CD} + q$$

$$E'' = +Q_{AC} + Q_{BD} - q.$$

Die minimale Aktivierungsenergie und folglich die optimale Katalysatoraktivität ist zu erwarten, wenn gilt $E' = E''$. Daraus folgt

$$-Q_{AB} - Q_{CD} + q = +Q_{AC} + Q_{BD} - q$$

oder nach Umformung

$$2q = Q_{AB} + Q_{CD} + Q_{AC} + Q_{BD}$$

bzw.

$$q = \frac{s}{2}.$$

Der summarische Wärmeeffekt E der aufeinanderfolgenden Stufen der Bildung und des Zerfalls des MPK resultiert aus der Summation $E'+E''=U$ und ergibt für den optimalen Katalysator in der betrachteten Reaktion

$$E = \frac{U}{2},$$

mit $E>0$ bei $Q_{AB}+Q_{CD}<Q_{AC}+Q_{BD}$ (exothermer Prozess) und $E<0$ bei $Q_{AB}+Q_{CD}>Q_{AC}+Q_{BD}$ (endothermer Prozess).

Mit dem Wertepaar $(s/2, U/2)$ ist die „energetische Korrespondenz" zwischen dem Reaktandenmolekül und der Katalysatoroberfläche erreicht. Das bedeutet, dass bei der Auswahl des effektivsten Katalysators das Adsorptionspotenzial q nach Möglichkeit etwa die Hälfte der Bindungsenergiesumme betragen sollte. Da sich U und s für eine gegebene Reaktion nicht ändern, sind E' und E'' für verschiedene Katalysatoren nur vom Adsorptionspotenzial q gemäß folgenden Beziehungen linear abhängig:

$$E' = +q - \frac{s}{2} + \frac{U}{2}$$

$$E'' = -q + \frac{s}{2} + \frac{U}{2}.$$

In Abb. 8.4 sind $E-q-$Abhängigkeiten für eine endotherme und eine exotherme Reaktion grafisch dargestellt. Die zustande kommenden „Vulkankurven" erklären

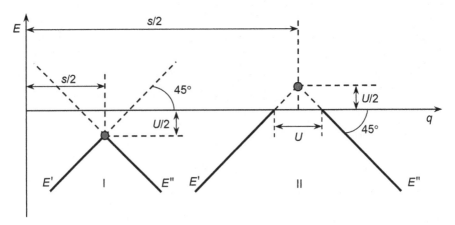

Abb. 8.4 E-q-Diagramm (Vulkankurven) für eine endotherme (I) und eine exotherme (II) Reaktion

in hervorragender Weise die Bedeutung des Adsorptionspotenzials als ein Maß für die energetische Nützlichkeit eines Katalysators. Der linke Teil der Geraden (geringes Adsorptionspotenzial) deutet darauf hin, dass die Bildung des *MPK* ge- schwindigkeitsbestimmend ist. Beim Erreichen der Werte $q > s/2$ ist die Bindung zur Katalysatoroberfläche so stark, dass der Zerfall dieses Komplexes geschwin- digkeitsbestimmend wird. Optimale Verhältnisse liegen vor bei $E' = E''$ mit den Koordinaten $E = U/2$ und $q = s/2$. Das Auftreten einer Vulkankurve ist bereits im Kap. 4 am Beispiel der katalytischen Zersetzung von Ameisensäure an verschiede- nen Metallkatalysatoren als Funktion der Bildungsenergie intermediärer Metallfor- miate gezeigt worden. Bei geringer Bindungsenergie erreicht man nur eine geringe Oberflächenbedeckung, sodass die Adsorption zum limitierenden Schritt der Reak- tion wird. Sind die Bindungsenergien und der Bedeckungsgrad sehr hoch, so ist die Zerfallsreaktion der Intermediate geschwindigkeitsbestimmend. Die Abschätzung der Bindungsenergien kann thermochemisch, aus kinetischen Messungen oder aus der Lage des Adsorptionsgleichgewichtes erfolgen.

Die Multiplett-Theorie der heterogenen Katalyse geht bei der Erklärung der katalytischen Wirksamkeit von Feststoffkatalysatoren von einer wohl definierten Anordnung der Oberflächenatome in der kristallinen Struktur aus. Einen anderen theoretischen Ansatz verfolgte Nikolaj I. Kobozev (1903–1974), indem er die ka- talytische Aktivität einzelner Atome bzw. Atomgruppen eines Metallkatalysators betrachtete, die sich in der Oberfläche eines inerten Trägers im vorkristallinen Zu- stand befinden. Nach seiner Auffassung zeichnet sich jede reale Trägeroberfläche durch eine irreguläre Mosaikstruktur mit isolierten Migrationszonen aus (Abb. 8.5),

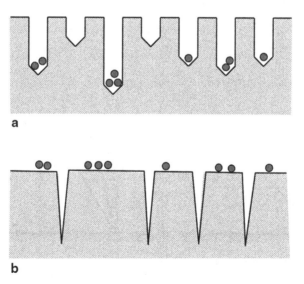

Abb. 8.5 Energetische (**a**) und geometrische (**b**) Barrieren zwischen Migrationsbereichen in der Trägeroberfläche

in denen sich einzelne Atome nach dem Zufallsprinzip zu einem katalytisch wirksamen Zentrum, bestehend aus einigen Atomen (*Ensemble = Metall-Cluster*), vereinen können. Die Anzahl der erforderlichen Atome in einem Ensemble ist reaktionsspezifisch und hängt vom Charakter der Molekülbindungen ab.

Mit Hilfe der *Theorie der aktiven Ensembles* ist es möglich, aus experimentellen Befunden Rückschlüsse auf die Zusammensetzung des aktiven Zentrums und die mögliche Mosaikstruktur des Trägers zu ziehen. Außerdem erklärt sie das Auftreten der maximalen katalytischen Aktivität bei einer niedrigen Dichte (hoher Verdünnung) der katalytisch aktiven Metallzentren in der Trägeroberfläche. Wenn beliebige Atome im aktiven Zentrum katalytisch wirksam sein sollen, dann müsste die gesamte Aktivität (A) linear mit der Anzahl der Metallatome (N) bzw. mit dem Bedeckungsgrad der Oberfläche durch die Metallatome (α) ansteigen, bis ein Teil der Atome durch die beginnende Kristallisation verloren geht. Die spezifische Aktivität $a_{spez} = A/N$ bliebe hingegen unverändert (Abb. 8.6a). Sind jedoch nur bestimmte Atom-Kombinationen, z. B. n-atomiges Ensemble, katalytisch aktiv, so ist die gesamte Aktivität proportional der Bildungswahrscheinlichkeit W_n dieser Atom-Verbünde in einer sogenannten Migrationszone und durchläuft ein Maximum in Abhängigkeit von N (Abb. 8.6b). Dabei wird angenommen, dass sich die Metallatome in der Trägeroberfläche nur innerhalb einer bestimmten Migrationszone bewegen können, die durch die Oberflächendefekte begrenzt ist. Die Zahl der Migrationszonen (Z_0) ergibt sich aus dem Verhältnis der spezifischen Oberflächengröße des Trägers (S) und der geschätzten Fläche der Migrationszone (Δ):

$$Z_0 = \frac{S}{\Delta}$$

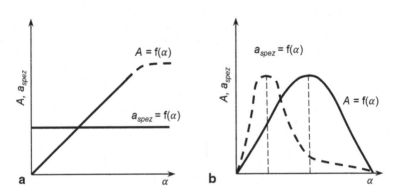

Abb. 8.6 Abhängigkeit der gesamten (A) und spezifischen Aktivität (a_{spez}) der Metallkatalysatoren vom Beladungsgrad der Trägeroberfläche durch Metallatome ohne (**a**) und mit (**b**) Bildung von Metall-Ensembles

Die Wahrscheinlichkeit, dass sich ein n-atomiges Ensemble in einer Migrationszone befindet, errechnet sich dann wie folgt

$$W_n = \left(\frac{1}{Z_0}\right)^n \left(\frac{Z_0 - 1}{Z_0}\right)^{N-n} \cdot \frac{N!}{(N-n)! \, n!}$$

Verfolgt man die katalytische Wirkung bei verschiedenen Werten von N, kann man die Anzahl der Atome pro aktivem Ensemble abschätzen. Ein Ensemble aus n Atomen erhält man mit höchster Wahrscheinlichkeit bei

$$N_{max} = n Z_0.$$

Diese Zusammenhänge lassen sich für eine ganze Reihe metallkatalysierter Hydrierungen von Olefinen und Aromaten bzw. Dehydrierungen von zahlreichen Kohlenwasserstoffen experimentell bestätigen.

Wenn auch die spezifische Aktivität a_{spez} mit zunehmendem Bedeckungsgrad der Trägeroberfläche durch die Metallatome ein Maximum zeigt, so besteht das Metall-Ensemble aus zwei, drei und mehr Atomen. Dabei erreicht jeder geträgerte Metallkatalysator seine maximale spezifische Aktivität dann, wenn nach dem Zufallsprinzip in der Trägeroberfläche die größte Anzahl der für die betreffende Reaktion erforderlichen aktiven Ensembles entstanden ist.

Bemerkenswert ist, dass das Maximum der spezifischen Aktivität bereits bei einem niedrigeren Bedeckungsgrad im Vergleich zur gesamten Aktivität auftritt. Aus dem Verhältnis zwischen den Bedeckungsgraden an dem jeweiligen Maximum der katalytischen Aktivität kann man leicht ermitteln, wie viele Metallatome in einem aktiven Ensemble enthalten sind. Beispielsweise bei $A_{max}/a_{max} = 2$ ist $n = 2$. Solche 2-atomigen Ensembles sind aktive katalytische Zentren in der Gasphasenhydrierung von Ethen am Pt/Silicagel oder in der Flüssigphasenhydrierung ungesättigter Alkohole an Pt/Aktivkohle. Beträgt das Verhältnis $A_{max}/a_{max} = 1,5$, so handelt es sich um 3-atomige Ensembles, wie man sie z. B. bei der Ammoniaksynthese am Eisen-Katalysator vorfindet.

Sind nur einzelne Atome katalytisch aktiv, so nimmt die spezifische Aktivität von einem anfänglich maximalen Wert mit zunehmender Bedeckung der Trägeroberfläche mit Metallatomen rapide ab. Dieser Fall tritt z. B. bei der katalytischen Zersetzung von Wasserstoffperoxid am geträgerten Platin-Katalysator auf. Bei sehr geringen Bedeckungsgraden der inerten Trägeroberfläche durch Platin-Atome, die im Bereich von ca. $10^{-2} - 10^{-3}$ liegen, sind zunächst die einatomigen Platin-Zentren katalytisch wirksam. Mit steigendem Bedeckungsgrad nimmt die Wahrscheinlichkeit der Ausbildung von 2- und 4-atomigen Platin-Ensembles zu und die Reaktionsgeschwindigkeit sinkt. Offensichtlich verändert sich mit steigender Größe der Metall-Cluster nicht nur deren ursprüngliche Oberflächenstruktur, sondern auch das

Partikeloberflächen-Volumen-Verhältnis, das wiederum von der Partikelgestalt und -größe abhängig ist. Somit ist es schwierig, den Einfluss dieser Katalysatorparameter, insbesondere den Teilchengrößeneffekt, auf die katalytische Aktivität bezogen auf ein Metallatom experimentell zu bestimmen. Vielfach hat es sich als hilfreich erwiesen, als Charakterisierungsmaß der Partikelausdehnung die sogenannte Metall-Dispersität (D) zu verwenden, die das Verhältnis der Anzahl exponierter Oberflächenatome N_s zur Gesamtzahl der Atome N im Partikel darstellt:

$$D = N_s / N.$$

Damit lässt sich zeigen, dass es tatsächlich viele heterogen katalysierte Reaktionen gibt, die vom Dispersitätsgrad der geträgerten Metallkomponente und folglich von einer besonderen Atomanordnung in der Katalysatoroberfläche abhängig sind.

Nach Boudart bezeichnet man solche Reaktionen als strukturempfindliche Reaktionen (engl.: *demanding reaction*). Es gibt andererseits auch Reaktionen, bei denen sich die katalytische Aktivität des Metalls mit unterschiedlicher Dispersität, bezogen auf die Oberflächeneinheit, kaum ändert. Diese Reaktionen, die für ihren Ablauf keiner speziellen Atomanordnungen bedürfen, nennt man strukturunempfindliche Reaktionen (engl. *facile reactions*). In Tab. 8.3 sind einige Beispiele für beide Reaktionsgruppen angegeben. Eine verallgemeinernde Zuordnung ist jedoch nicht immer möglich, da offenbar für bestimmte katalytische Reaktionen spezielle Anforderungen an die Natur, Anzahl, Symmetrie und den gegenseitigen Abstand der Oberflächenatome gestellt sind. Beispielsweise ist die Ethenhydrierung an Ni-Katalysatoren, wie bereits demonstriert, strukturempfindlich, während sie an Pt-Kristallen, -folien und -Trägerkatalysatoren mit nahezu gleicher Geschwindigkeit und Aktivierungsenergie verläuft. In manchen Fällen beobachtet man eine starke Änderung der Reaktionsselektivität in Abhängigkeit von der Teilchengröße ein und desselben Metalls, wenn ein Reaktand in Parallelreaktionen, von denen eine strukturempfindlich ist, zu verschiedenen Produkten umgesetzt wird. So führt die Umsetzung von Neopentan an Platin entweder über eine Zweipunkt-Adsorption in einer Hydrogenolysereaktion zu Methan und Isobutan oder über eine Dreipunkt-Adsorption in einer Isomerisierungsreaktion zu Isopentan. Die Letztere setzt eine Triplettanordnung voraus, die besonders häufig in der {111}-Fläche ausgebildet ist. Sie ist wenig wahrscheinlich an sehr kleinen Pt-Partikeln (im Bereich 1–5 nm), an denen vorzugsweise die Hydrolyse abläuft.

Tab. 8.3 Strukturempfindliche und strukturunempfindliche Reaktionen an Metallkatalysatoren (Auswahl)

Strukturempfindliche Reaktionen	Strukturunempfindliche Reaktionen
$N_2 + 3\,H_2 \rightarrow 2\,NH_3$ (Fe {111})	$CO + 0{,}5\,O_2 \rightarrow CO_2$ (Pt, Pd)
Ethanhydrogenolyse (Rh)	Cyclohexenhydrierung (Pt)
Cyclohexanhydrogenolyse (Pt)	Cyclohexandehydrierung (Pt)
Ethenhydrierung (Ni)	Ethenoxidation zu Ethenoxid (Ag)

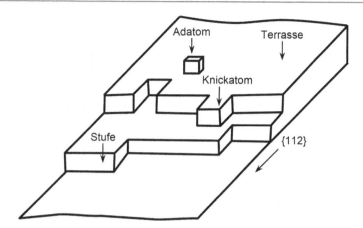

Abb. 8.7 Schematische Darstellung einer Pt-Metalloberfläche nach Somorjai

Mit Hilfe leistungsfähiger oberflächenanalytischer Methoden wie der Beugung langsamer Elektronen – LEED (Kap. 5) gelingt es, an Pt-Einkristallen und bei extrem niedrigen Drücken (10^{-2} Pa) zu zeigen, dass sich die Platinoberfläche als eine terrassenartige, mit Stufen, Knicken und Adatomen versetzte Fläche darstellt, die unterschiedliche katalytische Eigenschaften aufweisen. In Abb. 8.7 sind die Kristallflächen des Pt mit hohen Miller-Indizes {557} und {679} schematisch dargestellt. Sie bestehen aus Terrassen von {111}-Flächen, die durch die monoatomaren Stufen der {001}-Fläche oder durch die monoatomaren Knicke der {013}-Fläche und {112}-Fläche verbunden sind. Gabor A. Somorjai (geb. 1935) konnte bei der Untersuchung der Cyclohexandehyrierung zu Benzen und der Cyclohexanhydrogenolyse zu *n*-Hexan an Platin eindeutig die Oberflächenplätze identifizieren, an denen bevorzugt C-H-, C-C- oder H-H-Bindungen gebrochen werden. Während die hydrogenolytische Spaltung von Kohlenstoff-Kohlenstoff-Bindungen mit ansteigender Dichte der Knickatome steigt, verläuft die dehydrierende Spaltung von Kohlenstoff-Wasserstoff-Bindungen in Übereinstimmung mit den Balandin'schen Vorstellungen auf Terrassen, jedoch nur solange auch Stufenatome vorhanden sind. Offensichtlich katalysieren die Stufenatome die Rekombination der vom Cyclohexan abstrahierten Wasserstoffatome und stellen damit die Voraussetzung für den erfolgreichen Ablauf der Cyclohexandehyrierung dar. Dabei sind die Pt-Knickatome um eine Zehnerpotenz katalytisch aktiver als die Platin-Atome an Stufen. Für beide Metallatomarten ist gemein, dass sie lange frei von Kohlenstoffablagerungen bleiben, da sich hier bildende Kohlenstoffreste leicht wieder hydrierend entfernen lassen.

Die in diesem Abschnitt dargestellten Theorien der heterogenen Katalyse in Kombination mit den modernen Methoden der Oberflächencharakterisierung stellen die sogenannten „sterischen" Faktoren heraus, die einen entscheidenden Einfluss auf die katalytischen Eigenschaften insbesondere von Metall- und Metall/Träger-Katalysatoren ausüben. Diese sind bei der Aufdeckung der Zusammenhänge zwischen den Oberflächenstrukturen und dem Katalysatorverhalten sowie bei der daraus abgeleiteten gezielten Katalysatorpräparation außerordentlich hilfreich. Damit stellen die geometrischen und energetischen Ansätze zweifelsohne eine wichtige und notwendige Voraussetzung zur qualitativen und quantitativen Beschreibung des Ablaufs einer heterogen katalysierten Reaktion dar. Andererseits sind sie durch die „elektronischen" Faktoren, die die Beziehungen zwischen der elektronischen Struktur von Feststoffkatalysatoren und der Reaktivität von chemisorbierten Intermediaten bei Oberflächenreaktionen mitbestimmen, unbedingt zu ergänzen.

8.2 Elektronische Faktoren

Betrachtet man heterogene Katalysatoren als Feststoffe, die im Allgemeinen durch die kollektiven physikalischen und elektronischen Eigenschaften charakterisiert sind, so liegt es nahe anzunehmen, dass neben der Oberflächengröße, -struktur und -gestaltung auch elektronische Effekte die katalytische Wirkung von Feststoffkatalysatoren beeinflussen. Dabei sollte je nach Affinität zwischen einem festen Katalysator und den Reaktionspartnern, die von Prozessbedingungen abhängig ist, ein mehr oder weniger starker Elektronenaustausch zwischen Reaktanden und katalytisch wirksamen Metallen oder Metalloxiden und umgekehrt stattfinden, der die katalytische Aktivität dieser Feststoffe bestimmt. Das setzt nach den Vorstellungen von Fedor F. Volkenshtein (1908–1985) im Rahmen der sogenannten *Elektronentheorie der Katalyse* verschiedene Chemisorptionsformen voraus, die sich durch den Charakter der Bindung zwischen dem adsorbierten Reaktanden (A) und dem Katalysator (K) unterscheiden:

a. eine „schwache" Chemisorption, bei der das adsorbierte Molekül elektrisch neutral bleibt und die Bindung in der Oberfläche bzw. in den oberflächennahen Bereichen des Katalysators ohne die Beteiligung von „wandernden" Elektronen erfolgt ($A \cdots * K$) und
b. eine „starke" Chemisorption, bei der die Elektronenwanderung zwischen dem adsorbierten Molekül und dem Katalysator zur Ausbildung einer Akzeptorbindung ($A^- \cdots * K^+$) oder Donatorbindung ($A^+ \cdots * K^-$) führt.

Diese Chemisorptionsformen, an denen Elektronen bzw. Defektelektronen (Elektronenlücken) des Katalysators beteiligt sind, können je nach Prozessbedingungen ineinander übergehen und sind von der Lage des sogenannten *Fermi-Niveaus* (Enrico Fermi (1901–1954), Nobelpreis für Physik 1938) im Festkörper abhängig, das durch die potenzielle Energie der Elektronen gekennzeichnet ist. Daher kommen bei der theoretischen Betrachtung des Zusammenhanges zwischen dem katalytischen Verhalten und der chemischen Natur heterogener Katalysatoren (Metalle, Metalloxide etc.) die Beziehungen zum Elektronenaufbau eines Festkörpers am deutlichsten zum Ausdruck.

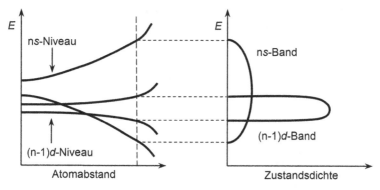

Abb. 8.8 Ausbildung von Energiebändern in einem Übergangsmetall (schematisch)

8.2.1 Elektronentheorie der Katalyse an Metallen

Die Beschreibung der Elektronenstruktur der Metalle kann auf der Grundlage des Energiebändermodells oder der Valenz-Struktur-Theorie erfolgen. Bei Metallen stehen freie Energieniveaus für den Ladungstransport zwischen sich überlappendem Valenz- und Leitungsband zur Verfügung, wobei das Fermi-Niveau in jedem Fall im äußeren noch besetzten Band liegt. Die Ausbildung von Energiebändern in einem Metallkristall vollzieht sich infolge einer quantenmechanischen Wechselwirkung zwischen den einzelnen Atomen, wodurch im Zuge der Kollektivierung von mehreren Atomen zu einem Kristallverband eine Aufspaltung der ursprünglichen diskreten Energieniveaus stattfindet. Dabei unterliegen die jeweils äußersten Terme der stärksten Wechselwirkung, sodass sich mit steigender Energie größere Bandbreiten ergeben. Für die meisten d-Übergangsmetalle, die sowohl bei einer Vielzahl von Hydrierungen als auch Oxidationsreaktionen hervorragende Katalysatoren sind, ergeben sich die in Abb. 8.8 dargestellte Aufspaltung und Überlappung der s- und d-Bänder. Das resultierende d-Band ist wesentlich „schmaler" als das s-Band, weist jedoch wegen der größeren Anzahl von Elektronen pro Atom, die aufgenommen werden müssen, eine deutlich höhere Zustandsdichte auf. Die Überlappung der s- und d-Bänder führt dazu, dass in der Mehrheit der Fälle die Bandbesetzungszahlen im Metallkristall mit der Elektronenkonfiguration der (isolierten) Atome nicht mehr identisch sind.

In Tab. 8.4 sind für eine Reihe von d-Metallen die Elektronenkonfiguration in den isolierten Atomen sowie die betreffenden Bandbesetzungszahlen gegenübergestellt. Bei der Angabe der d-Bandbesetzung muss man beachten, dass die d-Lücken-Werte in der Regel streng nur für die Temperatur am absoluten Nullpunkt gelten, bei der das Fermi-Niveau auf oder in der Nähe der Mitte des halbbesetzten Bandes liegt. Mit steigender Temperatur tritt eine zunehmende Elektronenverschiebung in das s-Band ein.

Tab. 8.4 Elektronenkonfiguration und Bandbesetzung einiger d-Metalle

Metall	Elektronenkonfiguration	Bandbesetzung
Fe	$3d^6 4s^2$	$3d^{7,05} 4s^{0,95}$
Co	$3d^7 4s^2$	$3d^{8,25} 4s^{0,75}$
Ni	$3d^8 4s^2$	$3d^{9,45} 4s^{0,55}$
Pd	$4d^{10}$	$4d^{9,64} 5s^{0,36}$
Pt	$5d^9 6s^1$	$5d^{9,7} 6s^{0,3}$
Cu	$3d^{10} 4s^1$	$3d^{10} 4s^1$
Ag	$4d^{10} 5s^1$	$4d^{10} 5s^1$
Au	$5d^{10} 6s^1$	$5d^{10} 6s^1$

Die Anzahl der Elektronen, die in das teilweise gefüllte d-Band übergehen kann, ist von der Form der Elektronendichteverteilungsfunktion abhängig, die mit Hilfe der Fermi-Dirac-Statistik beschrieben wird. Abbildung 8.9 zeigt im Vergleich eine schematische Darstellung sich überlappender s- und d-Bänder bei Nickel und Kupfer. Die schraffierte Fläche gibt die Auffüllung der Bänder mit Elektronen wieder. Wegen des nur teilweise besetzten d-Bandes bei Nickel liegt hier das Fermi-Niveau im Bereich des s- und d-Bandes, bei Kupfer hingegen oberhalb des vollbesetzten d-Bandes im s-Band der Leitungselektronen. Findet bei der Chemisorption eines Reaktanden eine Elektronenübertragung in das d-Band des katalytisch wirkenden Metalls statt, so bestimmt nicht allein die d-Bandlücke die Stärke und Anzahl der Bindungen zwischen dem adsorbierten Molekül und Metall, sondern auch die Zustandsdichte an der Fermi-Grenze. Beispielsweise ist für die bei Wasserstoffaktivierungsreaktionen vielfach eingesetzten Metalle Ni, Pd und Pt erwiesen, dass das jeweilige d-Band eine deutlich höhere Zustandsdichte an der gemeinsamen Fermi-Grenze aufweist als das nächsthöhere s-Band.

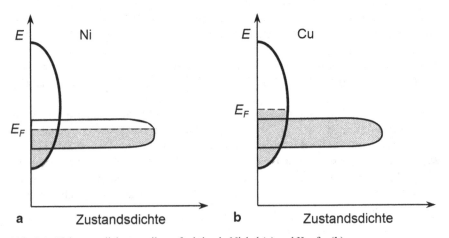

Abb. 8.9 Elektronendichteverteilungsfunktion in Nickel (**a**) und Kupfer (**b**)

Wenn das Chemisorptionsvermögen der d-Metalle in erheblichem Maße vom Grad der Auffüllung des d-Bandes abhängt, kann vermutet werden, dass auch zwischen ihrer katalytischen Aktivität und der d-Bandlücke ein Zusammenhang besteht. In der Tat lässt sich bei der Hydrierung von CO zu Methan an $3d$-Übergangsmetallen eine klare Abhängigkeit der Reaktionsgeschwindigkeit von der d-Bandauffüllung zeigen, wobei die beobachtete Vulkankurve (Kap. 4) mit der maximalen Hydrieraktivität bei Cobalt auf die an diesem Metall existierende, für diese Reaktion optimale d-Bandlücke hinweist. In ähnlicher Weise sollte eine gezielte Variation der Auffüllung des d-Bandes der hydrier-/dehydrieraktiven Übergangsmetalle aus der VIII. Gruppe des PSE (z. B. Ni, Pd, Pt) durch verschiedene „elektronenreiche" Zusätze oder das Zulegieren der Metalle mit vollständig besetztem d-Band der Gruppe IB des PSE (Cu, Ag, Au) zur Veränderung der katalytischen Aktivität der Grundmetalle führen. Die Legierungen von Metallen beider Gruppen kristallieren in gewissen Zusammensetzungsbereichen als feste Lösungen mit gleich bleibendem Kristallgitter, wobei ihre Komponenten gemeinsame Elektronenbänder ausbilden. In solchen Legierungen sollte es demnach gemäß dem Bändermodell des metallischen Zustandes zu der Auffüllung des d-Bandes der Übergangsmetalle in dem Maße kommen, wie die Metalle der Gruppe IB in den Legierungen enthalten sind. Im Idealfall wäre zu erwarten, dass sich mit steigendem prozentualem Anteil von Cu, Ag, Au die d-Bandlücke des Grundmetalls und seine katalytische Wirksamkeit sukzessive verringern würden. Beim Erreichen einer kritischen Konzentration des Metalls der Gruppe IB, bei der das d-Band vollständig besetzt ist, sollte dann eine sprunghafte Abnahme der katalytischen Aktivität und Erhöhung der Aktivierungsenergie in Reaktionen zu beobachten sein, an denen Wasserstoff und Kohlenwasserstoffe beteiligt sind.

Am Beispiel des Ni-Cu-Systems kann man demonstrieren, bei welchem atomaren Cu-Anteil in der Legierung die vollständige Auffüllung des d-Bandes von Nickel mit Valenzelektronen des Kupfers erreicht ist. Geht man beispielsweise von einem Ni-Anteil in der Legierung von x aus und berücksichtigt man, dass ein Nickelatom 0,55 Lücken im d-Band enthält, so ergibt sich eine Gesamtzahl von d-Bandlücken zu $0,55x$. Der Cu-Anteil beträgt $(100-x)$, woraus sich die Anzahl an s-Elektronen von $(100-x) \cdot 1$ ergibt. Aus der Gleichung $0,55x = (100-x) \cdot 1$ errechnet sich die in der Legierung maximal notwendige Konzentration des Kupfers von ca. 35 Atom-%, bei der eine vollständige Auffüllung des d-Bandes von Nickel erreichbar ist. D. h., Nickel-Kupfer-Legierungen ab einer Zusammensetzung von Ni(65)-Cu(35) sollten entsprechend dem Elektronenbändermodell keine d-Bandlücken mehr aufweisen und in Reaktionen, die mit der H-H-, C-H- oder C-C-Bindungsaktivierung verlaufen, völlig inaktiv sein, was jedoch nicht der Fall ist. Der wesentliche Grund liegt einerseits darin, dass es zwischen der Zusammensetzung in der Volumenphase und an der Oberfläche von Legierungskristalliten deutliche Unterschiede gibt. So zeigen Ni-Cu-Legierungen bereits bei geringen Cu-Zugaben eine stark verminderte H_2-Chemisorptionskapazität, die auf die Anreicherung von Kupfer an der Oberfläche zurückgeführt wird. Andererseits kann das zugesetzte Kupfer in der Ni-Cu-Legierung einen „Ensembleeffekt" ausüben, wenn für die katalytische Wirkung aktive Zentren verantwortlich sind, die aus bestimmten Atomgruppierungen bestehen (Abschn. 8.1).

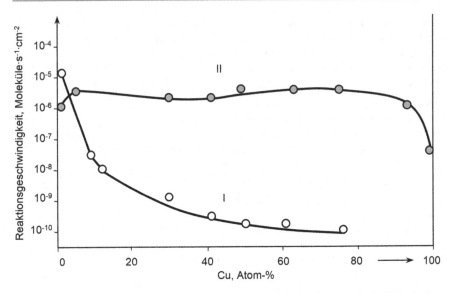

Abb. 8.10 Spezifische katalytische Aktivität homogener Ni-Cu-Legierungen in der Ethanhydrogenolyse (*I*) und Cyclohexandehydrierung (*II*) bei 589 K

John H. Sinfelt (1931–2011) untersuchte die Wirkungsweise des Ni-Cu-Systems unterschiedlicher Zusammensetzung in der Dehydrierung von Cyclohexan ($C_6H_{12} \rightarrow C_6H_6 + 3H_2$) und der Hydrogenolyse von Ethan ($C_2H_6 + H_2 \rightarrow 2CH_4$). Das Ergebnis dieser Modelluntersuchungen ist der Abb. 8.10 zu entnehmen. Daraus ist ersichtlich, dass bereits geringe Cu-Zusätze zu Nickel zu einer deutlichen Verminderung der Reaktionsgeschwindigkeit in der Ethanhydrogenolyse führen, wohingegen sich die Geschwindigkeit der Cyclohexandehydrierung im weiten Bereich der Legierungszusammensetzung nur wenig ändert. Offenbar setzt die Hydrogenolysereaktion als strukturempfindliche Reaktion (Abschn. 8.1) die Ausbildung von Bindungen der C-Atome des Ethans zu einem Ni-Cluster, bestehend aus mindestens zwei benachbarten Ni-Atomen, voraus. Die Wahrscheinlichkeit der Bildung eines solchen „Ensembles" nimmt durch die Cu-Zugabe drastisch ab. Dagegen erfordert die Dehydrierung von Cyclohexan als strukturunempfindliche Reaktion keine spezielle Atomgruppierung und -anordnung, sondern einzelne Oberflächen-Metallatome, sodass die Reaktionsgeschwindigkeit trotz steigender Cu-Zugabe zunächst nahezu unverändert bleibt. Sie fällt erst bei hohen Cu-Konzentrationen stark ab. Das bedeutet, dass für die Deutung von experimentell beobachteten katalytischen Aktivitäten und Selektivitäten metallischer Katalysatoren in jedem Fall sowohl kollektive als auch lokale Wechselwirkungen zwischen Reaktanden und Katalysatoroberflächen zu berücksichtigen sind.

Linus Pauling (1901–1994, Nobelpreis für Chemie 1954, Friedensnobelpreis 1963) entwickelte auf der Grundlage der Valenz-Struktur-Theorie Vorstellungen über den elektronischen Aufbau von Metallen, nach denen sämtliche Elektronen, insbesondere aber diejenigen des *d*-Bandes, an Bindungen zwischen verschiedenen

Atomen im Metallkristall beteiligt sind. Dabei lassen sich nach der Pauling'schen Elektronentheorie der Metalle drei Typen von d-Bindungsorbitalen unterscheiden: a) *bindende* d-Orbitale, die an (kovalenten) *dsp*-Hybridbindungen teilhaben, b) *metallische* d-Orbitale und c) *nichtbindende* d-Atomorbitale. Bei einem Metall handelt es sich im Wesentlichen um eine Resonanzstruktur zwischen den einzelnen Grenzformen, wobei man bei der Beschreibung von Metalleigenschaften die energetisch stabilsten *dsp*-Hybridorbitale berücksichtigt. Beispielsweise liegen für Nickel nach Pauling folgende beiden Resonanzzustände Ni(A) und Ni(B) vor:

$$
\begin{array}{cccc}
 & 3d & 4s\ 4p & \\
\mathrm{Ni}(A) & |{\uparrow\downarrow}\ \ {\uparrow\uparrow}\ {\cdot\cdot} & |\cdot|{\cdot\cdot\cdot}| & d^2sp^3 \\
\mathrm{Ni}(B) & |{\uparrow\downarrow}\ \ {\uparrow\downarrow}\ {\cdot\cdot\cdot} & |\cdot|{\cdot\cdot\circ}| & d^3sp^2
\end{array}
$$

mit $\uparrow\downarrow$ – nichtbindende Elektronen in einem Atomorbital, ($\cdot$) – Bindungselektronen und ($\circ$) – metallisches freies Orbital.

Aus dem magnetischen Moment für Nickel von 0,6 Am², das durch die ungepaarten Elektronen der d-Atomorbitale bedingt ist, leitet sich das relative Gewicht der Resonanzzustände Ni(A) und Ni(B) im Metallkristall mit 30 : 70 ab. D. h., pro 100 Nickelatome im Kristallverbund liefern 30 Ni(A)-Atome 60 Elektronen mit ungepaartem Spin, wohingegen 70 Ni(B)-Atome kein einziges ungepaartes Elektron besitzen. Daraus lässt sich der prozentuale Anteil der d-Elektronen an der Bildung der *dsp*-Hybridorbitale in Übergangsmetallen berechnen, der als „*%d-Charakter*" (δ) der metallischen Bindung pro Metallatom definiert wird:

$$
\delta = \frac{\text{Anzahl der } d\text{-Bindungselektronen}}{\text{Bindungselektronen} + \text{metallische Orbitale}} \cdot 100\%.
$$

Im Fall von Nickel entfallen in der Resonanzform Ni(A) zwei d-Elektronen auf sechs bindende Orbitale, in der Resonanzform Ni(B) verteilen sich drei d-Elektronen auf sieben Orbitale. Damit ergibt sich für den „*%d-Charakter*" des Nickels:

$$
\delta = \left[\left(\frac{30}{100}\right)\left(\frac{2}{6}\right) + \left(\frac{70}{100}\right)\left(\frac{3}{7}\right)\right] \cdot 100\% = 40\%
$$

In Tab. 8.5 ist das Ausmaß der Beteiligung von d-Elektronen in den *dsp*-Hybridorbitalen für Übergangsmetalle der 1., 2. und 3. Periode des PSE angegeben. Der sich andeutende Zusammenhang zwischen δ und Metall-Atomradien weist darauf hin, dass der elektronische Faktor bei den Metallkatalysatoren offenbar eng mit dem geometrischen und energetischen Faktor verbunden ist. Je größer der „*%d-Charakter*" eines gegebenen Metalls ist, desto kleiner ist der Anteil der freien d-Atomorbitale, die im Energiebändermodell den Elektronenlücken im d-Band entsprechen.

Tab. 8.5 „%d-Charakter" (δ in %) und Atomradien (r_0 in nm) von Übergangsmetallen

Elemente der 1. Periode	Sc 20	Ti 27	V 35	Cr 39	Mn 40,1	Fe 39,7	Co 39,5	Ni 40
δ/r_0	0,1606	0,1448	0,1311	0,1249	0,1367	0,1241	0,1253	0,1246
Elemente der 2. Periode	Y 19	Zr 31	Nb 39	Mo 43	Tc 46	Ru 50	Rh 50	Pd 46
δ/r_0	0,1776	0,1590	0,1429	0,1363	0,1352	0,1325	0,1345	0,1376
Elemente der 3. Periode	La 19	Hf 29	Ta 39	W 43	Re 46	Os 49	Ir 49	Pt 44
δ/r_0	0,1870	0,1564	0,1430	0,137	0,1371	0,1338	0,1357	0,1373

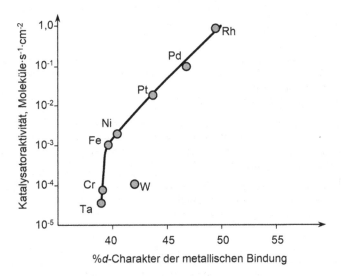

Abb. 8.11 Katalytische Aktivität einiger Übergangsmetalle in der Ethenhydrierung in Abhängigkeit vom „%d-Charakter" der Metallbindung

Das wiederum lässt eine Korrelation zwischen δ und der katalytischen Aktivität dieser Metalle erwarten, was tatsächlich für die Hydrierung von Ethen, insbesondere für die Metalle der VIII. Nebengruppe des PSE beobachtet wurde (Abb. 8.11). Man muss jedoch betonen, dass dieser Zusammenhang den möglichen Einfluss verschiedener Kristallflächen wie auch der Metalldispersität auf die katalytische Wirksamkeit nicht berücksichtigt.

8.2.2 Elektronentheorie der Katalyse an Halbleitern

Die katalytische Wirkung vieler Metalloxide und -sulfide mit Halbleiter-Eigenschaften lässt sich häufig mit ihren elektronischen Eigenschaften in Verbindung bringen. Im Gegensatz zu den Metallen, bei denen sich das Valenz- und das Leitungsband gemäß Energiebändermodell überlagern, existiert in den Halbleitern zwischen beiden Bändern eine sogenannte „verbotene Zone". Innerhalb dieser Zone liegt das Fermi-Niveau, das – anders als bei Metallen – gleichbedeutend mit dem elektrochemischen Potenzial der Elektronen und Defektelektronen (Elektronenlücken) ist. Bei den Halbleitern unterscheidet man zwischen den Eigen-Halbleitern und den n- und p-Halbleitern. Die Letzteren, besonders in Form von nichtstöchiometrischen Verbindungen, die durch Dotierung mit Fremdatomen erhalten werden, spielen in der heterogenen Katalyse eine wesentliche Rolle. Daher sind zum besseren Verständnis der Wirkungsweise von Halbleiter-Katalysatoren neben der Betrachtung ihrer chemischen Zusammensetzung, Kristallstruktur und Oberflächenbeschaffenheit, auch die Untersuchung ihrer Elektronenstruktur anhand des Energiebändermodells sehr hilfreich.

Die Halbleiter sind dadurch charakterisiert, dass sie ihre Leitfähigkeit erst beim Erwärmen oder Belichten des Festkörpers erhalten. Sie lässt sich durch Dotierungen eines Halbleiter-Kristallgitters mit Fremdatomen erheblich steigern. Bei Dotierungen mit Fremdatomen, die Elektronendonatoren sind, sorgen vorwiegend die Elektronen im Leitungsband für die elektrische Leitfähigkeit (Elektronen- oder n-Leitung, → n=negativ). Baut man in das Kristallgitter Elektronenakzeptoren ein, so entstehen im Valenzband beim Übertritt der Elektronen in das Akzeptorniveau Defektelektronen (Löcher), die für die reine Löcher- bzw. p-Leitung (→ p=positiv) verantwortlich sind. Das Fermi-Niveau (E_F) liegt im Falle eines n-Typ-Halbleiters (Abb. 8.12a) zwischen dem Donatorniveau und dem Leitungsband, wohingegen es sich in einem p-Typ-Halbleiter (Abb. 8.12b) zwischen dem Valenzband und dem Akzeptorniveau befindet. Das Fermi-Niveau repräsentiert die elektronischen Eigenschaften des jeweiligen Halbleiters (Elektronenaustrittsarbeit (φ_A), elektrische Leitfähigkeit), die für die Stärke und das Ausmaß der Chemisorption und für die katalytische Wirksamkeit nichtstöchiometrischer Halbleiteroxide oder -sulfide mitbestimmend sind, und sich relativ einfach experimentell bestimmen lassen. Die

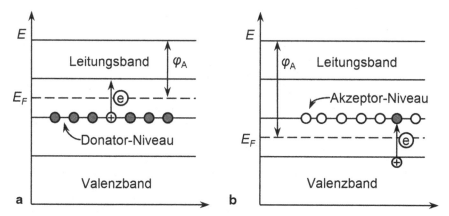

Abb. 8.12 Schematische Darstellung der Lage des Fermi-Niveaus im (**a**) n-Typ- und (**b**) p-Typ-Halbleiter-Katalysator

Bestimmung von Ladungsträgerdichten und folglich des Halbleitertyps gelingt durch Messen der sogenannten *Hall-Konstanten* (Edwin H. Hall (1855–1938)). Zudem ist es möglich, durch eine zusätzliche Messung der elektrischen Leitfähigkeit die Beweglichkeit der Ladungsträger im Festkörper zu ermitteln.

Entsprechend diesem Modell kann man die Geschwindigkeit einer Reaktion in Gegenwart von Halbleiter-Katalysatoren unmittelbar mit der Lage des Fermi-Niveaus verknüpfen. Bei einer Verschiebung des Fermi-Niveaus vom Valenzband hin zum Leitungsband kann die katalytische Aktivität je nach Art des Katalysators zunehmen, abnehmen oder sie durchläuft ein Maximum. Eine direkte Korrelation beispielsweise zwischen φ_A und katalytischer Aktivität wird man jedoch nur an Katalysatoren erwarten, die sich in ihrer Natur nicht unterscheiden. Im einfachsten Fall lässt sich das Fermi-Niveau durch Dotierung eines idealen Halbleiter-Kristallgitters mit anderswertigen Ionen oder durch andere Arten von Gitterstörungen verschieben. Das sei am Beispiel eines n-Typ-Halbleiters ZnO und eines p-Typ-Halbleiters NiO kurz erläutert.

Die Elektronenleitung von ZnO führt man auf das Vorhandensein überschüssiger (nichtstöchiometrischer) Zinkatome auf Zwischengitterplätzen zurück. Aufgrund der formellen Zusammensetzung von $Zn_{(>1)}O$ kommt es zur Entstehung von Zn^+-Ionen (mit lokalisierten quasifreien Elektronen) im Kristallgitter und Übertragung der Elektronen von Zn^+-Ionen auf Zn^{2+}-Ionen. Der Einbau von einwertigen Elementen (z. B. Li^+- oder Na^+-Ionen) in das ZnO-Gitter verringert die Konzentration von Zn^+-Ionen und in der Folge auch die elektrische Leitfähigkeit. Im Gegensatz dazu nimmt die Anzahl von Donatorzentren im ZnO-Gitter bei einer Dotierung mit dreiwertigen Elementen (z. B. Al^{3+}- oder Ga^{3+}-Ionen) zu, wodurch sich die elektrische Leitfähigkeit erhöht und das Fermi-Niveau in Richtung Leitungsband verschiebt.

Im Falle von NiO ist die Löcherleitung durch überschüssige Sauerstoffatome bedingt. Das hat zur Folge, dass sich ein Teil der Ni^{2+}-Ionen des Kristallgitters in der nichtstöchiometrischen Verbindung mit der formellen Zusammensetzung $Ni_{(<1)}O$ zur Aufrechterhaltung der Elektroneutralität in die Ni^{3+}-Ionen verwandelt. Letztere verursachen im Gitter die Entstehung positiver Löcher, deren Beweglichkeit für die beobachtete Leitfähigkeit verantwortlich ist. Eine Erhöhung der Konzentration der überschüssigen O^{2-}-Ionen und damit der Anzahl der Defektelektronen erreicht man, indem man Ni^{2+}-Ionen im Gitter durch einwertige Elemente ersetzt. Infolge dessen erhöht sich die elektrische Leitfähigkeit, die mit einer Verschiebung des Fermi-Niveaus in Richtung Valenzband einhergeht. Eine Dotierung mit dreiwertigen Elementen (z. B. Fe^{3+}- oder Cr^{3+}-Ionen) führt zum entgegengesetzten Effekt, da hierbei Ni^{3+}-Ionen in Ni^{2+}-Ionen übergehen. Folgt man diesem Modell, so sollten Dotierungen mit zweiwertigen Elementen (z. B. Zn^{2+}- oder Mg^{2+}-Ionen) keinen signifikanten Einfluss auf die elektrische Leitfähigkeit von NiO haben.

Im Allgemeinen sollte durch die Lage des Fermi-Niveaus in einem Halbleiter-Katalysator die Chemisorption eines Reaktanden in der Oberfläche und somit die Wirksamkeit des Katalysators in Abhängigkeit von seinen Elektronendonator- oder Elektronenakzeptoreigenschaften beeinflussbar sein. Tatsächlich konnten Georg-Maria Schwab (1899–1984) und Karl Hauffe (1913–1998) in einer Reihe von

Tab. 8.6 Vergleich der katalytischen Aktivität von NiO und ZnO in der CO-Oxidation anhand der scheinbaren Aktivierungsenergie in kJ mol^{-1}

Katalysator	NiO	ZnO
undotiert	63	118
dotiert mit Li$_2$O	50	134
dotiert mit Cr$_2$O$_3$	80	–
dotiert mit Ga$_2$O$_3$	–	84

Untersuchungen am Beispiel verschiedener Halbleiter-Katalysatoren bei Modellreaktionen, wie die Oxidation von CO oder der Zerfall von N$_2$O, nachweisen, dass die Überschuss- bzw. Defektelektronen bei der Aktivierung des Reaktanden eine ganz wesentliche Rolle spielen.

So fungiert der Sauerstoff bei der CO-Oxidation am ZnO (n-Typ-Halbleiter) als Akzeptor, wohingegen die Donatorfunktion in Gegenwart von NiO (p-Typ-Halbleiter) das CO-Molekül übernimmt. Das bedeutet, dass im Falle von ZnO der geschwindigkeitsbestimmende Schritt der Reaktion vornehmlich mit der Übertragung der Elektronendichte aus dem Leitungsband auf den Sauerstoff und bei NiO mit einer entsprechenden Übertragung der Elektronendichte von CO in das Leitungsband des Katalysators verbunden ist. Dementsprechend findet man auch, dass in der CO-Oxidation das p-Typ-Halbleiteroxid NiO eine höhere katalytische Wirksamkeit im Vergleich zum n-Typ-Halbleiteroxid ZnO aufweist (Tab. 8.6). Mehr noch, die scheinbare Aktivierungsenergie der NiO-katalysierten CO-Oxidation kann weiter gesenkt werden, indem man die Anzahl der Defektelektronen im NiO durch den Einbau von Li$_2$O erhöht. Umgekehrt, wirkt sich eine solche p-Dotierung des ZnO auf die CO-Oxidation negativ aus, während eine n-Dotierung z. B. mit Ga$_2$O$_3$ zu einer Abnahme der scheinbaren Aktivierungsenergie führt.

Eine gute Korrelation zwischen der elektronischen Struktur einer Reihe von Halbleiter-Metalloxiden und deren katalytischen Eigenschaften stellt man auch beim N$_2$O-Zerfall fest. Dabei geht man davon aus, dass die Reaktion in folgenden Teilschritten abläuft:

1. $N_2O_{gas} + e^-_{kat} \rightarrow N_{2,gas} + O^-_{ads}$
2. $O^-_{ads} + N_2O_{gas} \rightarrow N_{2,gas} + O_{2,gas} + e^-_{kat}$

Der geschwindigkeitsbestimmende Teilschritt der Reaktion ist die Desorption des Sauerstoffs, verbunden mit der Elektronenaufnahme durch den Katalysator. Die Wahrscheinlichkeit des Elektronentransfers ist dann am höchsten, wenn das Fermi-Niveau der Oberfläche niedriger als das Ionisierungspotenzial der O$^-_{ads}$-Spezies ist. Dementsprechend sollten sich für den N$_2$O-Zerfall die Metalloxide als Katalysatoren am besten eignen, die zu der Gruppe der p-Typ-Halbleiter zuzuordnen sind. Abbildung 8.13 zeigt die Aktivitätsfolge unterschiedlicher p- und n-Halbleiter-Metalloxide sowie Isolatoren beim N$_2$O-Zerfall, angeordnet nach steigender Temperatur des Zersetzungsbeginns. Erwartungsgemäß zeichnen sich die p-Halbleiter-Metalloxide wie Cu$_2$O, CoO oder NiO durch die höchste katalytische Aktivität aus,

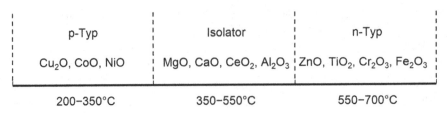

200–350°C   350–550°C   550–700°C

Abb. 8.13 Relative Aktivitätsabfolge von Metalloxiden mit steigender Temperatur, gemessen am Beginn der N_2O-Zersetzung

wohingegen die n-Halbleiter-Metalloxide wie ZnO, Cr_2O_3 oder Fe_2O_3 die niedrigste Aktivität zeigen. Die nichtleitenden Metalloxide nehmen darin eine Zwischenstellung ein. Im Einklang mit dem betrachteten Reaktionsmechanismus steht der experimentelle Befund, dass beispielsweise eine Dotierung von ZnO mit Li_2O zu einer deutlichen Aktivitätssteigerung in dieser Reaktion führt.

Die letztgenannten Modifizierungen an Halbleiter-Katalysatoren suggerieren, dass beliebige artverwandte Manipulationen, wenn sie nur zu einer gezielten Änderung der elektronischen Eigenschaften des Festkörpers führen, in gewünschtem Maße einen großen Einfluss auf seine katalytische Wirksamkeit ausüben müssen. Diese Annahme entspricht jedoch nicht immer der beobachteten Praxis. Häufig verwendet man „Dotierzusätze" in so großen Mengen, dass diese eine eigene Phase bilden bzw. gänzlich andere Adsorptionszentren generieren können. Aufgrund der Fülle an möglichen Defektstrukturen in einem solchen heterogenen Feststoffsystem, das außerdem vielfältige Änderungen während der Adsorption und Katalyse erfahren kann, ist es außerordentlich schwierig, die quantitativen Zusammenhänge zwischen den elektronischen und Adsorptionseigenschaften sowie der katalytischen Wirkung von halbleitenden Metalloxiden aufzufinden.

8.3 Das Prinzip der lokalen Wechselwirkungen

Die bisher dargestellten Theorien der heterogenen Katalyse, insbesondere die Elektronentheorie der Katalyse an Halbleitern, basieren vornehmlich auf den kollektiven Eigenschaften der Festkörper. In den meisten Fällen unterscheiden sich jedoch ideale und reale Oberflächen von heterogenen Katalysatoren trotz einer scheinbar gleichen chemischen Zusammensetzung so stark voneinander, dass die auf der Grundlage der Elektronentheorie abgeleiteten, sicher geglaubten Gesetzmäßigkeiten oft in gewissem Widerspruch zu einer Reihe experimenteller Befunde stehen. Gesichert sind hingegen in vielen Fällen Reaktionsmechanismen, die sich im Laufe der Zeit in Anlehnung an die modernen bindungstheoretischen Vorstellungen im Bereich der homogenen Katalyse und Koordinationschemie entwickelten. Daher ist es bei einer so komplexen chemischen Erscheinung wie der heterogenen Katalyse erforderlich, neben den kollektiven Eigenschaften der Festkörper auch den Einfluss der lokalen Wechselwirkungen im Katalyseprozess, d. h. die spezifische Wirkung einzelner Oberflächenatome, zu betrachten.

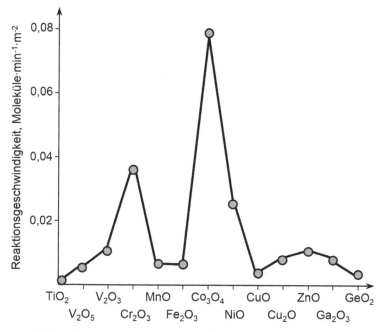

Abb. 8.14 Abfolge der katalytischen Aktivität von Übergangsmetalloxiden der 4. Periode beim H_2-D_2-Austausch

Die Natur der lokalen Wechselwirkungen ist unmittelbar verbunden mit der Elektronenstruktur der einzelnen (isolierten) Atome, Ionen oder molekularen Komplexe in der Oberfläche eines heterogenen Katalysators. Schon frühzeitig stellte man für einfache Reaktionen wie den H_2-D_2-Austausch, die Oxidation von H_2, CO und einfachen Kohlenwasserstoffen sowie die Hydrierung von kurzkettigen Olefinen fest, dass in der Reihe der Metalloxide der 4. Periode des PSE eine Doppelpeak-Abhängigkeit der Katalysatoraktivität von der elektronischen Struktur der einzelnen Ionen existiert (Abb. 8.14). Die niedrigste katalytische Wirkung zeigen Oxide am Beginn der Periode (TiO_2 und V_2O_5, d^0-Elektronenkonfiguration), in der Mitte der Periode (MnO und Fe_2O_3, d^5-Elektronenkonfiguration) und am Ende der Periode (Cu_2O und ZnO, d^{10}-Elektronenkonfiguration). Die maximale katalytische Wirkung entfalten Ionen mit der Elektronenkonfiguration d^3 und d^7–d^8 (Cr_2O_3 und Co_3O_4).

Die beobachtete Abfolge der katalytischen Aktivität stimmt mit der Veränderung der *Kristallfeldstabilisierungsenergie* (KFSE) überein, die für die Konfigurationen d^0, d^5, d^{10} die niedrigsten Werte und für d^3 bzw. d^7–d^8 die höchsten Werte einnimmt. Wie man der Tab. 8.7 entnehmen kann, findet im Falle eines schwachen Ligandenfeldes eine Kristallfeldstabilisierung von d-Elektronen bei allen Übergangsmetall-Ionen statt, außer bei Ionen mit der Konfiguration d^0 (Ti^{4+}, V^{5+}), d^5 (Mn^{2+}, Fe^{3+}) und d^{10} (Cu^+, Zn^{2+}). Da die KFSE durch die Elektronenstruktur der einzelnen Ionen im Komplex bestimmt ist, spielen die lokalen Wechselwirkungen solcher Ionen in der Oberfläche eines heterogenen Katalysators die entscheidende

Tab. 8.7 Kristallfeldstabilisierungsenergien von $3d$-Elektronen (in $D_q = 10{,}9\ \mathrm{kJ\ mol^{-1}}$) im schwachen Ligandenfeld

Elektronen-konfiguration	Trigonal, D_{3h}	Tetraedrisch, T_d	Quadratisch planar, D_{4h}	Quadratisch pyramidal, C_{4v}	Oktaedrisch, O_h
d^0	0	0	0	0	0
d^1	3,86	2,67	5,14	4,57	4,0
d^2	7,72	5,34	10,28	9,14	8,0
d^3	10,92	3,56	14,56	10,00	12,0
d^4	5,46	1,78	12,28	9,14	6,0
d^5	0	0	0	0	0
d^6	3,86	2,67	5,14	4,57	4,0
d^7	7,72	5,34	10,28	9,14	8,0
d^8	10,92	3,56	14,56	10,00	12,0
d^9	5,46	1,78	12,28	9,14	6,0
d^{10}	0	0	0	0	0

Rolle, wohingegen kollektive Eigenschaften des Feststoffes von untergeordneter Bedeutung sind. Bei der Chemisorption eines Reaktanden an einem Übergangsmetall-Ion in der Katalysatoroberfläche fungiert das adsorbierte Molekül in Analogie zur Komplexbildung als ein Ligand. Weitere Liganden stellen die Ionen des Kristallgitters dar. Dabei erhöhen sich die Koordinationszahl und folglich die KFSE. Aus Tab. 8.7 ist ersichtlich, dass eine oktaedrische Koordination im Vergleich z. B. zur tetraedrischen Koordination einem höheren KFSE-Wert entspricht. In Übereinstimmung damit findet man beispielsweise bei einer Chemisorption von Sauerstoff an verschiedenen kristallografischen Flächen von NiO einen Übergang der an der Oberfläche unvollständig koordinierten Ni^{2+}-Ionen in die oktaedrische Koordination. Betrachtet man die Ionen des Kristallgitters und die Sauerstoffatome nicht nur als Punktladungen, sondern als Liganden mit eigenen Atom- und Molekülorbitalen, gelingt es, die Eigenschaften eines Metalls bei der Adsorption und Katalyse im Rahmen der *Ligandenfeldtheorie* (sogenannte „erweiterte Kristallfeldtheorie") gleichzeitig mit seinen geometrischen und elektronischen Gegebenheiten zu korrelieren.

Unabhängig von der Betrachtungsweise ist es mit diesem theoretischen Ansatz der lokalen (koordinativen) Wechselwirkung in der Oberfläche eines Feststoff-Katalysators erwiesenermaßen möglich, die häufig beobachteten Analogien der katalytischen Wirkung zwischen den Metallkatalysatoren, Metalloxid- sowie Metallsulfidkatalysatoren und solvatisierten Übergangsmetall-Ionen in einer Lösung zu erklären. Beispielsweise erfolgt die Bindung des Olefins an ein Übergangsmetall-Atom sowohl in der homogenen wie auch in der heterogenen Katalyse in analoger Weise, und zwar durch Übertragen von Elektronen aus besetzten π-Orbitalen des Olefins als Ligand oder Reaktand in ein unbesetztes d-Orbital des Metallatoms und Rückbindung von Elektronen aus besetzten d-Orbitalen in antibindende π-Orbitale

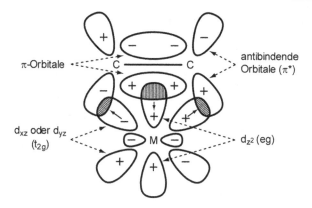

π-Orbitale

antibindende
Orbitale (π*)

d_{xz} oder d_{yz}
(t_{2g})

d_{z^2} (eg)

Abb. 8.15 Molekülorbitalzustände der Metall-Olefin-Bindung

des Olefins (Abb. 8.15). Diese Rückbindung führt zur Verstärkung der Metall-Olefin-Bindung, zugleich aber zur Schwächung und somit zur Erhöhung der Reaktivität der olefinischen Doppelbindung. Die IR-spektroskopisch beobachtete Übereinstimmung der charakteristischen (C=C)-Streckfrequenz nach der Chemisorption von Ethen an isolierten Pd-Atomen (bei $1.502\ cm^{-1}$) bzw. an Pd/SiO$_2$ (bei $1.510\ cm^{-1}$) mit der Lage der entsprechenden IR-Schwingung für den Palladium-Komplex [Pd(C$_2$H$_4$)Cl$_2$]$_2$ (bei $1.527\ cm^{-1}$) ist ein Beleg dafür, dass in allen Fällen Ethen an ein einzelnes Pd-Atom π-gebunden ist. Eine leichte Verschiebung der Bandenlage zu kleineren Wellenzahlen deutet auf eine stärkere Rückbindung im Falle des am isolierten Pd-Atom als π-Komplex gebundenen Ethens hin.

Diese und ähnliche Argumente für existierende Analogien hinsichtlich lokaler Wechselwirkungen an heterogenen Feststoffoberflächen und Metall-Ligand-Wechselwirkungen in Metall-Komplexen bilden die Voraussetzung für ein rationales Vorgehen bei der Entwicklung neuer heterogener Katalysatoren. Wie John M. Thomas (geb. 1932) in jüngster Zeit an vielen Beispielen zeigen konnte, lassen sich verschiedenartige molekulare Fragmente in Feststoffoberflächen herstellen, die isolierte, katalytisch aktive Einzelatomzentren enthalten. Bei diesen sogenannten *Single-Site-Katalysatoren* sind die erzeugten Oberflächenzentren aufgrund ihrer spezifischen Eigenschaften klar voneinander zu unterscheiden. Diese Zentrenarten können sein:

1. Einzelne Metallatome (oder kleine Metallcluster von einheitlicher Größe zwischen 0,5 und 0,8 nm), verankert an einem Strukturdefekt eines oxidischen Trägers;
2. Übergangsmetall-Ionen auf oxidischen Trägern mit einer großen spezifischen Oberfläche und
3. Auf Silicium- oder Aluminiumoxidoberflächen fixierte (isolierte) metallorganische Komplexe. Auf diese Weise hergestellte Katalysatoren lassen sich in ihrer Leistung direkt mit homogenen Katalysatoren vergleichen.

Das Prinzip der lokalen Wechselwirkungen auf der Grundlage der Kristall- und Ligandenfeldtheorie hat in den zurückliegenden Jahren wesentlich zum tieferen Verständnis der Wirkungsweise von Feststoff-Katalysatoren beigetragen. Dennoch bleibt seine Anwendung nicht unwidersprochen, da die Elektronenbesetzung von d-Orbitalen eines Oberflächen-Metallatoms von der Besetzung im Volumen, abhängig von der Kristallitgröße, wesentlich abweichen kann. Das Verhältnis lokaler und kollektiver Wechselwirkungen in der heterogenen Katalyse kann daher nur im Einklang mit den experimentellen und theoretischen Untersuchungen erfolgen, bei denen stets ein streng definierter elektronischer Zustand des katalytisch aktiven Zentrums vor dem Hintergrund der kollektiven Eigenschaften des Kristalls zu betrachten ist.

Katalyse an Metallen und Metalloxiden in Hydrierreaktionen

9

9.1 Aktivierung des Wasserstoffs und der Kohlenwasserstoffe

Der Ablauf einer heterogen katalysierten Reaktion setzt die Chemisorption und die damit verbundene Aktivierung mindestens eines Reaktanden an der Katalysatoroberfläche voraus. Den größten Beitrag zur Chemisorptionswärme liefert die Energie der lokalen Wechselwirkung zwischen dem reagierenden Molekül und den katalytisch aktiven Oberflächenzentren. Dieser Effekt tritt besonders stark bei hochdispersen Metallen mit einer durchschnittlichen Metallpartikelgröße von 1 bis 3 nm in den Vordergrund, die einen hohen Anteil an Oberflächenatomen mit einer niedrigen Koordinationszahl enthalten. Bei einer Metallpartikelgröße im Bereich zwischen 6 und 50 nm gehen die besonderen Eigenschaften der hochdispersen Teilchen zum Teil verloren. Aus der Messung der an Metallen chemisorbierten Gasmengen (z. B. Wasserstoff, Sauerstoff, CO) lassen sich für die Metallpulver spezifische Oberflächengrößen von 1–20 m^2 g^{-1}, für Metallkomponenten in Metall/Träger-Katalysatoren von bis zu 50 m^2 g^{-1} und für stabilisierte Metallnanoschichten Werte bis zu 100 m^2 g^{-1} bestimmen.

Die meisten Metalle, die als Katalysatoren bei Hydrier-/Dehydrierreaktionen Verwendung finden, kristallisieren in den dichtest gepackten Strukturen mit der größten Flächendichte der Oberflächenatome, d. h. in der kubisch-flächenzentrierten Gitterstruktur von Pt bis Ni oder in der hexagonal dichtesten Packung von Re bis Ru. In einem kubisch-flächenzentrierten Gitter besitzt jedes Volumenatom die Koordinationszahl 12 und tritt in Wechselwirkung mit zwölf nächsten Nachbarn an den Ecken eines Dodekaeders. Für die Chemisorptionsfähigkeit eines Metalls ist die Zahl der Koordinationslücken entscheidend, die als Differenz zwischen dieser maximalen Koordinationszahl der Volumenatome und der Koordinationszahl des betreffenden Oberflächenatoms definiert ist. Tritt ein Atom gerade noch an der Oberfläche in Erscheinung, weist es eine Koordinationslücke auf, sehr exponierte Oberflächenatome können dagegen über 5 oder gar 6 Koordinationslücken verfügen. Eine Gitterebene bietet insbesondere für kleine Moleküle wie Wasserstoff

© Springer-Verlag Berlin Heidelberg 2015
W. Reschetilowski, *Einführung in die Heterogene Katalyse*,
DOI 10.1007/978-3-662-46984-2_9

umso mehr Möglichkeiten zur Chemisorption, je größer die Zahl der Koordinationslücken pro Oberflächeneinheit ist. Die Wahrscheinlichkeit einer verstärkten Chemisorption von größeren Molekülen wie Kohlenwasserstoffe nimmt erst mit steigender Dichte an Oberflächenatomen mit 5 oder 6 Koordinationslücken merklich zu. Die unterschiedliche katalytische Aktivität verschiedener Gitterebenen lässt sich an vielen Beispielen demonstrieren. So beträgt die katalytische Aktivität der aufgedampften Ni-Filme, die bevorzugt {110}-Flächen an der Oberfläche aufweisen, in der Hydrierung von Ethen etwa das Fünffache der Aktivität von nichtorientierten Filmen (Kap. 8).

Je nach Art des reagierenden Moleküls und des Katalysatortyps sowie der Reaktionsbedingungen kann die Chemisorption entweder molekular oder dissoziativ erfolgen. Beispielsweise findet die Chemisorption des Wasserstoffs auf Oberflächen der d-Metalle häufig unter homolytischer Spaltung des Moleküls statt:

$$\underset{|\quad|}{M-M} + H_2 \rightleftharpoons H_2 \cdots \underset{|\quad|}{M-M} \rightleftharpoons \underset{|\quad\quad|}{H-M-M-H}$$

Dabei kommt es zu einer partiellen Verschiebung von d-Elektronen des Metalls zum Wasserstoff und zur Bildung eines Adduktes ($M^{\delta+}-H^{\delta-}$), bei dem es eine gewisse Analogie zu Metallhydrid-Komplexen in der homogenen Katalyse gibt. Die dissoziative H_2-Chemisorption in der Metalloberfläche führt zur Aktivierung von Wasserstoff, der in dieser reaktiven Form die Geschwindigkeit der nachfolgenden katalytischen Reaktionsschritte mitbestimmt. Für heterogen katalysierte Reaktionen unter Beteiligung von Wasserstoff kommen bevorzugt die Übergangsmetalle der VIII. Nebengruppe des PSE in Betracht: Pt, Pd, Rh, Fe, Co, Ni u. a. Abb. 9.1 zeigt, dass sich die Chemisorptionswärme bei der H_2-Adsorption in der Reihe der

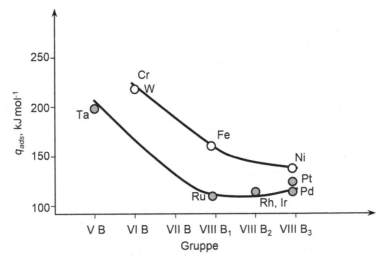

Abb. 9.1 Chemisorptionswärmen bei der H_2-Adsorption für verschiedene Übergangsmetalle. *leere Symbole* Metalle der 4. Periode, *volle Symbole* Metalle der 5. und 6. Periode

Übergangsmetalle zum Ende der jeweiligen Periode verringert. Einen ähnlichen Verlauf stellt man auch bei der Adsorption von Ethen fest. Zugleich nimmt die katalytische Aktivität mit dem %d-Charakter der metallischen Bindung (Kap. 8) bei der Ethenhydrierung innerhalb der Periode zu.

Einige Metalle lassen sich bei einer Reduktion der oxidischen Katalysatorvorläufer unter milden Bedingungen nicht komplett reduzieren und können als Metallkatalysatoren auf eigenem Metalloxid-Träger aufgefasst werden. Die Adsorptionsfähigkeit solcher Metall/Metalloxid-Katalysatoren gegenüber Wasserstoff und Kohlenwasserstoffen unterscheidet sich deutlich von der reinster Metallkatalysatoren. Die Chemisorptionswärme sinkt, gleichzeitig nimmt der Anteil an in der Oberfläche schwach gebundenem Wasserstoff zu. Die Erhöhung der Konzentration des Wasserstoffs mit einer niedrigeren Bindungsenergie bestimmt die hohe katalytische Aktivität, z. B. von Rh/Rh$_2$O$_3$-Katalysatoren, in Hydrierreaktionen von Olefinen. Die Spaltung des Wasserstoffs auf Metalloxiden erfolgt im Unterschied zu metallischen Oberflächen heterolytisch:

$$M-O + H_2 \rightleftharpoons H_2 \cdots M-O \rightleftharpoons H^{\delta-}-M-O-H^{\delta+}$$

Dadurch kann sich in solchen Katalysatorsystemen das Verhältnis von stark und schwach oberflächengebundenen Wasserstoff-Spezies zugunsten der Letzteren verschieben und damit auch ihr katalytisches Verhalten in Hydrier-/Dehydrierreaktionen positiv beeinflussen. Die Bildung von H$^{\delta-}$–M- bzw. O–H$^{\delta+}$-Bindungen ist IR-spektroskopisch bei der Adsorption von Wasserstoff z. B. am ZnO bei Raumtemperatur nachweisbar (Absorptionsbande für H$^{\delta-}$–Zn-Spezies bei 1710 cm^{-1} und für O–H$^{\delta+}$-Spezies bei 3510 cm^{-1}). Bei Metalloxiden stellen die M^{m+}-O^{n-}-Paare Oberflächendefekte dar, die für die Existenz aktiver Zentren mit unterschiedlich starker Bindung des chemisorbierten Wasserstoffs verantwortlich sind. Eine starke Chemisorption des Wasserstoffs (H$^{\delta+}$-Form mit $T_{des} \geq 480\,°C$) ist typisch für Metalloxide in niedrigen Oxidationsstufen, die über eine hohe Anzahl von Strukturdefekten verfügen. Eine schwache Chemisorption (H$^{\delta-}$-Form mit $T_{des} \geq 300\,°C$) ist hingegen charakteristisch für bimetallische Systeme.

Beim Übergang zu bifunktionellen Metall/Träger-Katalysatoren können die Beschaffenheit und Chemisorptionseigenschaften der Metallkomponente je nach Präparationsbedingungen in weiten Grenzen variiert werden. Die Wechselwirkungen zwischen Metall und Träger beeinflussen nicht nur die resultierende Metalldispersität, sondern bestimmen auch das Verhältnis der M^0/M$^{\delta+}$-Formen in der katalytisch aktiven metallischen Phase und letztlich die Stärke der M–H-Bindungsenergie. Beispielsweise erfolgt die Chemisorption von Wasserstoff auf monodispersen Pt-Teilchen im Pt/Al$_2$O$_3$-Katalysatorsystem in Abhängigkeit von der Metallteilchengröße (2,3; 4,5 oder 9,0 nm) mit unterschiedlichen Bindungsenergien (204; 113,4 oder 96,6 kJ mol^{-1}). Für hochdisperse Metallteilchen ist außerdem eine größere Chemisorptionswärme bei der Adsorption von Wasserstoff im Vergleich zu elektronendefizitären Metall-Spezies charakteristisch. In Übereinstimmung damit weisen

Pt/Al$_2$O$_3$-Katalysatorsysteme mit einem höheren Anteil an Pt$^{\delta+}$ gegenüber Pt^0 eine höhere Hydrieraktivität auf. Unter harten Reduktionsbedingungen geht die kationische Form der Übergangsmetalle nahezu vollständig in die metallische Form über. Die Abschwächung der Wechselwirkung zwischen Metall und Träger begünstigt den Sintervorgang der hochdispersen Metallteilchen, wodurch ihre Wasserstoff-Adsorptionsfähigkeit zurückgeht.

Die Aktivierung von gesättigten Kohlenwasserstoffen in der Oberfläche eines Metallkatalysators ist mit einer dissoziativen Adsorption des reagierenden Moleküls und der damit verbundenen C–H- oder C–C-Bindungsspaltung verbunden:

$$R\text{-}H + 2\,M \rightleftarrows R\text{-}M + M\text{-}H$$

$$R'CH_2\text{-}CH_2R + 2\,M \rightleftarrows R'CH_2\text{-}M + RCH_2\text{-}M$$

Mit Hilfe des H$_2$-D$_2$-Isotopenaustausches lässt sich nachweisen, dass die Dissoziation auch unter Bildung von reaktiven Spezies wie Carbenen oder Acetyliden erfolgen kann:

$$CH_4 + M \underset{-MH}{\overset{+M}{\rightleftarrows}} H_3C\text{-}M \underset{-MH}{\overset{+M}{\rightleftarrows}} H_2C{=}M \underset{-MH}{\overset{+M}{\rightleftarrows}} HC{\equiv}M$$

Im Allgemeinen verläuft die Aktivierung der H–H-Bindung im Wasserstoff und der C–H-Bindungen in gesättigten Kohlenwasserstoffen auf den metallischen Oberflächen analog zu den Aktivierungsmechanismen in der homogenen Metallkomplex-Katalyse. In beiden Fällen schließt der Aktivierungsprozess eine Elektronenübertragung von den bindenden σ-Orbitalen der H–H- und C–H-Bindungen zum Metall und, umgekehrt, die Rückübertragung der Elektronen aus den besetzten d-Orbitalen der Metalle in die antibindenden σ^*-Orbitale des Wasserstoffs oder des gesättigten Kohlenwasserstoffs ein. Der elektronische Zustand der Metallatome bestimmt letztlich den Donator- oder Akzeptorcharakter der Wechselwirkung zwischen dem betreffenden Metall und den Wasserstoff- bzw. Kohlenwasserstoff-Molekülen. Am Ende entscheidet die Lage des Fermi-Niveaus gegenüber dem obersten besetzten oder dem untersten unbesetzten Molekülorbital der Reaktanden, ob eine Elektronenübertragung zum adsorbierten Molekül oder zum Übergangsmetall stattfindet.

Bei reinen metallischen Oberflächen ist das höchste besetzte Molekülorbital (engl. *HOMO = Highest Occupied Molecular Orbital*) der Oberflächenatome für eine Wechselwirkung durch den Elektronenübergang vom Metall in die σ^*-Orbitale des Wasserstoffs oder des gesättigten Kohlenwasserstoffs (M$^{\delta+}$ → H$^{\delta-}$) verantwortlich. Quantenchemische Berechnungen der Chemisorptionswärmen für Methan oder Ethan an 3d-Übergangsmetallen bestätigen eine große Differenz zwischen der Lage des Fermi-Niveaus in Metallen und den σ^*-Orbitalen im Kohlenwasserstoff-Molekül. Damit ist sichergestellt, dass bei einer Wechselwirkung von Kohlenwasserstoffen mit Metallen die Akzeptoreigenschaften des organischen Moleküls überwiegen. Umgekehrt, wenn die *HOMO*-Energie bei Metalloxiden im Vergleich zu

H–H- und C–H-Bindungen niedriger ist, so dominiert am Anfang der Elektronenübergang aus den s*-Orbitalen organischer Moleküle zum Metall ($M^{\delta-} \leftarrow H^{\delta+}$). Das Vorherrschen der Donatoreigenschaften von gesättigten Kohlenwasserstoffen beobachtet man bei der Chemisorption an Metallen in hohen Oxidationsstufen. Einen wesentlichen Einfluss auf den Donator-/Akzeptorcharakter der Wechselwirkung zwischen Metall und Wasserstoff oder Kohlenwasserstoffen übt das Aufbringen der Metallkomponente auf einen Träger aus. So sinkt die Energie der C–H-Bindungsspaltung im Methan-Molekül auf geträgerten Nickel-Katalysatoren mit zunehmender Elektronegativität des Trägers.

Bei der heterogen katalysierten Umwandlung von gesättigten Kohlenwasserstoffen werden nicht nur die C–H-Bindungen, sondern auch die C–C-Bindungen aktiviert. Das führt im Verlaufe von Dehydrierreaktionen häufig zur Bildung von unerwünschten Hydrogenolyse-Spaltprodukten. Das Produktverhältnis der beiden Reaktionen hängt von der jeweiligen Energie der sich bildenden (M–H bzw. M–C) und spaltenden (C–C bzw. C–H) Bindungen ab. Wie die Ergebnisse der Hydrogenolyse-Kinetik von C_2- bis C_5-Alkanen an geträgerten Rhodium- und Nickel-Katalysatoren belegen, ist die Aktivierung der C–C-Bindung eine strukturempfindliche Reaktion (Kap. 8), die auf koordinativ ungesättigten Atompaaren der d-Metalle auf Ecken oder Kanten kleinster Kristallite abläuft.

In Gegenwart von Wasserstoff lässt sich die dissoziative Chemisorption von Kohlenwasserstoffen stark zurückdrängen, sodass dadurch eine schnelle Selbstvergiftung und Verkokung der Katalysatoroberfläche verhindert wird. Zugleich trägt Wasserstoff in relativ hohen Konzentrationen in der Gasphase sowohl zur Hydrierung der gebildeten Olefine als auch zur Spaltung der M-C-Bindung bei. Die in der Metalloberfläche relativ fest gebundene $H^{\delta+}$-Form schirmt die Oberflächenatome von einer direkten Wechselwirkung mit reagierenden Molekülen ab und verändert dadurch die Reaktionsroute. Beispielsweise verläuft die Umsetzung von n-Hexan an einem Pt-Sn/Al_2O_3-Katalysator ohne den adsorbierten Wasserstoff unselektiv unter Bildung von kurzkettigen Kohlenwasserstoffen. Liegt in der Katalysatoroberfläche Wasserstoff adsorbiert vor, nimmt die Selektivität der Olefinbildung zu.

Eine unmittelbare Beteiligung des oberflächengebundenen atomaren Wasserstoffs ist z. B. bei der Dehydrierung von Cyclohexan an Pd- oder Ni-Katalysatoren nachweisbar. Hierzu belädt man die Katalysatoroberfläche vor der Reaktion mit Deuterium, das im Reaktionsverlauf mit dem chemisorbierten Wasserstoff des aktivierten Cyclohexans unter Bildung des Wasserstoff-Moleküls rekombiniert. Die Rekombination von Wasserstoffatomen aus der oberflächengebundenen Form und aus dem aktivierten Kohlenwasserstoff liegt ebenfalls der katalytischen Dehydrocyclisierung von n-Pentan zugrunde. So läuft diese Reaktion an einem Pt/Al_2O_3-Katalysator in Abwesenheit von Wasserstoff sehr langsam ab. Dabei wird n-Pentan zunächst zu n-Penten dehydriert, das anschließend cyclisiert wird. Eine deutliche Steigerung der Bildungsgeschwindigkeit des Cyclopentans erreicht man durch die Erhöhung des Wasserstoff-Partialdruckes, da die Bildung von Cyclohexan aus Alkanen leichter erfolgt als aus Alkenen.

Generell gilt, dass Katalysatoren, an deren Oberfläche sich vorwiegend chemisorbierte $H^{\delta-}$-Spezies bilden (z. B. Pd–Ce/Al_2O_3), eine sehr hohe katalytische Aktivität in der C–H-Bindungsspaltung (Dehydrierung gesättigter Kohlenwasserstoffe) aufweisen. Umgekehrt gilt: Katalysatorsysteme mit chemisorbierten $H^{\delta+}$-Spezies (z. B. Co/Al$_2$O$_3$) katalysieren bevorzugt die C–C-Bindungsspaltung (Hydrocracking). Treten in der Katalysatoroberfläche gleichzeitig $H^{\delta-}$- und $H^{\delta+}$-Spezies auf (z. B. Pd–Co oder Pt–Sn/Al$_2$O$_3$), so unterliegen die gesättigten Kohlenwasserstoffe sowohl einer Dehydrierung als auch einem Hydrospalten.

Die Aktivierung ungesättigter Kohlenwasserstoffe (Olefine, Diene, Alkine) in der Oberfläche der Übergangsmetalle oder Metalloxide kann nach einem assoziativen Mechanismus sowohl unter Ausbildung von π-Komplexen an einem katalytisch aktiven Zentrum als auch auf zwei aktiven Zentren über die σ-Bindungen zwischen den jeweiligen Adsorptionszentren und Kohlenstoffatomen erfolgen:

$$R-CH=CH_2 + M \rightleftharpoons R-CH\!\!\stackrel{\displaystyle}{\underset{\underset{M}{\big|}}{-}}\!\!CH_2$$

$$R-CH=CH_2 + 2M \rightleftharpoons R-\underset{\underset{M}{|}}{CH}-\underset{\underset{M}{|}}{CH_2}$$

Das kleinste Molekül mit olefinischer Doppelbindung (Ethen) weist im Vergleich zu Propen und höher molekularen Olefinen eine geringere Chemisorptionsneigung auf. Während die Werte für die Adsorptionswärme des Ethens an Metalloxiden zwischen 62 und 84 kJ mol^{-1} liegen, erreichen sie bei Propen, Buten u. a. Werte von 146 bis 188 kJ mol^{-1}. Mit Hilfe kinetischer und Isotopenaustausch-Messungen kann man jedoch zeigen, dass bei verschiedenen heterogen katalysierten Reaktionen ebenfalls eine dissoziative Adsorption olefinischer Verbindungen als erste Aktivierungsstufe möglich ist. Dabei kommt es bei der Chemisorption entweder zur Ausbildung von π-Allylkomplexen:

$$CH_3-CH=CH_2 + 2M \rightleftharpoons H_2C\overset{\overset{\displaystyle H}{\overset{|}{C}}}{\underset{\underset{M}{}}{\diagdown\!\!\diagup}}CH_2 + MH$$

oder von Carbenen:

$$CH_3-CH=CH_2 + 2M \rightleftharpoons CH_3-CH=M + CH_2=M$$

Die Chemisorption aromatischer Kohlenwasserstoffe kann über die Ausbildung eines π-Komplexes an einem aktiven Zentrum ablaufen:

oder unter Beteiligung zweier Zentren zur C–H-Bindungsspaltung führen:

Polare Moleküle (Alkohole, Ester, Carbonyl- und Nitroverbindungen etc.) treten mit Metalloxiden bevorzugt über funktionelle Gruppen in Wechselwirkung. Daher finden die Chemisorption und die Aktivierung von ungesättigten polyfunktionellen Verbindungen an Übergangsmetallen meist auf dem Weg der Ausbildung von π-Komplexen statt. An den Metalloxiden erfolgt die Chemisorption und Aktivierung dieser Verbindungen über die Wechselwirkung mit polaren funktionellen Gruppen.

Allerdings ist nicht nur die Bildung der betrachteten reaktiven Zwischenstufen in der Oberfläche der Metall- oder Metalloxidkatalysatoren von der Donator-Akzeptor-Fähigkeit der katalytisch wirksamen Zentren abhängig, sondern auch ihre Empfindlichkeit gegenüber Katalysatorgiften. Moleküle wie CO oder HCN und zahlreiche P-, S-, As-, Se-haltige Verbindungen sind in der Lage, sehr feste Donator-Akzeptor-Bindungen mit d-Orbitalen der hydrieraktiven Metalle einzugehen. Dadurch kommt es zur Blockierung der potenziellen aktiven Zentren oder zum Umlenken des Reaktionsverlaufes in die unerwünschte Richtung.

9.2 Hydrierkatalysatoren und ihre Wirkungsweise

Die katalytische Hydrierung umfasst eine große Gruppe von Reaktionen, bei denen Verbindungen mit Mehrfachbindungen, z. B. C=C, C≡C, C=O, C≡N u. a., durch eine Wasserstoffanlagerung „abgesättigt" werden. Als Hydrierkatalysatoren verwendet man vorwiegend die Metalle der VIII. Nebengruppe des PSE, z. B. Ni, Pd, Pt, die in den meisten Fällen auf einen Träger aufgebracht sind. Die ausgeprägte Fähigkeit metallischer Katalysatoren zur Beschleunigung von Hydrierreaktionen verbindet man, wie Abschn. 9.1 beschrieben, mit der dissoziativen Adsorption des Wasserstoffs auf einer hochdispersen Metallkomponente. Charakteristisch für solche Katalysatorsysteme ist ihr Einsatz bei relativ niedrigen Temperaturen, bis hin zur Raumtemperatur. Da die Wasserstoffaktivierung vornehmlich in der Metalloberfläche erfolgt, muss man davon ausgehen, dass die zunehmende Oberflächengröße eine Erhöhung der katalytischen Aktivität bewirkt. Wenn jedoch die Metallteilchengröße keinen signifikanten Einfluss auf die spezifische katalytische Aktivität ausübt, dann handelt es sich um strukturunempfindliche Reaktionen, zu denen unter anderem die Hydrierung olefinischer Doppelbindungen gehört. Umgekehrt sind die Hydrierungen aromatischer Ringe, der C=O- und der C≡C-Bindungen sowie der konjugierten Doppelbindungen strukturempfindliche Reaktionen, da die Hydriergeschwindigkeit in diesen Fällen sehr stark von der Metalldispersität abhängt.

Metalloxide der Elemente mit wechselnder Oxidationsstufe wie Fe, Co, Ni, Ti, V, Cr, Mo, W u. a. zeigen im Vergleich zu Metallkatalysatoren meist eine geringere Hydrieraktivität und werden bei höheren Temperaturen von 200 bis 400 °C ein-

Tab. 9.1 Die wichtigsten Hydrierreaktionen und Katalysatoren (Auswahl)

Hydrierreaktionen	Katalysator
Hydrierung von Olefinen	Geträgerte Ni, Pd, Pt, Cu, Ru, Rh
Hydrierung von Acetylen	Geträgerte Ni, Pd, Ni–Pd, Co–Pd, Ag–Pd
Hydrierung von Aromaten	Geträgerte Ni, Pd, Pt, Rh, Co–Mo bzw. Raney-Ni
Hydrierung von Carbonylverbindungen	Geträgerte Ni, Co, Pd, Pt, Rh, Cu–Cr-Mischoxid sowie Raney-Ni und -Co
Hydrierung von Nitrilverbindungen	Geträgerte Ni, Pd, Pt
Hydrierung von CO und CO_2	Geträgerte Ni, Cu, Co, Fe, Pt
Hydroraffination	Ni–Mo, Co–Mo, Ni–W, Co–W sowie Mo- und W-Carbide

gesetzt. Hierzu muss man sie jedoch einer vorherigen Wasserstoffbehandlung bei hohen Temperaturen unterwerfen, um den in der Oberfläche adsorbierten Sauerstoff sowie partiell auch den im Gitter gebundenen Sauerstoff hydrierend zu eliminieren. Das führt zu einer Änderung der Oxidationsstufe der entsprechenden Metall-Ionen, die in einem koordinativ ungesättigten Zustand eine hohe Hydrieraktivität entwickeln.

In Tab. 9.1 sind die wichtigsten heterogen katalysierten Hydrierreaktionen und die dazugehörigen Katalysatoren zusammengestellt.

9.2.1 Hydrierung von Olefinen

Am besten untersucht sind die Hydrierungen olefinischer Doppelbindungen an Metallkatalysatoren, für deren Ablauf eine Aktivierung des Wasserstoffs und des Olefins an den aktiven Zentren des Katalysators vonnöten ist. Dabei kann die Reaktion nach verschiedenen Mechanismen verlaufen (Abb. 9.2). Entweder reagiert das chemisorbierte Olefin mit atomar chemisorbiertem Wasserstoff unter Ausbildung einer halbhydrierten Zwischenstufe (*Horiuti-Polanyi-Mechanismus* Abb. 9.2a) oder das chemisorbierte Olefin setzt sich mit Wasserstoff aus der Gasphase oder mit nur schwach chemisorbiertem Wasserstoff ebenfalls über eine halbhydrierte Zwischenstufe um (*Twigg-Rideal-Mechanismus* Abb. 9.2b)

Die Bindung des Olefins in der Metalloberfläche als Vorstufe der Hydrierreaktion kann man mit Hilfe der Theorie der Molekülorbitalzustände in Anlehnung an die Vorstellungen aus der Metall-Komplex-Katalyse beschreiben (Kap. 8). Bei der Ausbildung der chemisorptiven Bindung zwischen einem Olefin-Molekül und einem Übergangsmetall-Atom erfolgt eine Übertragung von Elektronen aus besetzten π-Orbitalen des Olefins in ein unbesetztes d-Orbital des Metallatoms und Rückbindung von Elektronen aus besetzten d-Orbitalen in antibindende π-Orbitale des Olefins. Dadurch kommt es zur Schwächung der olefinischen Doppelbindung und Erhöhung ihrer Reaktivität. Man beobachtet bei der IR-spektroskopischen Verfolgung der Ethen-Chemisorption an isolierten Metallatomen in der Tat eine Verschiebung der C=C-Streckschwingung nach kleineren Wellenzahlen. Die schwach

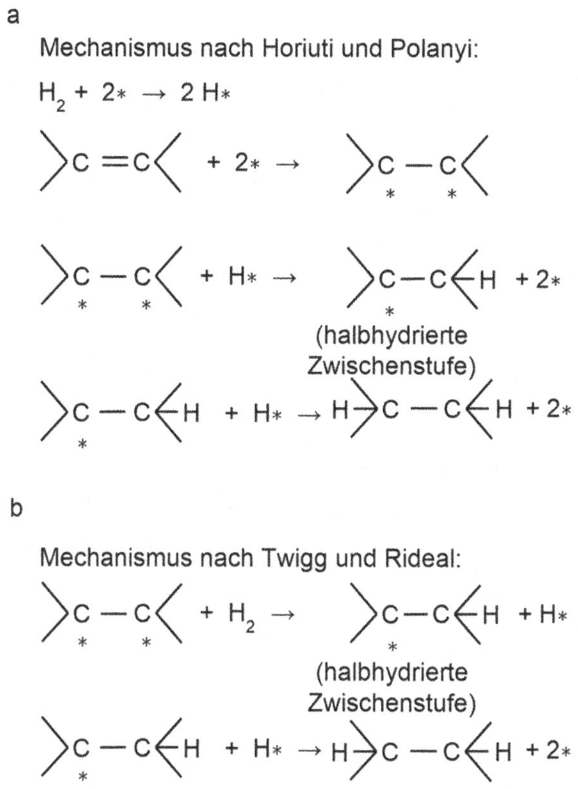

a

Mechanismus nach Horiuti und Polanyi:

$$H_2 + 2* \rightarrow 2\,H*$$

$$\text{>C}=\text{C<} + 2* \rightarrow \text{>C}-\text{C<} \atop {* \quad *}$$

$$\underset{* \quad *}{\text{>C}-\text{C<}} + H* \rightarrow \underset{*}{\text{>C}-\text{C}}\text{<H} + 2*$$

(halbhydrierte
Zwischenstufe)

$$\underset{*}{\text{>C}-\text{C}}\text{<H} + H* \rightarrow \text{H>C}-\text{C<H} + 2*$$

b

Mechanismus nach Twigg und Rideal:

$$\underset{* \quad *}{\text{>C}-\text{C<}} + H_2 \rightarrow \underset{*}{\text{>C}-\text{C}}\text{<H} + H*$$

(halbhydrierte
Zwischenstufe)

$$\underset{*}{\text{>C}-\text{C}}\text{<H} + H* \rightarrow \text{H>C}-\text{C<H} + 2*$$

Abb. 9.2 Reaktionsmechanismen für die Hydrierung von Olefinen an Metallkatalysatoren

gebundenen π-Komplexe wandeln sich unter Mitwirkung des aktivierten Wasserstoffs in die stärker oberflächengebundenen Ethylidin-Spezies um, die für den letzten geschwindigkeitsbestimmenden Hydrierschritt verantwortlich sind, z. B.:

$$C_2H_4 + Pt \rightarrow Pt\cdots\pi\text{-}C_2H_4 \overset{H_2}{\rightarrow} Pt\text{-}C_2H_5 \overset{H_2}{\rightarrow} C_2H_6 + Pt.$$

Die halbhydrierten Alkylformen $Pt\text{-}C_xH_{2x+1}$ und ihre π-Komplex-Vorläufer bilden sich relativ leicht auch bei der Niedertemperatur-Wechselwirkung ($<70\,°C$) höherkettiger Olefine mit Metallen. Sie stellen die wichtigsten Zwischenstufen bei der Hydrierung von Olefinen und Dehydrierung von Alkanen dar. Oberhalb $90\,°C$ läuft neben der Hydrierung auch schon die C–C-Bindungsspaltung bzw. Disproportionierungsreaktion ab, wodurch sich die Selektivität in der Hydrierreaktion verschlechtert. Eine weitere Temperaturerhöhung ($200\,°C$) führt zur Bildung von wasserstoffärmeren Fragmenten $Pt\text{-}C_xH_y$ (mit $x>y$), die sich bei noch höheren Temperaturen (300–$400\,°C$) zu kohlenstoffreichen Strukturen umwandeln und damit die Hydrierreaktion vollständig unterbinden können.

Bringt man die hydrieraktive Komponente auf einen oxidischen Träger auf, so muss man zusätzlich die Abhängigkeit des Chemisorptionsvermögens und der katalytischen Eigenschaften dieser Komponente von der Metallteilchengröße und -verteilung sowie von der Metall/Träger-Wechselwirkung (Kap. 12) und einem möglichen *Spillover*-Effekt aktivierter Moleküle in der Katalysatoroberfläche berücksichtigen. Der Letztere stellt einen Reaktionsschritt dar, der bei einem komplexen Reaktionsvorgang an einem Mehrkomponenten-Katalysatorsystem zwischen den Reaktionsschritten an zwei verschiedenen Komponenten als Zwischenschritt (manchmal unter Beteiligung einer weiteren Phase) stattfindet. Bei einer Hydrierreaktion an einem solchen Katalysatorsystem kann z. B. eine Adsorption und Aktivierung des Wasserstoffs in der Metalloberfläche erfolgen, wohingegen das zu hydrierende Edukt auf dem Träger adsorbiert und die Reaktion selbst infolge des „Überfließens" (engl. *spillover*) des aktivierten Wasserstoffs in der Trägeroberfläche abläuft. Beispielsweise steigt die spezifische katalytische Aktivität eines Pd/ Al_2O_3- bzw. Pt/SiO_2-Katalysators bei der Hydrierung von Benzen bzw. Ethen um mindestens das 3fache, wenn man den Katalysator jeweils mit reinem Al_2O_3 bzw. SiO_2 vermischt.

Der Wasserstoff-Spillover lässt sich durch den Isotopenaustausch zwischen Deuterium und den OH-Gruppen des Trägers definitiv nachweisen. Mit Pt/SiO_2- und Pt/Al_2O_3-Katalysatorsystemen beobachtet man beim Zumischen des reinen Trägers eine deutliche Beschleunigung des Isotopenaustausches im Vergleich zu den ursprünglichen Metall/Träger-Katalysatoren. Durch eine Variation der Entfernung zwischen Pt und Träger kann man den Wasserstoff-Spillover IR-spektroskopisch anhand der Änderung der OH- und OD-Valenzschwingungsbanden verfolgen. Es lässt sich zeigen, dass der aktivierte Wasserstoff Entfernungen von bis zu 1 mm von der Platinoberfläche problemlos überwinden kann. Außer Platin weisen auch viele andere Metalle und Metalloxide, die befähigt sind, Wasserstoff zu aktivieren, bereits in Mengen bis $10^{-4}\%$ eine deutlich erhöhte Wasserstoffaufnahmekapazität auf, die den theoretisch möglichen Wert, bezogen auf die Zahl der Metallatome, um das Mehrfache übersteigt. Die Aktivität einiger Metall/Träger-Katalysatoren beim Isotopenaustausch zwischen D_2 und Oberflächen-OH-Gruppen nimmt in der Reihe Ni < Pd < Pt zu. Das entspricht einer höheren Bindungsstärke Ni–H- im Vergleich zu Pd–H- und Pt–H-Bindungen. Als Akzeptoren des Spillover-Wasserstoffs können nicht nur Sauerstoff-Anionen des Trägers, sondern auch Strukturdefekte und adsorbierte ungesättigte Verbindungen fungieren.

Auf Metalloberflächen sind verschiedene Formen adsorbierter Olefine nachweisbar, die untereinander um die aktiven Zentren konkurrieren. Dazu gehören die in der Oberfläche stark gebundenen Formen wie CH_3-CH=M oder CH_3-C≡M, die sich erst bei erhöhten Temperaturen hydrieren lassen. Bei niedrigeren Temperaturen läuft vorzugsweise die Hydrierung von schwach gebundenen Formen wie die der π-Allyl-Komplexe ab, die man z. B. am Ni/SiO_2 oder ZnO bei der Adsorption von Butenen IR-spektroskopisch nachweisen kann. Die Hydriergeschwindigkeit lässt sich durch eine gezielte Änderung der Bindungsstärke der Olefine in der Katalysatoroberfläche in weiten Grenzen variieren. Modifiziert man z. B. einen ZnO-Katalysator mit Alkylsilanen, so steigt seine katalytische Aktivität in der Hydrierung von

Butadien bzw. Pentadien jeweils um das 20fache bzw. 150fache an. Dieser Befund lässt sich damit erklären, dass die voluminösen Alkylsilane eine feste Adsorption von Dienen verhindern, beeinträchtigen jedoch nicht die Chemisorption und die Beweglichkeit des aktivierten Wasserstoffs.

9.2.2 Hydrierung von Kohlenstoffmonoxid

Die selektive katalytische Hydrierung von Kohlenstoffmonoxid (und Kohlenstoffdioxid) zu Methan (synthetisches Erdgas; engl. *SNG=Substitute Natural Gas*) ist ein seit Langem bekannter Stoffwandlungsprozess (*Sabatier-Reaktion*), dem man heute aus ökologischen und ökonomischen Gründen wieder ein zunehmendes Interesse entgegenbringt. Bis jetzt dient die Methanisierung im Wesentlichen zur Entfernung von restlichem CO (0,2–0,3 %) oder CO_2 (0,01–0,1 %) bei der Erzeugung des Ammoniak-Synthesegases und nur bei höheren Konzentrationen an CO_2, z. B. bei der Biogasaufbereitung, zur Gewinnung eines Erdgassubstitutes. Andere Hydrierungen von CO (+CO_2), die je nach Katalysatoren und Prozessbedingungen zu Produkten wie Methanol oder Paraffin/Olefin-Gemischen (*Fischer-Tropsch-Synthese*) führen, sind hingegen bereits seit Jahrzehnten etablierte Verfahren der Chemieindustrie.

Dem Methanisierungsprozess liegen folgende Reaktionsgleichungen zugrunde:

$$CO + 3H_2 \rightleftarrows CH_4 + H_2O \quad \Delta_R H^{\varnothing} = -206,2\ kJ\,mol^{-1}$$

$$CO_2 + 4H_2 \rightleftarrows CH_4 + 2H_2O \quad \Delta_R H^{\varnothing} = -165,0\ kJ\,mol^{-1}.$$

Beide Reaktionen verlaufen stark exotherm und mit Volumenabnahme. Die günstigste Gleichgewichtszusammensetzung der Reaktionsprodukte ist daher in Abhängigkeit des verwendeten Katalysators bei niedrigen Temperaturen (200–250 °C) und hohen Drücken (3–4 MPa) erzielbar. Um hohe Ausbeuten an Methan zu erhalten, benötigt man zur Durchführung der Reaktion hochselektive Katalysatoren, an denen die Umsetzung von Kohlenstoffmonoxid nur in der gewünschten Richtung abläuft und kein unkontrollierter Verbrauch von CO über andere Reaktionsrouten stattfindet:

$$CO + H_2O \rightleftarrows CO_2 + H_2 \quad \Delta_R H^{\varnothing} = -41,5\,kJ\,mol^{-1}$$

$$2CO \rightleftarrows CO_2 + C \quad \Delta_R H^{\varnothing} = -171,7\,kJ\,mol^{-1}.$$

Als Katalysator verwendet man für gewöhnlich das auf inerte Al_2O_3- oder SiO_2-Träger aufgebrachte Nickel in Mengen zum Teil von bis zu 60–65 Ma.-%, die jedoch unter den Prozessbedingungen einer recht schnellen Desaktivierung durch Koksablagerungen bzw. Metallcarbidisierung unterliegen, insbesondere, wenn die Methanbildungsreaktion bei einem niedrigen H_2:CO-Verhältnis abläuft. Dabei geht das molekular adsorbierte Kohlenstoffmonoxid offenbar zunächst eine koordinative Bindung mit 1, 2, 3 und 4 Nickelatomen nacheinander ein. Es kommt zur zunehmenden Schwächung der CO-Bindung und letztlich zum Bindungsbruch unter Bildung des Metallcarbids und -oxids:

$$\overset{Ni}{NiCO} \rightarrow \overset{Ni}{(Ni)_2 CO} \rightarrow \overset{Ni}{(Ni)_3 CO} \rightarrow (Ni)_4 CO \rightarrow Ni_3 C + NiO.$$

Abhilfe schaffen edle Metalle wie Ru oder Rh, die ebenfalls auf einem Al_2O_3-Träger, jedoch nur in geringen Mengen von 0,5 Ma.-%, auf speziellen Trägern sogar nur von 0,01–0,005 Ma.-%, aufgebracht werden. An solchen Katalysatorsystemen läuft die Verkokung viel langsamer ab, weil die verwendeten Metallkomponenten parallel zur Methanisierung auch die Umsetzung des sich bildenden Kohlenstoffs mit Wasserdampf beschleunigen:

$$C + H_2 O \rightleftarrows CO + H_2 \quad \Delta_R H^\varnothing = +131,0 \ kJ \, mol^{-1}.$$

Die Aktivierung von CO infolge seiner Wechselwirkung mit Übergangsmetallen und deren Oxiden erfolgt unter Beteiligung der *d*-Orbitale des Metalls und den bindenden Molekülorbitalen von CO. Aufgrund der IR-spektroskopischen Verfolgung der CO-Adsorption an heterogenen Katalysatoren kann man annehmen, dass das Kohlenstoffmonoxid in linearer oder brückengebundener Form adsorbieren kann:

$$M-C\equiv O \ und \ (M)_2 = C = O,$$

wobei die Absorptionsbanden $>2000 \ cm^{-1}$ der linearen Form und $<2000 \ cm^{-1}$ der brückengebundenen Form zuordenbar sind. Zugleich kann das Erscheinen der CO-Schwingungsbanden bei höheren und tieferen Wellenzahlen in Analogie zu Bindungsvorstellungen für Metall-Carbonyl-Komplexe auch auf die mehr oder weniger starke Wechselwirkung zwischen dem Metallatom und Kohlenstoffmonoxid verweisen. So führt eine Erhöhung der Rückbindung in Metall-Carbonyl-Oberflächenspezies zur Verschiebung der Elektronendichte vom Metall zu CO und zur Schwächung der CO-Bindung, verbunden mit dem verstärkten Auftreten der Absorptionsbanden im Bereich niederer Wellenzahlen. Umgekehrt bewirkt eine Zunahme des Anteils der Donator-Akzeptor-Bindung eine Elektronenverschiebung von CO zum Metall, was eine Stärkung der CO-Bindung zur Folge hat, charakterisiert durch Absorptionsbanden im Bereich höherer Wellenzahlen. Den gleichen Effekt erreicht man in Metall/Träger-Katalysatoren durch eine Verstärkung des elektronendefizitären Charakters des katalytisch aktiven Metalls im Ergebnis einer starken elektronischen Wechselwirkung mit dem Träger (Kap. 12). Weiterführende XPS-Untersuchungen zeigen, dass die Aktivierung von CO an verschiedenen Übergangsmetallen (Ti, V, Cr, Mn, Fe, Co, Ni, Ru u. a.) auch durch eine dissoziative Adsorption erfolgen kann.

Die katalytische Aktivität und Selektivität der Metalle und Metalloxide in der Methanisierungsreaktion hängen sehr stark von der Art der Katalysator-Präparation und -Vorbehandlung ab. Beispielsweise lässt sich die katalytische Wirksamkeit Ni-haltiger Katalysatorsysteme auf verschiedenen Trägern (Al_2O_3, SiO_2, Cr_2O_3, MoO_3, WO_3, MgO u. a.) durch die Variation des Metallreduktionsgrades, der Metalldispersität bzw. der spezifischen Oberflächengröße sowie durch Promotoren, Passivatoren und die Säure-Base-Eigenschaften des Trägers in gewünschter Weise verändern. Die im Ergebnis dieser Modifizierungen in der Katalysatoroberfläche erzeugten aktiven Zentren bestimmen den limitierenden Schritt der Methanisierungsreaktion und weisen auf die Möglichkeiten zur weiteren Katalysatorverbesserung hin. Am Beispiel der Ni-katalysierten Methanisierung lässt sich die Komplexität des Reaktionsablaufes bei der Hydrierung von CO, die mehrere Elementarschritte einschließt, übersichtlich demonstrieren:

1. $CO_{gas} \rightleftarrows CO_{ads}$
2. $CO_{ads} \rightarrow C_{ads} + O_{ads}$
3. $C_{ads} + O_{ads} \rightarrow CO_{gas}$
4. $CO_{ads} + O_{ads} \rightarrow CO_{2,ads}$
5. $H_{2,gas} \rightarrow 2H_{ads}$
6. $CO_{ads} + (2+x)H_{ads} \rightarrow CH_{x,ads} + H_2O$
7. $2CO_{ads} \rightarrow C_{ads} + CO_{2,ads}$
8. $CH_{x,ads} + (4-x)H_{ads} \rightarrow CH_{4,gas}$

Mit Hilfe spektroskopischer und physikalische-chemischer Methoden (IR, XPS, TPR) kann man zeigen, dass bei überwiegender Bildung von $NiAl_2O_4$ in der Katalysatoroberfläche (bei Katalysatoren mit Ni-Mengen < 1 Ma.-%) die Reaktionsgeschwindigkeit durch den Reaktionsschritt (2.), die CO-Dissoziation, limitiert ist. Befindet sich Ni auf dem Katalysator in Form von Metallteilchen bei Katalysatoren mit Ni-Mengen > 6,5 Ma.-%, so bestimmt der Reaktionsschritt (8.), die Hydrierung der $CH_{x,ads}$-Fragmente, die Geschwindigkeit der Methanisierungsreaktion. Da die Änderung des Reaktionsmechanismus mit nachweislich verringerter Metalldispersität einhergeht, kann man in diesem Fall auf die Strukturempfindlichkeit der Reaktion schließen. Zum Erreichen einer hohen Methanselektivität ist das Vorliegen des aktivierten Wasserstoffs in der Katalysatoroberfläche unbedingt erforderlich. Der im Metallvolumen gelöste Wasserstoff unterstützt die Bildung von Oxygenaten und ist daher der Reaktionsselektivität abträglich.

9.2.3 Asymmetrische Hydrierung

Bei einer asymmetrischen Hydrierung kann man aus einem prochiralen Molekül mit Hilfe enantioselektiver Katalysatoren optisch aktive Verbindungen erhalten, die über chirale Eigenschaften verfügen. Die Chiralität (Händigkeit) eines Moleküls lässt sich im einfachsten Fall am Beispiel eines asymmetrisch substituierten Kohlenstoffatoms C* zeigen, das vier unterschiedliche Bindungspartner R_1, R_2, R_3 und R_4 (z. B. -H, -Br, $-CH_3$, $-C_2H_5$) in tetraedrischer Konfiguration besitzt:

Spiegelebene

(R)-2-Brombutan   (S)-2-Brombutan

Die beiden *S*- und *R*-Konfigurationen der Enantiomeren sind nichtdeckungsgleiche Spiegelbilder, analog zu einer linken und einer rechten Hand. Sie unterscheiden sich in ihrer optischen Aktivität und biologisch-chemischen Wirkung in einer chiralen Umgebung. So weist z. B. das *S*-Enantiomere der Aminosäure Asparagin einen bitteren Geschmack auf, während das analoge *R*-Enantiomere süß schmeckt. Besonders in der Medizin ist bei der Anwendung chiraler Verbindungen, die sich in ihren physiologischen, pharmakologischen und toxikologischen Wirkungen eklatant unterscheiden, das Einhalten einer hohen Enantiomerenreinheit der Wirkstoffe unabdingbar. Das ist am Beispiel des Thalidomids deutlich geworden, das man in den 60er-Jahren des vorigen Jahrhunderts als Beruhigungsmittel in Form des Präparates Contergan® in Umlauf brachte. Durch den Einsatz des Racemats ist es häufig zu Missbildungen bei Neugeborenen gekommen, die allein auf die teratogene Wirkung des *S*-Enantiomeren zurückzuführen sind.

Auf dem Gebiet der enantioselektiven Hydrierungen mit homogenen Katalysatoren verzeichnet man zwar bemerkenswerte Erfolge, jedoch bereiten die Katalysatorpräparation, -abtrennung und -aufarbeitung größere Schwierigkeiten. Obwohl heterogene, chiral modifizierte Katalysatorsysteme in diesen Punkten Vorteile bieten, bleibt die Zahl der Anwendungen bis heute auf wenige Reaktionen beschränkt. Zu Hydrierreaktionen dieser Art gehören z. B. die enantioselektive Umsetzung von ß-Ketocarbonsäureestern und 2-Alkanonen an mittels NaBr/(+)-Weinsäure modifizierten Ni-Katalysatoren (Raney-Ni, Ni-Pulver) und die asymmetrische Hydrierung von α-Ketocarbonsäureestern mit Pt-Katalysatoren auf verschiedenen Trägern, wie Aktivkohle, SiO_2, Al_2O_3 oder Zeolithe, in Gegenwart von China-Alkaloiden, vor allem (−)-Cinchonidin.

Bei der Bewertung der Leistungsfähigkeit der eingesetzten Katalysatoren ist neben der katalytischen Aktivität insbesondere die Enantioselektivität der Reaktion von Interesse. Als Maß für die Enantioselektivität verwendet man den Enantiomerenüberschuss (%*ee*, engl. *enantiomeric excess*), der wie folgt definiert ist:

$$\% ee = \frac{[R]-[S]}{[R]+[S]} \cdot 100.$$

Als Modellreaktion zur Veranschaulichung grundlegender Prinzipien der heterogen katalysierten asymmetrischen Hydrierung eignet sich die enantioselektive Flüssig-

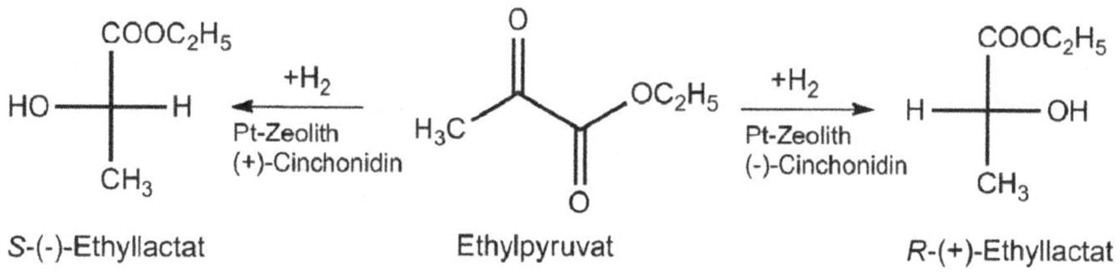

Abb. 9.3 Asymmetrische Hydrierung von Ethylpyruvat an chiral modifizierten Pt/Zeolith-Katalysatoren

phasenhydrierung von Ethylpyruvat zum Ethyllactat über (−)-Cinchonidin-modifizierte Pt/Träger-Katalysatoren (Abb. 9.3).

Die Wirksamkeit des verwendeten Katalysatorsystems beeinflusst neben dem zugesetzten chiralen Hilfsstoff eine Reihe weiterer Parameter (z. B. Natur des Trägers, Metallteilchengröße und -verteilung, Lösungsmittel, Eduktkonzentration, H_2-Druck, Temperatur). Die Hydrierungen von α-Ketocarbonsäureestern führt man gewöhnlich in Rührautoklaven bei Temperaturen von 293 bis 303 K und Drücken im Bereich zwischen 0,1 und 10 MPa durch. Das chirale hydrieraktive Zentrum bildet sich im Reaktionssystem durch die reversible Adsorption des zugesetzten Chinaalkaloid-Moleküls auf der Platinoberfläche, wobei man häufig einen Anstieg der Enantioselektivität mit zunehmender Pt-Partikelgröße beobachtet. Die Natur des Trägers und insbesondere seine Textur und Morphologie üben ebenfalls einen Einfluss auf die Katalysatorwirksamkeit aus. Dabei weisen Katalysatoren auf γ-Al_2O_3-, Aktivkohle- bzw. Zeolith-Basis (z. B. ZSM-35- oder ß-Zeolith) ähnliche katalytische Enantioselektivitäten und Aktivitäten auf. Die zeolithischen Katalysatorsysteme zeichnen sich jedoch durch eine wesentlich bessere Langzeitstabilität aus. Eine recht hohe Enantioselektivität (zwischen 85 und 95 % ee) erreicht man durch die Verwendung von Lösungsmitteln mit niedrigen Dielektrizitätskonstanten. Als besonders gut geeignete Lösungsmittel erweisen sich z. B. Dichlormethan, Cyclohexan, Toluen oder Essigsäure.

Die mit dem chiralen Auxiliar modifizierten Pt-Partikel bewirken nicht nur eine hohe Enantioselektivität der Reaktion, sondern auch eine bis zu 100fache Erhöhung der Aktivität. Bemerkenswert ist, dass man zum Erreichen des Selektivitäts- und Aktivitätsmaximums nur eine sehr geringe Auxiliarkonzentration benötigt. Somit gehört diese Reaktion zur Gruppe der sogenannten ligandenbeschleunigten Reaktionen. Hierbei erfolgt die Adsorption des chiralen Hilfsstoffes und des reagierenden Moleküls an zwei benachbarten, senkrecht zueinander angeordneten {111}-Flächen des Platins unter Ausbildung eines cyclischen Übergangszustandes, der zur Steigerung der Reaktionsgeschwindigkeit und der Enantioselektivität in Richtung R-(+)-Ethyllactat führt. Wie aus der schematischen Darstellung des Übergangszustandes in Abb. 9.4a hervorgeht, stabilisiert auf der einen Seite das Stickstoffatom des Chinuclidin-Ringes die OH-Bindung am Sauerstoffatom der zu hydrierenden Ketogruppe. Auf der anderen Seite bewirkt eine zusätzliche Wechselwirkung des (−)-Cinchonidins mit der Pt-Oberfläche über die freien Elektronen des C9-Sauerstoffs eine partielle Kompensation der positiven Polarisierung am Kohlenstoffatom

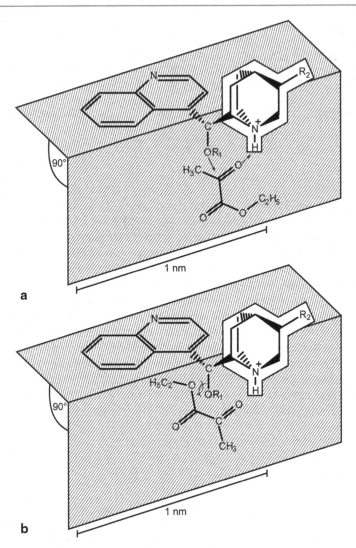

Abb. 9.4 Reaktions-Übergangszustand bei der enantioselektiven Hydrierung von Ethylpyruvat über (−)-Cinchonidin modifizierte Pt/Träger-Katalysatoren zur Bildung von **(a)** R-(+)-Ethyllactat (*bevorzugt*) und **(b)** S-(−)-Ethyllactat (*gehemmt*)

der Ketogruppe und sorgt damit bei der Hydrierung des Ketokohlenstoffs für die gewünschte Enantiodifferenzierung. Erfolgt eine Adsorption des Ethylpyruvats dagegen in einer Weise, die eine elektronische Abstoßung zwischen dem Ethoxysauerstoff des Ethylpyruvats und dem C9-Sauerstoff des (−)-Cinchonidins zur Folge hat, ist die Ausbildung des zum R-(+)-Ethyllactat führenden, cyclischen Übergangszustandes nicht möglich (Abb. 9.4b).

9.3 Reaktionsbeispiele industrieller Hydrierkatalyse

Wasserstoffbereitstellung Für die Durchführung technischer Hydrierprozesse (z. B. Ammoniak- und Methanolsynthese) sowie zur hydrierenden Veredelung von Raffinerieprodukten (Reformieren, Hydroraffination, Hydrospalten u. a.) benötigt man jährlich rund 600 Mrd. Kubikmeter Wasserstoff. Zur Gewinnung dieser beträchtlichen Menge setzt man vorwiegend Erdgas, Raffineriegas oder Leichtbenzin mit Wasserdampf bei Temperaturen zwischen 800 und 900 °C über einem Ni/Träger-Katalysator in gasbeheizten Röhrenöfen um. Die eingesetzten Kohlenwasserstoffe müssen vorher einer Hydroraffination unterworfen werden, da der Ni-Katalysator besonders gegenüber Schwefelverbindungen sehr empfindlich ist. Die Hydrodesulfurierung führt man mit relativ wenig Wasserstoff bei Temperaturen zwischen 300 und 400 °C und 3 MPa über schwefelresistenten „CoMo"- oder „NiMo"-Trägerkatalysatoren durch. Aus dem so gereinigten Einsatzkohlenwasserstoff entsteht bei anschließendem allothermem, katalytischem Dampfreformierungsprozess (engl. *steamreforming*) ein Gemisch aus Wasserstoff und Kohlenstoffmonoxid, das man als *Synthesegas* bezeichnet:

$$CH_4 + H_2O \rightarrow CO + 3H_2 \quad \Delta_R H^\varnothing = +207 \text{ kJ mol}^{-1}$$

$$-CH_2- + H_2O \rightarrow CO + 2H_2 \quad \Delta_R H^\varnothing = +151 \text{ kJ mol}^{-1}.$$

Dieser endotherme Vergasungsprozess lässt sich mit exothermen Reaktionen zu einem autothermen Verfahren koppeln, indem man einen Teil der Rohstoffe unter Luft- oder Sauerstoffzufuhr verbrennt (*partielle Oxidation*):

$$CH_4 + 0,5 O_2 \rightarrow CO + 2H_2 \quad \Delta_R H^\varnothing = -36 \text{ kJ mol}^{-1}$$

$$-CH_2- + 0,5 O_2 \rightarrow CO + H_2 \quad \Delta_R H^\varnothing = -92 \text{ kJ mol}^{-1}.$$

Auf diese Weise lassen sich auch schwersiedende Kohlenwasserstoffgemische (Rückstände der Erdöldestillation) und Kohle mit Sauerstoff und Wasserdampf zu Synthesegas bzw. Wasserstoff vergasen. Große Mengen des erzeugten Synthesegases ($CO + H_2$) benötigt man für die Methanol-, Fischer-Tropsch-, SNG- oder Oxosynthese. Wenn man Ammoniak-Synthesegas herstellen will, muss man das Prozessgas aus dem sogenannten „Primärreformer" zusammen mit Luft über einen Brenner dem „Sekundärreformer" zuführen, in dem bei rund 1200 °C eine tiefgreifende Spaltung des Einsatzgemisches erfolgt und nach der CO-Konvertierung gerade die für die Ammoniaksynthese erforderliche Gaszusammensetzung ($N_2 + 3H_2$) entsteht.

Um reinen Wasserstoff aus dem Prozessgas zu erhalten, führt man die heterogen katalysierte CO-Konvertierung mit Wasserdampf durch und gewinnt dadurch zusätzlichen Wasserstoff:

$$CO + H_2O \rightarrow CO_2 + H_2 \quad \Delta_R H^\varnothing = -42 \text{ kJ mol}^{-1}.$$

Diese Umsetzung erfolgt in zwei Stufen. Zunächst geht das Gasgemisch in die Hochtemperaturkonvertierung (350–400 °C, 3 MPa, Katalysator: Fe_2O_3(92 Ma.-%)-Cr_2O_3(7 Ma.-%)), danach findet die Tieftemperaturkonvertierung statt (250–300 °C, 3 MPa, Katalysator: CuO(54 Ma.-%)-Cr_2O_3(14 Ma.-%)-ZnO(11 Ma.-%)-Al_2O_3(19 Ma.-%)). Das erhaltene Kohlenstoffdioxid lässt sich z. B. durch die Heißpottasche-Wäsche entfernen. Daran schließt sich die Entfernung der restlichen Gehalte von CO und CO_2 bis auf unter 10 ppm durch die Methanisierung an (150–200 °C, 3 MPa, Katalysator Ni/Al_2O_3). Der auf diese Weise gewonnene Wasserstoff mit einer Reinheit von bis zu 98 % enthält nur noch Restgehalte von Methan (2–3 %) und Argon (0,25 %), die die meisten Verwendungen des Wasserstoffs in Hydrierprozessen nicht beeinträchtigen.

Ammoniaksynthese Die Synthese von Ammoniak aus N_2 und H_2 ist eine der größten Wasserstoffverbraucher und das wichtigste großtechnische Verfahren zur Fixierung von Stickstoff aus der Luft. Der technischen Realisierung der Ammoniaksynthese liegt die Gleichgewichtsreaktion

$$N_2 + 3H_2 \rightleftarrows 2NH_3 \quad \Delta_R H^\varnothing = -110,0 \text{ kJ mol}^{-1}$$

zugrunde, die exotherm und mit Volumenabnahme verläuft. Die Gleichgewichtskonzentrationen von Ammoniak beim stöchiometrischen Verhältnis der Edukte sind in Abb. 9.5 für verschiedene Reaktionsbedingungen angegeben. Daraus ist ersichtlich, dass nennenswerte Umsätze zu Ammoniak von rund 15 % pro Reaktordurchgang bei niedrigen Temperaturen und hohen Drücken erzielbar sind. Da die Reaktionsgeschwindigkeit bei niedrigen Temperaturen für einen kontinuierlichen

Abb. 9.5 Abhängigkeit der Ammoniak-Gleichgewichtskonzentration von Temperatur und Druck

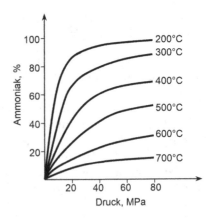

Prozess zu gering ist, kann man die ökonomisch vertretbaren Umsatzraten nur bei Verwendung eines Katalysators erreichen. In der Praxis wählt man je nach Katalysatoraktivität Temperaturen nahe 500 °C und Drücke zwischen 20 und 50 MPa. Der von Mittasch zu Beginn des 20. Jahrhunderts auf empirischem Wege entwickelte Katalysator mit optimaler Zusammensetzung, den man im Prinzip auch heute noch verwendet, besteht aus Fe_3O_4 (Magnetit) mit Zusätzen von Al_2O_3 (3–4 Ma.-%), K_2O bzw. CaO (1–2 Ma.-%). Die Herstellung des doppelt oder dreifach promotierten Fe-Katalysators erfolgt durch Lösen der Zusätze in der Magnetit-Schmelze bei ca. 1500 °C, die man nach dem Portionieren und Erstarren in speziellen Formen für den Einsatz im Reaktor auf die erforderliche Bruchstücksgröße von 2 bis 10 mm zerkleinert. Die Reduktion des Katalysators führt man am besten direkt im Reaktor durch. Dabei wirkt Al_2O_3 als Texturpromotor und verhindert das Sintern der sich während der Reduktion bildenden Fe-Kristallite mit einer durchschnittlichen Größe von 10 bis 20 nm. Der so modifizierte Katalysator weist im reduzierten Zustand eine spezifische Oberflächengröße von 16–20 $m^2\,g^{-1}$ auf, wohingegen die Oberflächengröße von reinem Eisen maximal 1,5 $m^2\,g^{-1}$ beträgt. Zugleich wirkt K_2O einerseits als Aktivator, der den Reduktionsvorgang beschleunigt, andererseits als elektronischer Promotor, indem er durch Veränderung der elektronischen Eigenschaften des Eisens sowohl seine Chemisorptionsneigung gegenüber Wasserstoff verbessert, als auch einen Elektronenübergang vom Eisen zum Stickstoff erleichtert, und somit die katalytische Aktivität erhöht. Die Hauptfunktion von CaO besteht darin, die Oberflächenacidität von Al_2O_3 auf ein Minimum zu reduzieren, um eine mögliche säurekatalysierte Zersetzung reaktiver Zwischenstufen zu verhindern und außerdem für die thermische Stabilität des Katalysators bei hohen Reaktionstemperaturen zu sorgen. Die Standzeit eines klassischen Fe-Katalysators beträgt in der Regel 5–8 Jahre. Neuerdings befindet sich auch ein Alkalimetall-promotierter Ru/C-Katalysator vereinzelt im Einsatz, der es ermöglicht, den technischen Ammoniakreaktor bei um 100 bis 150 K niedrigeren Temperaturen und bei Prozessdrücken von 10 MPa effektiv zu betreiben. Die Ursache liegt in dem direkten Zusammenhang zwischen der katalytischen Aktivität dieser Metalle und den elektronischen Eigenschaften der nicht aufgefüllten *d*-Bänder (Abschn. 8.2.1). Wie in Abb. 9.6 für eine Reihe von Graphit-geträgerten Übergangsmetallen demonstriert, befinden sich die effektivsten Katalysatoren am Maximum der sogenannten Vulkankurve (Abschn. 4.2), da hier die genau richtige Bindungsstärke zwischen Reaktandmolekülen und der Metalloberfläche existiert.

Jahrzehnte nach der Einführung des technischen Verfahrens gelang es Ertl, mit Hilfe modernster Methoden der Oberflächenchemie (z. B. *In-situ*-Auger-Spektroskopie; Röntgenphotoelektronen-Spektroskopie (XPS) oder Hochauflösende Elektron-Energieverlust-Spektroskopie (HREEL)) die Wirkungsweise des Eisens als Katalysator der Ammoniaksynthese aufzuklären. Der Mechanismus der Reaktion lässt sich zusammenfassend wie folgt darstellen:

- Dissoziative Adsorption:
  $N_2 \rightleftarrows 2\,N_{ads} \rightleftarrows 2\,N_s$
  $H_2 \rightleftarrows 2\,H_{ads}$

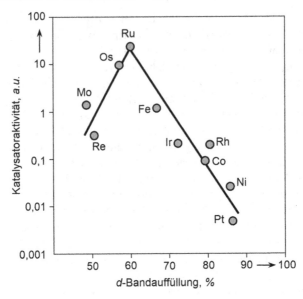

Abb. 9.6 Katalytische Aktivität verschiedener Übergangsmetalle bei der Ammoniaksynthese als Funktion der d-Bandbesetzung

- Oberflächenreaktionen:
$$N_s + H_2 \rightleftarrows NH_{ads}$$
$$NH_{ads} + H_{ads} \rightleftarrows NH_{2,\,ads}$$
$$NH_{2,\,ads} + H_{ads} \rightleftarrows NH_{3,\,ads}$$
- Desorption von NH_3:
$$NH_{3,\,ads} \rightleftarrows NH_3$$

Der entscheidende und limitierende Reaktionsschritt ist die dissoziative Adsorption des Stickstoffs in der Eisenoberfläche, die zur Bildung von Oberflächennitriden führt. Diese Stickstoffatome sind wesentlich reaktionsfähiger als der molekulare Stickstoff. Zudem lockert die Adsorption von Wasserstoff an der Eisenoberfläche die Wasserstoff-Wasserstoff-Bindung, wodurch in der Oberfläche sehr reaktionsfähige Wasserstoffatome entstehen. Schließlich vereinigen sich die reaktiven Oberflächenspezies zu NH, NH_2 und NH_3 und liefern das gewünschte Produkt Ammoniak. Dabei unterscheiden sich die Fe-Kristallflächen deutlich in ihrer katalytischen Aktivität. Somorjai konnte bestätigen, dass die Ammoniaksynthese eine strukturempfindliche Reaktion ist, deren Geschwindigkeit sich für verschiedene Fe-Kristallflächen wie folgt verhält: $\{111\} : \{100\} : \{110\} = 418 : 25 : 1$.

Bei der technischen Realisierung der exothermen heterogen katalysierten Ammoniaksynthese hat sich der sogenannten Hordenreaktor bzw. Quenchreaktor bewährt, in dem der Katalysator in mehreren getrennten Schüttungen übereinander angeordnet ist (Abb. 9.7). In jeder dieser Schüttung läuft die Reaktion adiabatisch ab, sodass es jeweils zu einer Temperaturerhöhung entlang der Schüttung kommt.

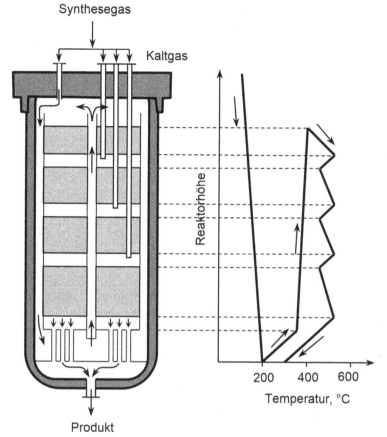

Abb. 9.7 Schematische Darstellung eines Hordenreaktors zur Ammoniaksynthese mit Kaltgas-Zwischenkühlung

Um die Temperatur im reaktionstechnisch optimalen Bereich zu halten, kühlt man das Reaktionsgemisch nach Verlassen jeder Schüttung durch Zufuhr von kaltem Frisch- oder Kreislaufgas. Der daraus resultierende Temperaturverlauf entlang der gesamten Reaktorhöhe hat die Form eines Sägezahnprofils. Wenn man in jeder Katalysatorschüttung etwa den gleichen Umsatzgrad erzielen und die Reaktion wärmetechnisch optimal führen möchte, muss die Schütthöhe des Katalysators zum Reaktorende hin wachsen.

Methanolsynthese Die Synthese von Methanol aus Synthesegas $CO + H_2$ entspricht in ihrer Technologie der Ammoniaksynthese. Es handelt sich bei der Methanolsynthese ebenfalls um eine exotherme Gleichgewichtsreaktion, die mit Volumenabnahme verläuft:

$$CO + 2H_2 \rightleftarrows CH_3OH \quad \Delta_R H^{\varnothing} = -98\,kJ\,mol^{-1}.$$

Wenn im Synthesegas Kohlenstoffdioxid enthalten ist, kann sich dieses gleichzeitig unter Bildung von Wasser zu Methanol umsetzen:

$$CO_2 + 3H_2 \rightleftarrows CH_3OH + H_2O \quad \Delta_R H^{\varnothing} = -58\,kJ\,mol^{-1}.$$

Im Unterschied zur Ammoniaksynthese sind jedoch zwischen Kohlenstoffmonoxid bzw. Kohlenstoffdioxid und Wasserstoff mehrere Reaktionen möglich, sodass der verwendete Katalysator neben einer hohen katalytischen Aktivität auch eine ausgeprägte Selektivität in Richtung Methanolbildung besitzen sollte. Als Nebenreaktionen können unter den Bedingungen der technischen Synthese noch folgende Umsetzungen ablaufen:

1. Methanbildung $CO + 3H_2 \rightleftarrows CH_4 + H_2O$ $\Delta_R H^{\varnothing} = -207\,kJ\,mol^{-1}$
2. Fischer-Tropsch-Reaktion $CO + 2H_2 \rightleftarrows -CH_2- + H_2O$ $\Delta_R H^{\varnothing} = -165\,kJ\,mol^{-1}$
3. Retrokonvertierungsreaktion $CO_2 + H_2 \rightleftarrows CO + H_2O$ $\Delta_R H^{\varnothing} = +42\,kJ\,mol^{-1}$
4. Boudouard-Reaktion $CO_2 + C \rightleftarrows 2CO$ $\Delta_R H^{\varnothing} = -161\,kJ\,mol^{-1}$

Insbesondere gilt es, den Verlauf der Methanbildungsreaktion auszuschließen, die wegen ihrer hohen Exothermie zu Havarien in der Anlage führen kann.

Als Katalysatoren für die Methanolsynthese sind Mischoxidkatalysatoren ZnO–Cr_2O_3, CuO–Cr_2O_3 oder CuO–ZnO–Al_2O_3 wirksam. Das Katalysatorsystem ZnO–Cr_2O_3 mit einem Zn:Cr-Verhältnis von ca. 7: 3 gehört mit zu den ersten Katalysatoren für die technische Synthese von Methanol. Sie zeichnen sich durch eine hohe Resistenz gegenüber Katalysatorgiften aus, z. B. Schwefelwasserstoff, erfordern jedoch hohe Temperaturen zwischen 350 und 400 °C sowie hohe Drücke um 30 MPa (*Hochdruckverfahren*), um einen genügend hohen Umsatz zu Methanol (mehr als 10 % pro Reaktordurchgang) zu erreichen. Ist das Synthesegas frei von Schwefelverbindungen (< 0,1 ppm H_2S), so kommen wesentlich aktivere Cu/Zn-haltige Mischoxidkatalysatoren zum Einsatz (z. B. CuO(50–70 Ma.-%)-ZnO(20–30 Ma.-%)-Al_2O_3(5–15 Ma.-%)), die sich bereits bei niedrigen Temperaturen um 250 °C und niedrigen Drücken von 5–10 MPa (*Niederdruckverfahren*) durch eine hohe Katalysatorleistung auszeichnen.

Die Wirkungsweise der Cu/Zn-haltigen Katalysatorsysteme verbindet man in erster Linie mit der Fähigkeit des metallischen Kupfers, CO bzw. CO_2 und Wasserstoff bereits bei niedrigen Temperaturen zu adsorbieren. Im aktiven Zustand liegt Kupfer in Form von kleinen Cu^0- und Cu^+-Clustern in der ZnO-Oberfläche, die für eine Vergrößerung der Kupferoberfläche und ihre ständige Rekonstruktion bzw. Aufrechterhaltung unter Prozessbedingungen sorgt. Das zugesetzte Aluminiumoxid übernimmt die Rolle des stabilisierenden Texturpromotors.

Die mechanistischen Untersuchungen mit Hilfe der IR-Spektroskopie und Thermodesorption von CO/CO_2 und H_2 am Katalysator zeigen, dass sich in der Kupferoberfläche Formiat-Spezies ausbilden, die man als Zwischenstufe der Methanolsynthese betrachten kann:

$$CO_{2,ads}^- + H_{ads} \rightleftarrows HCO_{2,ads}^-.$$

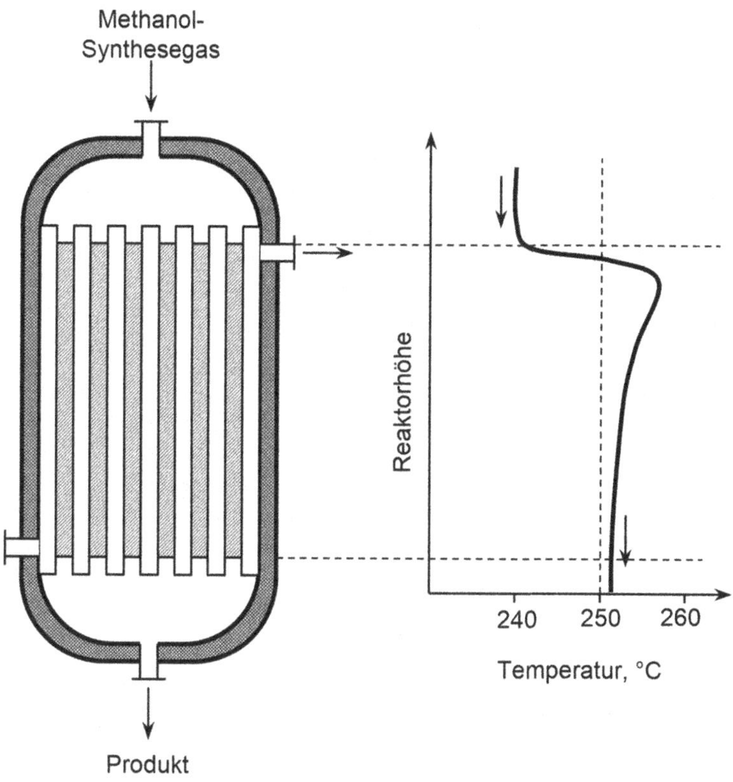

Methanol-
Synthesegas

Abb. 9.8 Schematische Darstellung eines Rohrbündelreaktors zur Methanolsynthese

Die Hydrogenolyse dieser Spezies mit aktiviertem Wasserstoff führt in einem geschwindigkeitsbestimmenden Schritt zur Bildung von Methanol:

$$HCO_{2,ads}^- + 3H_{ads} \rightleftarrows CH_3OH + O_{ads}^-.$$

Als Folge dieses Reaktionsmechanismus unterliegt Kupfer einer Oxidation. Die oberflächengebundenen O_{ads}^--Spezies oxidieren demnach CO zu CO_2, noch bevor sie durch Wasserstoff reduziert werden.

Als Reaktoren in der exothermen heterogen katalysierten Methanolsynthese verwendet man in Analogie zur Ammoniaksynthese sowohl Festbettreaktoren (Etagenöfen) als auch Rohrbündelreaktoren (Abb. 9.8). Letztere enthalten je nach Bauart einige Tausend parallele, mit Katalysator gefüllte Rohre mit einem Durchmesser von 2 bis 5 cm und einer Länge zwischen 1 und 5 m, die zwecks Kühlung z. B. von siedendem Wasser umströmt sind. Bei dieser Art der Kühlung stellt sich nach einer kurzen Überhitzungszone am Reaktoreingang ein relativ gleichförmiges Temperaturprofil ein.

Katalyse an Metallen und Metalloxiden in Oxidationsreaktionen

10

10.1 Aktivierung des Sauerstoffs

Die katalytische Oxidation gehört zu den Reaktionen, die nach dem Redox-Mechanismus in Gegenwart von Übergangsmetalloxiden und -salzen sowie auch an Metallen und Metalllegierungen verlaufen. Die katalytische Wirksamkeit beruht darauf, dass die Übergangsmetallverbindungen – und auch die Metalle selbst – in der Lage sind, aufgrund ihres *d*-Charakters koordinative Bindungen mit Reaktanden einzugehen und dabei ihren Valenzzustand leicht zu verändern. Bei der katalytischen Oxidation von organischen Verbindungen unterscheidet man zwischen der *Totaloxidation* und der *Selektivoxidation*.

Die katalytische Totaloxidation, z. B. von Kohlenwasserstoffen mit Sauerstoff oder Luft, führt im Endeffekt zur Bildung der thermodynamisch stabilen Produkte CO_2 und H_2O. Zu diesem Reaktionstyp gehört auch die Oxidation von CO zu CO_2, von H_2 zu H_2O, von SO_2 und H_2S zu SO_3 sowie von NH_3 und NO zu NO_2. Bei der katalytischen Selektivoxidation erhält man Zwischenprodukte der Oxidation als Hauptprodukte, z. B. lassen sich Kohlenwasserstoffe durch die partielle Oxidation selektiv zu Alkoholen, Aldehyden, Ketonen oder Carbonsäuren umwandeln:

$$C_nH_m + O_2 \rightarrow C_nH_{m-1}OH \xrightarrow{O_2} C_nH_{m-3}CHO + C_{n'}H_{m'}COC_{n''}H_{m''} \xrightarrow{O_2} C_{n-1}H_{m-3}COOH.$$

Für die Art und Weise der heterogenen Oxidationskatalyse ist eingedenk des Mars-van-Krevelen-Mechanismus (Kap. 7) vorrangig die Bindungsenergie des Oberflächensauerstoffes bestimmend, der in unterschiedlich aktiver Form auf der Katalysatoroberfläche vorliegen kann. Die Chemisorption von Sauerstoff kann an Übergangsmetallen und deren Oxiden sowohl molekular

© Springer-Verlag Berlin Heidelberg 2015
W. Reschetilowski, *Einführung in die Heterogene Katalyse*,
DOI 10.1007/978-3-662-46984-2_10

$$M + O_2 \rightleftarrows M \cdots O_2$$

als auch dissoziativ

$$2\,M + O_2 \rightleftarrows 2\,M \cdots O$$

erfolgen, die schließlich aufgrund der Elektronenübertragung vom Festkörper zum Sauerstoff zur Bildung oberflächengebundener, reaktiver Sauerstoffspezies führt:

$$O_2 \xrightarrow{e} O_2^{-\cdot} \begin{cases} \xrightarrow{e} O_2^{2-} \xrightarrow{2e} \\ \\ \xrightarrow{e} 2O^{-\cdot} \xrightarrow{2e} \end{cases} \longrightarrow 2O^{2-}$$

Alle diese Formen treten mit zu oxidierenden Reaktanden in eine mehr oder weniger starke Wechselwirkung, die mit einer Rückübertragung der Elektronen zur Katalysatoroberfläche verbunden ist.

Generell ist festzustellen, dass das atomar chemisorbierte Sauerstoffanionradikal $O^{-\cdot}$ eine außerordentlich hohe Oxidationsfähigkeit besitzt. Das molekular chemisorbierte Sauerstoffanionradikal $O_2^{-\cdot}$ weist eine etwas verminderte Reaktivität auf. Je nach Ausmaß der Elektronenübertragung vom Festkörper zum Sauerstoff kann neben der Ausbildung von reaktiven Oberflächen-Sauerstoffspezies auch ihre verstärkte Diffusion in das Kristallgitter des Festkörpers und eine Diffusion der Metallkationen zur Feststoffoberfläche stattfinden.

In Abb. 10.1 sind verschiedene Adsorptionszustände von Sauerstoff auf Oberflächen fester Katalysatoren schematisch dargestellt. Die molekulare Adsorption bei geringen Sauerstoffbeladungen und Raumtemperatur führt zunächst zur Bildung geordneter, zweidimensionaler Adsorptionsschichten entlang der Kristallflächen (Abb. 10.1a). Mit steigender Temperatur kommt es zur verstärkten dissoziativen Adsorption an Kristallecken, -stufen und -kanten unter Ausbildung atomar chemisorbierter, reaktionsfähiger Sauerstoffspezies vom Typ I (Abb. 10.1b), die sich zu Sauerstoffspezies vom Typ II (Abb. 10.1c) mit einer geringeren Reaktivität umwandeln können. Beide Formen zeichnen sich durch relativ schwache Bindungsenergien (Adsorptionswärme liegt bei 50–80 kJ mol^{-1}) aus und sind katalytisch aktiv bei Totaloxidationen organischer Verbindungen. Schließlich gehen diese atomar chemisorbierten Sauerstoffspezies in die dreidimensionale oxidische Struktur über (Abb. 10.1d), die sich insbesondere für die selektive (partielle) Oxidation eignet. Der Anteil einzelner reaktiver Oberflächen-Sauerstoffspezies unter stationären Bedingungen hängt von der Natur des festen Katalysators, der Temperatur und der Zusammensetzung des Reaktionsgemisches ab. Zum Beispiel liegen bei der katalytischen Oxidation von CO an der Pt-Oberfläche bei niedrigen Temperaturen und CO-Überschuss im Reaktionsgas die reaktionsfähigen Sauerstoffspezies vom Typ I

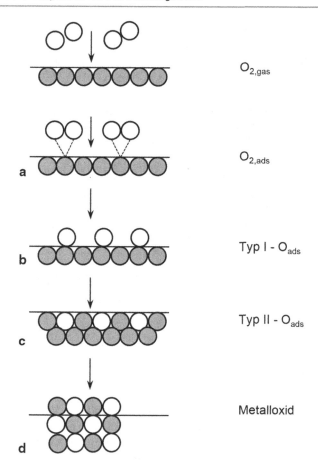

Abb. 10.1 Schematische Darstellung der Adsorptionszustände von Sauerstoff auf Feststoffoberflächen: molekular chemisorbierter Sauerstoff (**a**), atomar chemisorbierter Typ-I-Sauerstoff (**b**), atomar chemisorbierter Typ-II-Sauerstoff (**c**), atomar chemisorbierter Sauerstoff in der Feststoffschicht (**d**)

vor. Führt man die Reaktion bei höheren Temperaturen und mit einem O_2-Überschuss durch, überwiegt der Anteil an weniger reaktionsfähigen Sauerstoffspezies vom Typ II. Die Natur unterschiedlich reaktiver Oberflächen-Sauerstoffspezies und ihre Konzentration lassen sich mit Hilfe der EPR- oder Raman-Spektroskopie bestimmen.

10.2 Oxidationskatalysatoren und ihre Wirkungsweise

Von den zur katalytischen Totaloxidation organischer Emissionen in Gasströmen eingesetzten Oxidationskatalysatoren erwartet man keine besonderen Selektivitäten. Hier ist die Tiefe der Oxidation, z. B. von unterschiedlichsten Kohlenwasserstoffen zu CO_2 und H_2O, gegenüber anderen Reaktionen thermodynamisch begünstigt. Daher ist es verhältnismäßig einfach, einen aktiven Oxidationskatalysator zu finden, zu denen insbesondere Edelmetall-Katalysatoren (Pt, Pd, Rh) sowie Katalysatoren auf der Basis von Spinellen ($CoCr_2O_4$, $FeCr_2O_4$, $MnCr_2O_4$ u. a.) und Perowskiten ($CoLaO_3$, $Co_yLa_{1-y}Ce_yO_3$ u. a.) gehören. Hingegen erfordern Oxyfunktionalisierungsreaktionen, d. h. Reaktionen, bei denen sauerstoffhaltige funktionelle Gruppen in ein Molekül gezielt eingeführt werden, den Einsatz von hochselektiven Katalysatoren. Die meisten dieser Katalysatoren sind Multielementoxide mit Metallkationen, die in der jeweils höchsten Oxidationsstufe leicht Gittersauerstoff abgeben, wie z. B. Mo^{6+} ($4d^0$), V^{5+} ($3d^0$), Sb^{5+} ($4d^{10}$) oder Sn^{4+} ($4d^{10}$). Wenn dann während der Reaktion Sauerstoffleerstellen aufgetreten sind, müssen sich die benachbarten Metallzentren später durch Sauerstoff aus der Gasphase wieder regenerieren lassen. Beispiele für solche Katalysatoren sind: Bi-Mo-Mischoxidkatalysator in der Oxidation von Propen zu Acrolein und in der Ammoxidation von Propen zu Acrylnitril sowie V-Mo-Mischoxidkatalysator in der Oxidation von Benzen zu Maleinsäureanhydrid. Eine Ausnahme stellt die Direktoxidation von Ethen zu Ethenoxid am Ag/α-Al_2O_3-Katalysator dar, die mit molekular chemisorbiertem Sauerstoff verläuft. Die Selektivität in dieser Reaktion bestimmt das Verhältnis von molekular zu atomar chemisorbiertem Sauerstoff, der seinerseits für die Totaloxidation verantwortlich ist.

Da es unterschiedlich reaktive und selektiv reagierende Sauerstoffspezies gibt, benötigt man für jede Selektivoxidation jeweils „spezielle" Oxidationskatalysatoren. Ihre Wirkungsweise lässt sich in vielen Fällen mit besonderen reaktionsspezifischen Oberflächeneigenschaften fester Katalysatoren wie der „Flächenspezifität", der „Strukturempfindlichkeit" oder des „Ensembleeffekts" in Verbindung bringen.

Beispielsweise erklärt man die in der Selektivoxidation des Propens zu Acrolein beobachtete hohe Selektivität von 70 bis 80 % an einem Bi-Mo-Mischoxidkatalysator mit der selektiven Wirkung von Oxosauerstoff der Molybdänoxospezies, die jedoch nur an der niedrigindizierten {100}-Fläche des orthorhombischen MoO_3 nachweisbar sind. Hingegen reagieren die an der {010}-Kristallfläche befindlichen reaktiven Sauerstoffspezies mit Propen zu den Produkten der Totaloxidation, bedingt durch den weitaus größeren Bindungsabstand der Sauerstoffatome zu den Mo^{6+}-Kationen in den MoO_3-Oktaedern. Die Sauerstoffabgabe für die Totaloxidation lässt sich effektiv durch die Koordination von nucleophilen Sauerstoffatomen an Bi^{3+}-Kationen zurückdrängen.

Von besonderem Interesse für eine Selektivoxidation sind auch Katalysatorsysteme, bei denen es durch strukturelle Promotoren zur Erhöhung der katalytischen Aktivität und Selektivität im Vergleich zu den reinen Komponenten kommt. So ist von dem altbewährten V_2O_5-Oxidationskatalysator bekannt, dass die Geschwindigkeit vieler Oxidationsreaktionen von der Zahl der $V=O$-Gruppen und der Bindefestigkeit des Sauerstoffes in der Katalysatoroberfläche abhängt. Die katalytische Aktivität kann man zum einen durch die Aufbringung von V_2O_5 auf SiO_2 und damit durch die größere Gesamtoberfläche erhöhen. Zum anderen wirken Zusätze wie TiO_2, SnO_2 oder K_2SO_4 als strukturelle Promotoren auf V_2O_5, indem sie durch die Stabilisierung von VO^{2+}-Oberflächenspezies den Übergang $V^{5+} + e^- \rightarrow V^{4+}$ erleichtern. Das führt zur Verringerung der Sauerstoffbindefestigkeit im Oxidations-

Tab. 10.1 Die wichtigsten Oxidationsreaktionen und Katalysatoren (Auswahl)

Oxidationsreaktionen	Reaktionsprodukt	Katalysator
Selektivoxidation von Ethen	Ethenoxid	$Ag/\alpha\text{-}Al_2O_3$
Selektivoxidation von Propen	Acrolein	Cu_2O, Bi-Mo-Mischoxidkatalysator
Selektivoxidation von n-Butan/n-Buten	Maleinsäureanhydrid	$(VO)_2P_2O_7$
Selektivoxidation von Benzen	Maleinsäureanhydrid	V-Mo-Mischoxidkatalysator
Selektivoxidation von o-Xylen	Phthalsäureanhydrid	$V_2O_5\text{-}TiO_2\text{-}SiO_2$
Ammoxidation von Propen	Acrylnitril	Bi-Mo-Mischoxidkatalysator
Oxidation von CO	CO_2	Edelmetalle, Übergangsmetalloxide
Oxidation von SO_2	SO_3 (Schwefelsäure)	$V_2O_5(+K_2SO_4)$ auf SiO_2
Selektivoxidation von NH_3	NO (Salpetersäure)	Pt-, Pt/Rh-Drahtgewebe
Totaloxidation von Kohlenwasserstoffen	CO_2, H_2O	Edelmetalle

katalysator und zur Steigerung der katalytischen Aktivität sowie Selektivität, z. B. bei der Selektivoxidation von o-Xylen zu Phthalsäureanhydrid.

Im Fall von Ag-Katalysatoren erreicht man eine hohe Selektivität bei der Oxidation von Ethen zu Ethenoxid, indem man die Zahl an molekular chemisorbiertem Sauerstoff an isolierten aktiven Zentren erhöht und die dissoziative Chemisorption des Sauerstoffs unter Bildung von atomar chemisorbiertem Sauerstoff auf „Dublettzentren" zurückdrängt. Das gelingt z. B. durch Zugabe von 1,2-Dichlorethan zum Reaktionsgemisch. Dabei entsteht unter Reaktionsbedingungen atomar chemisorbiertes Chlor, das die Anzahl intakter „Dublettzentren" vermindert und die der isolierten, selektiv wirkenden Einzelzentren erhöht. Dadurch steigt die Selektivität des Ag-Katalysators von 40 auf Werte um 80 %.

In einigen wenigen Fällen kommen bei heterogen katalysierten Selektivoxidationen alternative Oxidantien bzw. Sauerstoffüberträger zum Einsatz. So ist es z. B. mit N_2O möglich, eine direkte Oxidation von Benzen zu Phenol in Gegenwart eines Fe-ZSM-5-Zeoliths (Fe-Gehalt ~ 2 %) bei 400–450 °C durchzuführen. Ein anderes Beispiel betrifft die Verwendung von H_2O_2 zur Direktoxidation von Propen zu Propenoxid in einer Dreiphasenreaktion mit Titansilikalith TS-1 (Ti-Gehalt ~ 1,1 %) als Katalysator (*HPPO*-Prozess, engl. *Hydrogen-Peroxide-to-Propylene-Oxide*), der schon bei Raumtemperatur eine nahezu vollständige Konversion mit 98 %iger Selektivität ermöglicht.

Tabelle 10.1 enthält eine Zusammenstellung der wichtigsten heterogen katalysierten Oxidationsreaktionen und der dazu verwendeten Katalysatoren.

10.2.1 Selektivoxidation von Olefinen

Bei heterogen katalysierten Selektivoxidationen von Olefinen in Gegenwart von Mischoxidkatalysatoren ist neben der Aktivierung von Sauerstoff auch die Art und Weise der Wechselwirkung zwischen Olefin-Molekülen und der Katalysatoroberfläche für die katalytische Aktivität und Selektivität maßgebend. Die Selektivoxidation von Ethen zu Ethenoxid am Ag/α-Al$_2$O$_3$-Katalysator nimmt hierin eine besondere Stellung ein. Zum einen zeichnet sich dieser Katalysator durch eine sehr hohe Selektivität aus, die mit keinem anderen Katalysator erreichbar ist. Zum anderen beobachtet man diese Eigenschaft nur für die betreffende Reaktion nach vorheriger Behandlung des Katalysators mit Sauerstoff. Die Oxidation der Olefine mit der Kettenlänge ≥C$_3$ am gleichen Ag-Katalysator und anderen heterogenen Katalysatoren führt meistens nicht zwangsweise zu Produkten der partiellen Oxidation, sondern eher zur Bildung von Kohlenstoffdioxid und Wasser.

Je nach Molekülstruktur und Chemisorptionsvermögen des Feststoffes lassen sich verschiedene adsorbierte Zustände der Olefine an Metallkationen in oxidischen Katalysatoren formulieren:

Zweipunktadsorption über σ-Bindungen

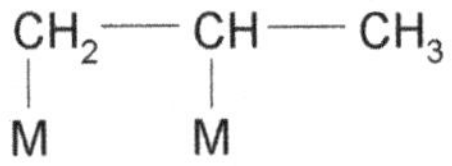

$$CH_2 - CH - CH_3$$
$$| \quad\quad |$$
$$M \quad\quad M$$

Assoziativer π -Komplex

$$CH_2 = CH - CH_3$$
$$\vdots$$
$$M$$

Dissoziativer π -Allylkomplex

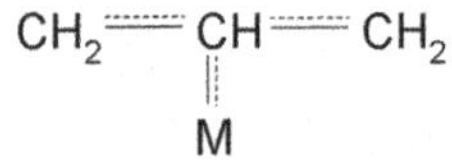

$$CH_2 = CH = CH_2$$
$$\vdots$$
$$M$$

Die Olefinchemisorption kann nicht nur an Metallkationen, sondern auch an Brönsted-Säurezentren in der Katalysatoroberfläche erfolgen:

$$C_3H_6 + OH^- \rightleftarrows (C_3H_7)^+ \cdots O^{2-}.$$

Das gebildete Carbokation zerfällt unter Abspaltung des Protons und Aufnahme des Oberflächensauerstoffanions bei gleichzeitiger Elektronenpaarverschiebung zur Katalysatoroberfläche:

$$(C_3H_7)^+ \cdots O^{2-}(+O^{2-}) \rightarrow CH_3COCH_3 + OH^- + 2e^- + *.$$

Es herrscht die allgemeine Auffassung vor, dass die partielle Oxidation der Olefine mit der Kettenlänge ≥C$_3$ vorrangig über die Bildung der π-gebundenen Allylintermediate als Zwischenstufe verläuft. Diese entstehen im Ergebnis einer dissoziativen Adsorption des Moleküls an Metallkationen der oxidischen Katalysatoroberfläche unter Eliminierung eines Protons am Kohlenstoffatom in der Nachbarschaft zur Doppelbindung. Setzt man formal einen ionischen Mechanismus voraus, so lassen sich die einzelnen Schritte der Oberflächenvorgänge an oxidischen Katalysatoren wie folgt formulieren:

1. $C_nH_{2n} \rightarrow (C_nH_{2n-1})^- + H^+$

2. $H^+ + O^{2-} \rightarrow OH^-$

3. $(C_nH_{2n-1})^- + M^{n+} \rightarrow (C_nH_{2n-1})^+ + M^{(n-2)+}$

4. $(C_nH_{2n-1})^+ + O^{2-} \rightarrow C_nH_{2n-1}O^-$

Das vorgeschlagene Schema der Adsorptions- und Reaktionsschritte basiert auf dem Mars-van-Krevelen-Mechanismus (Kap. 7) und findet eine Bestätigung bei vielen Selektivoxidationen von Olefinen.

Besonders gut erforscht ist das Bi-Mo-Mischoxidsystem als Katalysator der Selektivoxidation von Propen zu Acrolein. Das reine Bismutmolybdat kommt in drei verschiedenen Modifikationen vor: $Bi_2O_3 \cdot 2MoO_3$ (α-Phase), $Bi_2O_3 \cdot 3MoO_3$ (β-Phase) und $Bi_2O_3 \cdot MoO_3$ (γ-Phase). Alle Phasen weisen eine Schichtstruktur vom Typ

$$\left(Bi_2O_2 \right)_n^{2+} O_n^{2-} (MoO_2)_m^{2+} O_m^{2-}$$

auf, in der sich Molybdänoxid- und Bismutoxid-Schichten abwechseln. Molybdänatome liegen in den $(MoO_2)_m^{2+}$ – Schichten oktaedrisch koordiniert vor, wobei einzelne Oktaeder über die O^{2-}-Spitzen miteinander verknüpft sind. Letztere bewirken die selektive Umwandlung von π-allylchemisorbiertem Propen zu Acrolein. Die Bismutylkationen erhöhen die Selektivität der Reaktion drastisch, indem sie als aktive Zweitzentren die Ausbildung des π-Komplexes mit Molybdändioxokationen durch die Abspaltung des Wasserstoffatoms aus der Allylposition des Propens unterstützen.

Die katalytische Aktivität bzw. Selektivität von Mischoxidkatalysatoren in der Olefinoxidation kann man durch eine zielgerichtete Beimischung von Katalysatorkomponenten, die sich in ihrer Funktion unterscheiden, weiter steigern. So erhöht der Zusatz von $Fe_2(MoO_4)_3$ zum Bi-Mo-Mischoxidkatalysator die Selektivität zu Acrolein dadurch, dass er als Sauerstofflieferant die oxidative Umwandlung von an Bi-Mo-Oxozentren π-allylchemisorbiertem Propen begünstigt. Dabei geht die $Fe_2(MoO_4)_3$-Phase zunächst in die $FeMoO_4$-Phase über, die sich durch den Sauerstoff aus der Gasphase wieder reoxidieren lässt. Die Bildung der $FeMoO_4$-Phase und ihre Stabilisierung können durch den Zusatz von strukturell kohärentem $CoMoO_4$ erleichtert werden. Der eigentliche Reaktionsort zur heterogen katalysierten Umsetzung zwischen dem an verschiedenen Zentren aktivierten Sauerstoff und dem Propenmolekül befindet sich jeweils in enger Nachbarschaft an der Phasengrenze

$FeMoO_4$-$Fe_2(MoO_4)_3$ bzw. $Fe_2(MoO_4)_3$-$Bi_2(MoO_4)_3$. Auf diese Weise erzeugt man an den entsprechenden Reaktionszentren im Fall von mehrphasigen Katalysatorsystemen eine höhere Konzentration aktivierter Moleküle im Vergleich zu monophasigen Katalysatoren und erreicht eine höhere katalytische Aktivität sowie eine bessere Selektivität. Während man mit einem P-dotierten Bi-Mo-Mischkatalysator lediglich eine Selektivität von 45–50 % erhalten kann, steigt die Selektivität eines Bi-Co-Fe-Mo-Vierkomponentensystems auf 80–85 %, die eines Bi-Co-Fe-Mo-K-Fünfkomponentensystems sogar auf ca. 90 % und erreicht schließlich mit einem Bi-Co-Fe-Sb-Mo-K-Sechskomponentensystem eine Selektivität von 95 %. Eine deutliche Steigerung der Katalysatorleistung bei der Selektivoxidation von Propen mit steigender Komplexität des Mischoxidkatalysators führt man auf die Trennung zwischen der Aktivierungs- und Oxidationsstufe des Kohlenwasserstoffs und auf die unterschiedliche Art der Wechselwirkung von Sauerstoff mit den einzelnen Phasen zurück. Unter Reaktionsbedingungen kommt es zur schnellen Migration des Gittersauerstoffs infolge des „Überfließens" von der Donator- zur Akzeptor-Phase an den Ort der Umsetzung mit π-allylchemisorbiertem Propen.

10.2.2   Oxidation von Kohlenstoffmonoxid

Die katalytische Oxidation von Kohlenstoffmonoxid stellt eine geeignete Modellreaktion zur Untersuchung von Gesetzmäßigkeiten der Oxidationskatalyse an Metallen und Metalloxiden dar. Darüber hinaus hat diese Reaktion im Zusammenhang mit der *katalytischen Abgasreinigung* eine überaus wichtige praktische Bedeutung erlangt. Als Katalysatoren kommen Metalle und Metalloxide in Betracht, die in der Sauerstoffatmosphäre unter Reaktionsbedingungen beständig bleiben und keine Reaktionen mit CO und/oder CO_2 unter Bildung von stabilen chemischen Verbindungen eingehen. Diese Anforderungen erfüllen Edelmetalle (z. B. Pt, Pd, Rh u. a.) sowie mit Einschränkung eine Reihe von Oxiden der Übergangsmetalle der 4. Periode (z. B. Co_3O_4, NiO, MnO_2 u. a.) und der Nebengruppenelemente der III. Nebengruppe des PSE (z. B. CeO_2, La_2O_3 u. a.). Die heute in der Abgasreinigung, insbesondere bei der Beseitigung der toxischen Schadstoffe aus dem Motorabgas (CO, NO_x, C_nH_m), eingesetzten, sogenannten Dreiwegekatalysatoren basieren auf den keramischen oder metallischen Monolithträgern, die mit einer Zwischenschicht (engl. *wash coat*) aus γ-Al_2O_3, dotiert z. B. mit Ce_2O_3-CeO_2, belegt sind und Edelmetalle wie Pt, Pd, Pt/Pd, Pt/Rh in einer Menge von 1–2 g enthalten.

Die katalytische CO-Oxidation schließt mehrere Adsorptions- und Aktivierungsschritte von CO und Sauerstoff in der Katalysatoroberfläche ein:

1. $CO \rightleftarrows CO_{ads}$
2. $O_2 \rightleftarrows 2\,O_{ads}$
3. $CO_{ads} + O_{ads} \rightarrow CO_2$
4. $O_{ads} + CO \rightarrow CO_2$
5. $2\,CO_{ads} + O_2 \rightarrow 2\,CO_2$.

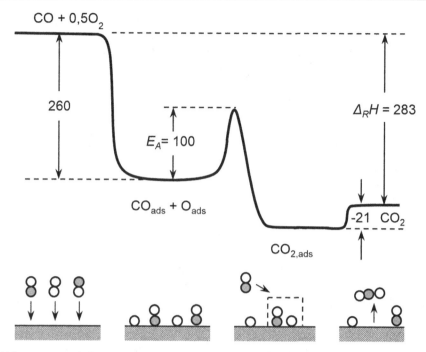

Abb. 10.2 Energiediagramm der katalytischen Oxidation von CO an Pt bei niedrigen Beladungen. Energien sind in kJ mol^{-1} angegeben

Der letzte Reaktionsschritt kann ausgeschlossen werden, da man keine Bildung von Kohlenstoffdioxid an Katalysatoren beobachtet, wenn man deren Oberfläche vor der Oxidation mit CO belädt. Die Umsetzung von CO mit chemisorbiertem Sauerstoff kann sowohl in adsorbiertem Zustand (Langmuir-Hinshelwood-Mechanismus) als auch mit dem aus der Gasphase kommenden CO (Eley-Rideal-Mechanismus) erfolgen. Der Mechanismus kann sich je nach Katalysatortyp ändern, wobei in den meisten Fällen die Reaktion nachweislich zwischen benachbarten chemisorbierten Spezies O_{ads} und CO_{ads} nach einem Oberflächendiffusionsvorgang oder direkt an der Phasengrenze der Oberflächeninsel, bestehend aus O_{ads}- und CO_{ads}-Agglomeraten, verläuft.

Aus den LEED-Untersuchungen an Pt{111}-Oberflächen ist bekannt, dass O_{ads}-Spezies in der Katalysatoroberfläche nicht zufällig verteilt sind, sondern in Abhängigkeit von Temperatur und Bedeckungsgrad eine gewisse Ordnung aufweisen. Der reaktive Sauerstoff entsteht infolge einer dissoziativen Adsorption an mindestens zwei freien Pt-Oberflächenatomen. Die Chemisorption von CO erfolgt vorrangig in linearer Form über das C-Atom senkrecht zur Oberfläche zwischen den chemisorbierten Sauerstoffatomen. Der gesamte Adsorptions- und Reaktionsverlauf ist in Abb. 10.2 schematisch dargestellt. Die Bildung von CO_2 resultiert aus der Wechselwirkung benachbarter O_{ads}- und CO_{ads}-Spezies unter Überwindung einer Aktivierungsenergie von 100 kJ mol^{-1}, wobei das Reaktionsprodukt sofort von der Katalysatoroberfläche in die Gasphase desorbiert. Die Ausbeute von gebildetem

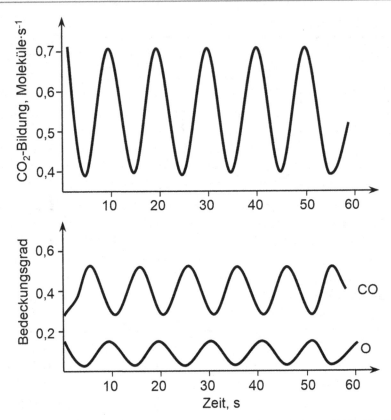

Abb. 10.3 Oszillationen der Geschwindigkeit der CO_2-Bildung auf einer Pt{110}-Oberfläche als Folge der oszillierenden Bedeckungsgrade von chemisorbierten O_{ads}- und CO_{ads}-Spezies. $T=270\,°C$, $p_{O_2}=3,8\cdot10^{-5}$ mbar, $p_{CO}=1,8\cdot10^{-5}$ mbar

CO_2 korreliert mit der Intensität der CO-Absorptionsbande im IR-Spektrum bei 2092 cm^{-1} für die lineare Form Pt-CO, die sich in Nachbarschaft zur Pt-O-Bindung befindet. Ist die Katalysatoroberfläche vollständig mit chemisorbiertem CO bedeckt, kann keine Sauerstoffadsorption mehr erfolgen und die Reaktion erlischt. Eine Abhilfe schafft hier die Durchführung der katalytischen CO-Oxidation bei Temperaturen ≥ 450 K, bei denen die Chemisorption von Sauerstoff gegenüber der CO-Chemisorption bevorzugt stattfindet. Mittels der atomar aufgelösten Rastertunnelmikroskopie konnte Ertl zeigen, dass unter bestimmten äußeren Bedingungen (bei konstanter Temperatur und konstantem O_2-Partialdruck), unter denen die Adsorption von Sauerstoff geschwindigkeitsbestimmend ist, sich die atomare Struktur der Oberfläche unter dem Einfluss chemisorbierter CO-Moleküle ändern kann. Als Folge davon kommt es innerhalb eines engen Bereiches von Einflussparametern zu periodischen Änderungen der Reaktionsgeschwindigkeit (*Oszillationen*). Ein typisches Beispiel hierfür ist in Abb. 10.3 dargestellt. Die Reaktionsgeschwindigkeit oszilliert ebenso wie die Bedeckungsgrade der auf einer Pt{110}-Oberfläche chemisorbierten O_{ads}- und CO_{ads}-Spezies. Je nach Temperatur und Partialdruck der Reaktanden kann die zeitliche Variation der Reaktionsgeschwindigkeit chaotisch werden. Da die Oberflächenkonzentrationen der Adsorbate nicht nur Funktion der Zeit, sondern auch der Raumkoordinaten sind, bilden sich auf der Oberfläche vielfältige Raum-Zeit-Strukturen wie laufende oder stehende Wellen bzw. rotierende Spiralen und andere sich schnell verändernde Muster als eine Art chemische Turbulenzen.

10.2.3 Totaloxidation von Kohlenwasserstoffen

Die heterogen katalysierte Totaloxidation von Kohlenwasserstoffen zu CO_2 und H_2O dient einerseits zur Entfernung von brennbaren Rückständen und Schadstoffen aus Abluft- und Abgasströmen, andererseits liefert sie aufgrund einer hohen Exothermie der Verbrennungsreaktion große Wärmemengen zu Heizungszwecken. In beiden Fällen müssen die eingesetzten Katalysatoren eine rückstandsfreie Verbrennung gewährleisten. Diese Anforderung erfüllen am besten Edelmetall-Katalysatoren (Pt, Pd, Rh), die man zur Erhöhung der katalytisch aktiven Oberfläche in geträgerter Form, z. B. auf Al_2O_3, SiO_2 oder Asbest, einsetzt. Da die Platinmetalle sehr teuer und in manchen Fällen gegenüber Katalysatorgiften empfindlich sind, verwendet man häufig auch preiswertere und giftresistentere Katalysatoren auf der Basis von Übergangsmetalloxiden der Elemente Mn, Cr, Fe, Co u. a. Die Auswahl der Oxide erfolgt anhand früher diskutierter Zusammenhänge. Beispielsweise zeigen in der Reihe der Übergangsmetalloxide der 4. Periode die Oxide Cr_2O_3 und Co_3O_4 bei verschiedenartigen Reaktionen die höchste katalytische Aktivität. Zudem beobachtet man eine Korrelation zwischen der Aktivität und der Leitfähigkeit: Die n-Halbleiter sind in der Regel aktiver als die p-Halbleiter. Ebenso korreliert auch die Bindungsenergie Metall-Sauerstoff mit der katalytischen Aktivität, und zwar je niedriger diese ist, umso höher ist die Aktivität.

In vielen Fällen verwendet man binäre Oxide als Katalysatoren, die in ihrer katalytischen Wirksamkeit reine Metalloxide häufig übertreffen. Zu dieser Gruppe der Katalysatoren gehören Spinelle mit der allgemeinen Formel $M^{(1)}M_2^{(2)}O_4$, in der $M^{(1)} = Mg^{2+}$, Zn^{2+}, Mn^{2+}, Fe^{2+}, Co^{2+}, Ni^{2+} und $M^{(2)} = Al^{3+}$, Mn^{3+}, Fe^{3+}, V^{3+}, Cr^{3+}, Ti^{4+} sind. Der Spinellstruktur liegt eine kubisch-dichteste Packung von O^{2-}-Ionen zugrunde, in der die Hälfte aller Oktaederlücken durch $M^{(2)}$-Ionen und ein Achtel aller Tetraederlücken durch $M^{(1)}$-Ionen besetzt sind. Die besetzten und unbesetzten Oktaederlücken wechseln sich nacheinander ab. Zwischen den Metall-Ionen kann ein Platz- und Ladungswechsel unter Ausbildung einer „inversen" Spinell-Fehlstellenstruktur erfolgen:

$$\left[M^{(1)}\right]^{2+} + \left[M^{(2)}\right]^{3+} \rightleftarrows \left[M^{(1)}\right]^{3+} + \left[M^{(2)}\right]^{2+}.$$

Durch die fehlgeordnete Struktur kommt es zur Änderung der Bindungsenergie Metall-Sauerstoff und der Koordinationsfähigkeit der Oberflächen-Metallionen, die das katalytische Verhalten der Spinelle in Oxidationsreaktionen maßgeblich beeinflussen.

Spinell-basierte Katalysatoren erhält man durch Vermischen der entsprechenden Metallsalze oder -hydroxide und deren anschließendes Calcinieren bei hohen Temperaturen sowie Aufbringen auf einen Träger (γ-Al_2O_3, SiO_2) mittels Imprägnierung. In einigen Fällen kommt es bei Verwendung des γ-Al_2O_3-Trägers aufgrund vergleichbarer Größen der Ionenradien von Al^{3+} und anderer dreiwertiger Elemente zu einem Kationenaustausch in der Spinell-Struktur, z. B. Al^{3+} gegen Cr^{3+} in $CoCr_2O_4$, der zum Aktivitätsverlust führt. Ansonsten zeichnen sich Spinelle im Vergleich zu reinen Metalloxiden durch eine hohe thermische und chemische Beständigkeit unter Katalysebedingungen aus. So weist Co_3O_4 anfänglich eine höhere katalytische Aktivität als $CoCr_2O_4$ auf, die jedoch unter den Bedingungen der Totaloxidation von Kohlenwasserstoffen infolge des Übergangs zum CoO und schließlich zum metallischen Cobalt verloren geht. Hingegen behält $CoCr_2O_4$ seine katalytische Aktivität über einen längeren Zeitraum bei.

Als weitere Katalysatoren der Totaloxidation verwendet man auch binäre Oxide mit Perowskit-Struktur der allgemeinen Formel $M^{(1)}M^{(2)}O_3$, in der $M^{(1)} = Ca^{2+}$, Ba^{2+}, Sr^{2+}, Mg^{2+}, Fe^{2+}, Pb^{2+} und $M^{(2)} = Ti^{4+}$, Ce^{4+}, Zr^{4+}, Nb^{4+}, Th^{4+}, Pb^{4+}, Mn^{4+} sind. In der Perowskit-Struktur bilden $M^{(1)}$- und O^{2-}-Ionen zusammen eine kubisch-dichteste Packung, in deren Oktaederlücken $M^{(2)}$-Ionen untergebracht sind. Die Perowskit-Katalysatoren vom Typ $Ln_{1-x}Pb_xMnO_3$ (Ln = La, Pr oder Nd) sind in ihrer katalytischen Wirksamkeit bei der katalytischen Totaloxidation Pt-Katalysatoren überlegen, die Manganite und Cobaltite anderer Metalle sind darin dem Platin ebenbürtig. Im Unterschied zu reinen Metalloxiden wie Co_3O_4 oder Fe_3O_4 zeichnen sich Perowskite durch eine hohe thermische Stabilität bis 1000 °C aus.

Eine Erhöhung der katalytischen Aktivität und Stabilität von Metalloxid-Katalysatoren lässt sich durch den Zusatz geringer Mengen (0,01–0,1 %) an Pt oder Pd erreichen. Edelmetall-Dotierungen beschleunigen zum einen den Verlauf von strukturstabilisierenden Redox-Prozessen im oxidischen Gitter. Zum anderen üben sie eine dehydrierende und spaltende Wirkung auf die organischen Moleküle aus, sodass dadurch der erste schwierige Schritt der Oxidation, die Abspaltung des ersten Wasserstoffatoms, erleichtert wird.

Die Bildung reaktiver Oberflächen-Intermediate als Vorstufe von Endprodukten der katalytischen Totaloxidation von Kohlenwasserstoffen kann man mit Hilfe der IR-Spektroskopie und der EPR nachweisen. In den meisten Fällen handelt es sich dabei um Oberflächen-Carboxylate: Formiate, Acetate, Benzoate u. a. Demnach verläuft die Oxidation unterschiedlicher Kohlenwasserstoffe, z. B. an $MgCr_2O_4$, über mehrere nacheinander folgende Reaktionsstufen (Abb. 10.4). Jeder Kohlenwasserstoff reagiert zunächst über die schwächste C-H-Bindung mit dem Oberflächen-O^{2-}-Anion und bildet dabei eine Alkoxy-Gruppe, die sich danach über die Carbonyl- und Carboxylat-Spezies schließlich zu CO und CO_2 umwandelt. Die sich im frühen Reaktionsstadium bildenden Oberflächen-Intermediate lassen sich insbesondere bei der Umsetzung von reaktionsfähigen Kohlenwasserstoffen (Propan, Isobutan, Toluen) nachweisen. Bei reaktionsträgeren Molekülen (Methan, Ethan, Benzen) beobachtet man, bedingt durch höhere Reaktionstemperaturen, vornehmlich die Bildung oberflächengebundener Carboxylate bzw. Carbonate am Ende der Reaktionsfolge.

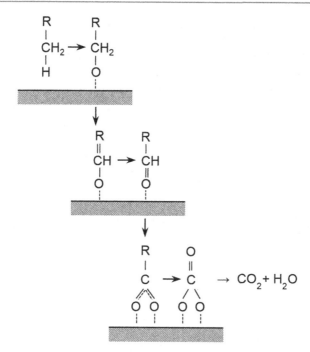

Abb. 10.4 Bildung von Oberflächen-Intermediaten bei der Totaloxidation von Kohlenwasserstoffen

10.3 Reaktionsbeispiele industrieller Oxidationskatalyse

Ammoniakoxidation Die katalytische Oxidation von Ammoniak zu Stickstoff-monoxid liegt der Herstellung von Salpetersäure nach dem *Ostwald-Verfahren* zugrunde. Da die stark exotherme Hauptreaktion

$$4\,NH_3 + 5\,O_2 \rightarrow 4\,NO + 6\,H_2O \qquad \Delta_R H^{\oslash} = -904\,kJ\,mol^{-1}$$

von anderen ebenfalls sehr stark exothermen Nebenreaktionen begleitet ist, die eine Ausbeuteminderung zur Folge haben,

$$4\,NH_3 + 3\,O_2 \rightarrow 2\,N_2 + 6\,H_2O \qquad \Delta_R H^{\oslash} = -1.268\,kJ\,mol^{-1}$$

$$4\,NH_3 + 4\,O_2 \rightarrow 2\,N_2O + 6\,H_2O \qquad \Delta_R H^{\oslash} = -1105\,kJ\,mol^{-1},$$

muss der verwendete Katalysator neben einer hohen Aktivität auch eine hohe NO-Selektivität aufweisen. Als besonders gut geeignet haben sich Pt- oder Pt/Rh-Me-tallkatalysatoren erwiesen. Durch Zulegieren von 3–10 % Rhodium verbessern sich die Ausbeute und die Haltbarkeit der Katalysatoren, die man in Form von übereinander angeordneten 5 bis 50 Drahtnetzen mit Drahtstärken von 0,075 mm und Maschenzahlen von 1024 pro cm^2 einsetzt, um sehr kurze Verweilzeiten am Katalysator (ca. 0,001 s) realisieren zu können. Anderenfalls treten NO-Verluste durch die Zerfallsreaktion in der Katalysatoroberfläche auf:

$$2\,NO \rightleftarrows N_2 + O_2 \qquad \Delta_R H^{\varnothing} = -180\,kJ\,mol^{-1}.$$

Die Oxidationsreaktion führt man entweder bei Normaldruck und Temperaturen von 850 bis 950 °C oder bei Überdruck („Mitteldruck" von 0,3 bis 0,6 MPa bzw. „Hochdruck" von 0,8 bis 1,5 MPa) und Temperaturen zwischen 920 und 940 °C durch. Das Ammoniak-Luft-Gemisch enthält 10–12,5 % NH$_3$. Damit bewegt man sich unterhalb der unteren Explosionsgrenze. Bei einer Druckerhöhung nimmt die Geschwindigkeit der Übertragung von NH$_3$ und O$_2$ zur Katalysatoroberfläche zu, sodass man bei Druckprozessen die Reaktorgröße und die Anzahl der Katalysatornetze verringern kann. Die Reaktion selbst läuft auf den ersten 2–3 Netzen vollständig ab, die anderen Netze sorgen für eine etwa gleich bleibende Umsetzung, wenn die ersten Katalysatornetze desaktivieren. Zum anderen tragen sie zur besseren Verteilung der freigesetzten Reaktionswärme im Reaktor bei.

Die eingesetzten „frischen" Katalysatornetze sind zunächst nur wenig aktiv und entwickeln ihre katalytische Wirkung erst nach einigen Tagen. Im Verlaufe dieser Formierungsperiode erfährt die glatte Katalysatoroberfläche starke Veränderungen. Es kommt zu Aufrauungen und Mikrorissen, die die Oberfläche vergrößern und dadurch die katalytische Wirkung verstärken. Infolge dieser „katalytischen Korrosion" treten je nach Temperatur und Strömungsbelastung Verluste von 0,2 bis 0,6 Gramm Pt pro Tonne umgesetztem NH$_3$ auf. Die Ursache der Korrosion unter Reaktionsbedingungen besteht in der Oxidation der Pt-Oberfläche zu PtO$_2$. Das abgetragene Platin schlägt sich nach der Reaktionszone am Reaktorboden nieder; es kann aufgesammelt und regeneriert werden. Die Lebensdauer der Katalysatoren liegt zwischen 2 und 12 Monaten.

Die Verwendung oxidischer Katalysatorsysteme anstelle von teurem Pt- oder Pt/Rh-Drahtgewebe ist aufgrund der unzureichenden thermischen Stabilität nur in seltenen Fällen möglich. Bisher kamen Fe-Mn-Bi- sowie Co-Fe-Cr-Mischoxide als zusätzliche Katalysatorschicht hinter Pt-Netzen bei 700–800 °C zum Einsatz. Die Standzeit oxidischer Katalysatoren beträgt mehrere Tausend Stunden. Dabei sinkt die spezifische Oberflächengröße von ca. 10 auf 0,5–0,8 m^2 g^{-1}.

Der chemisch-technologische Verbund der Ammoniakoxidation und der anschließenden Salpetersäureherstellung ist der Abb. 10.5 zu entnehmen. Das die Reaktionszone verlassende Reaktionsgemisch führt infolge der stark exothermen Reaktion eine beträchtliche Wärmemenge mit sich, die man beim Abkühlen auf 200 bis 300 °C zur Erzeugung von überhitztem Wasserdampf nutzt. In einem nachgeschalteten Reaktor findet eine mit verhältnismäßig geringer Geschwindigkeit ablaufende homogene Oxidationsreaktion statt:

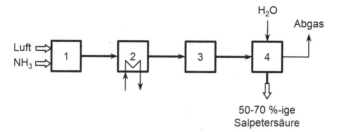

Abb. 10.5 Grundfließbild der Salpetersäureproduktion. *1* Oxidation von NH$_3$, *2* Wasserkühler, *3* Oxidation von NO, *4* Absorption

$$2\,NO + O_2 \rightarrow 2\,NO_2 \qquad \Delta_R H^{\oslash} = -113\,KJ\,mol^{-1}.$$

Nach weiterer Abkühlung mischt man das Stickstoffdioxid mit komprimierter Frischluft und führt es einer Absorptionskolonne zu, in der sich im Gegenstrom von Prozesswasser Salpetersäure bildet:

$$3\,NO_2 + H_2O \rightarrow 2\,HNO_3 + NO \qquad \Delta_R H^{\oslash} = -71\,kJ\,mol^{-1}.$$

Als Koppelprodukt entsteht dabei NO, das mit Sauerstoff wieder zu NO$_2$ reagiert. Die Restgase aus der Absorption enthalten noch ca. 200 ppm Stickstoffmonoxid, zuzüglich ca. 2 % Distickstoffmonoxid als Nebenprodukt der Ammoniakoxidation. Beide lassen sich heterogen katalysiert zu umweltneutralem Stickstoff umsetzen. Hierzu verwendet man einen Festbettreaktor mit zwei hintereinander geschalteten Katalysatorschichten. Zuerst findet in einer Fe-dotierten ZSM-5-Katalysatorschüttung die N$_2$O-Spaltung zu Stickstoff und Sauerstoff bei 300–400 °C statt. Danach unterwirft man das NO-haltige Gasgemisch bei gleicher Temperatur einer selektiven katalytischen Reduktion des NO mit NH$_3$ (SCR-Prozess, engl. *Selective Catalytic Reduction*) an einem V$_2$O$_5$-TiO$_2$-beschichteten Monolithkatalysator.

$$2\,NO + 2\,NH_3 + 0,5\,O_2 \rightarrow 2\,N_2 + 3\,H_2O \qquad \Delta_R H^{\oslash} = 814\,kJ\,mol^{-1}$$

Man erreicht damit Restkonzentrationen an NO und N$_2$O von weit unter 50 ppm.

Nach dem beschriebenen Verfahren stellt man Salpetersäure mit einer Konzentration von 50 bis 70 % her, die für die meisten Verwendungszwecke, z. B. für die Erzeugung von Stickstoffdüngern, geeignet ist. Die hochkonzentrierte Salpetersäure („Hoko"-Säure mit 98–99 % HNO$_3$), die man z. B. für die Nitrierung organischer Verbindungen benötigt, lässt sich aus der in der Produktion anfallenden verdünnten Säure durch Extraktivdestillation mit konzentrierter Schwefelsäure herstellen.

Sohio-Verfahren Das gegenwärtig wichtigste heterogen katalysierte Verfahren zur Herstellung von Acrylnitril beruht auf der gemeinsamen einstufigen Oxidation von Propen und Ammoniak (Ammoxidation) im sogenannten Sohio-Prozess (Sohio steht für *Standard Oil of Ohio*) bei 400 bis 450 °C in der Gasphase:

$$H_2C = CHCH_3 + NH_3 + 1,5\,O_2 \rightarrow H_2C = CHCN + 3\,H_2O \qquad \Delta_R H^\varnothing = -502\,kJ\,mol^{-1}.$$

Als Katalysatoren verwendet man meistens Bi/Mo-Mischoxidkatalysatorsysteme, die zur Steigerung der Acrylnitril-Selektivität auf mehr als 70 % mit Phosphor- oder Eisen-Verbindungen modifiziert sind. Daneben befinden sich auch Fe/Sb-Mischoxidkatalysatoren sowie Uranylantimonat im Einsatz. Die Katalysatoren müssen in der Lage sein, neben der Oxidationswirkung auf Propen und Reoxidierbarkeit durch Luftsauerstoff noch die Aktivierung von Ammoniak zu bewirken. In der Regel sind Katalysatorsysteme, die über eine hohe katalytische Aktivität und Selektivität in der Oxidation von Propen zu Acrolein verfügen, wie z. B. ein Bismutmolybdat-Katalysator, eignen sich auch für die selektive Ammoxidation von Propen zu Acrylnitril gemäß folgendem Reaktionsschema:

$$
\begin{array}{ccc}
& O_2,\ NH_3 & \\
CH_2{=}CH-CH_3 & \xrightarrow{\hspace{2cm}} & CH_2{=}CH-CN \\
\searrow O_2 & NH_3 \nearrow & \\
& CH_2{=}CH-CHO &
\end{array}
$$

Man kann annehmen, dass sich unter Reaktionsbedingungen zunächst aus den Molybdändioxogruppen durch Einwirkung von Ammoniak Molybdändiiminogruppen bilden. Danach folgt die Aktivierung des Propenmoleküls durch Wasserstoffabstraktion durch die BiO-Gruppe und Ausbildung des reaktiven π-Allylkomplexes, der dann mit NH-Gruppen die CN-Bindungsknüpfung zum Acrylnitril herbeiführt. Die gesamte Reaktionsfolge lässt sich vereinfacht wie folgt darstellen:

1. $MO = O + NH_3 \rightarrow Mo = NH + H_2O$

2. $Mo = NH + C_3H_6 \xrightarrow{\ BiO_x\ } (\pi - C_3H_5) \cdots Mo = NH$

   $\rightarrow -Mo - NH - CH_2 - CH = CH_2 + Bi - OH$

   $\rightarrow Bi(OH) - O - Mo - OH + H_2C = CH - CN.$

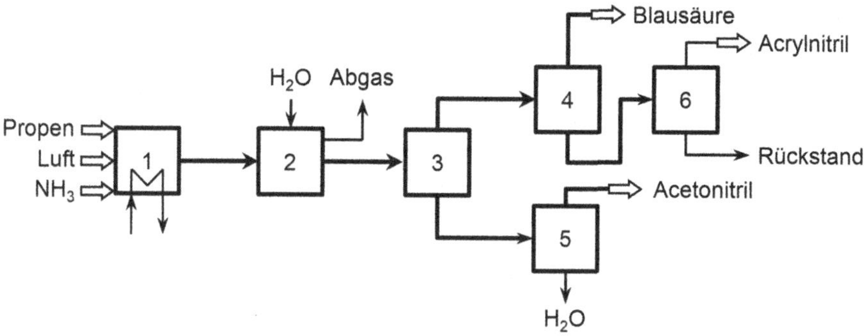

Abb. 10.6 Grundfließbild des Sohio-Prozesses. *1* Ammoxidation von Propen, *2* Wasserwäscher, *3–6* Rektifikationskolonnen

Die Umsetzung von Propen, Ammoniak und Luft erfolgt aufgrund der hohen Exothermie der Reaktion in einem Wirbelschichtreaktor. Daher müssen die eingesetzten Katalysatoren neben einer hohen thermischen Stabilität auch eine hohe Abriebfestigkeit aufweisen. Die freiwerdende Wärme führt man aus dem Reaktor mittels senkrecht angeordneter, mit Wasser durchströmter Schlangenrohre ab und verwendet sie zur Erzeugung von überhitztem Wasserdampf. Während der Reaktion entstehen in beträchtlichen Mengen Nebenprodukte, vor allem Blausäure (ca. 15 %) und Acetonitril (ca. 3–4 %), die man mit großem Aufwand in mehreren hintereinander geschalteten Rektifikationskolonnen voneinander trennt (Abb. 10.6). Das aus der wässrigen Lösung schließlich gewonnene Acrylnitril mit einer Reinheit von weit über 99 % dient als Monomeres zur Herstellung von Polyacrylnitrilfasern (PAN), von Acrylnitril-Butadien-Styrol-Copolymeren (ABS) oder von Nitrilkautschuk sowie als eine Komponente für Klebstoffe, Antioxidantien und Emulgatoren.

Säure-Base-Katalyse 11

11.1 Allgemeine Prinzipien der Säure-Base-Katalyse

Das Prinzip der säure- oder basekatalysierten Oberflächenreaktionen besteht in Analogie zur homogenen Katalyse in der Aktivierung von Reaktanden durch deren Säure-Base-Wechselwirkung mit den entsprechenden aktiven Zentren der Feststoffoberfläche. Die Art der Wechselwirkung eines gegebenen Reaktanden hängt im Wesentlichen von der chemischen Natur des verwendeten heterogenen Katalysators ab. Kommt es im Ergebnis der Wechselwirkung des reagierenden Moleküls mit dem Festkörper zu Elektronenübergängen, die in der Regel an Metallen und Metalloxiden mit Halbleiter-Eigenschaften zu beobachten sind (Kap. 9 und 10), hat man es mit der Redox-Katalyse zu tun (homolytische Reaktionen). Tritt bei einer Reaktand-Katalysator-Wechselwirkung keine Aufspaltung des Elektronenpaares am reagierenden Molekül auf, finden die für die Säure-Base-Katalyse charakteristischen Elektronenpaarübergänge statt (heterolytische Reaktionen).

Für die Interpretation der Mechanismen von heterogen katalysierten Säure-Base-Reaktionen haben sich die Säure-Base-Konzepte nach Johannes N. Brönsted (1879–1947) und Gilbert N. Lewis (1875–1946) bewährt. Nach Brönsted ist eine Säure eine Verbindung, die ein Proton abgeben kann, also ein Protonendonator. Eine Brönsted-Base nimmt Protonen auf und ist daher ein Protonenakzeptor. Lewis erweiterte den Säure-Base-Begriff auch auf Verbindungen, die kein Proton enthalten. Danach ist eine Säure eine Verbindung, die sich als Elektronenpaar-Akzeptor an der Ausbildung einer kovalenten Bindung beteiligt. Das Proton ist somit nur ein Beispiel der Lewis-Säure. Eine Lewis-Base ist eine Verbindung, die das für diese kovalente Bindung benötigte Elektronenpaar als Donator zur Verfügung stellt. Die katalytische Wirkung von Brönsted-Säurezentren und von korrespondierenden Basen lässt sich für viele Reaktionen nachweisen, wohingegen die Beteiligung von Lewis-Zentren bei säure- oder basekatalysierten Reaktionen allein und im Zusammenwirken mit den Brönsted-Zentren eigentlich nur vermutet werden kann.

In der Säurekatalyse wirkt der Katalysator im Allgemeinen als Protonendonator, in der Basekatalyse als Protonenakzeptor. Beispielsweise erfolgt im Falle eines sauren Katalysators die Aktivierung des Reaktanden durch die Einführung in das

© Springer-Verlag Berlin Heidelberg 2015
W. Reschetilowski, *Einführung in die Heterogene Katalyse*,
DOI 10.1007/978-3-662-46984-2_11

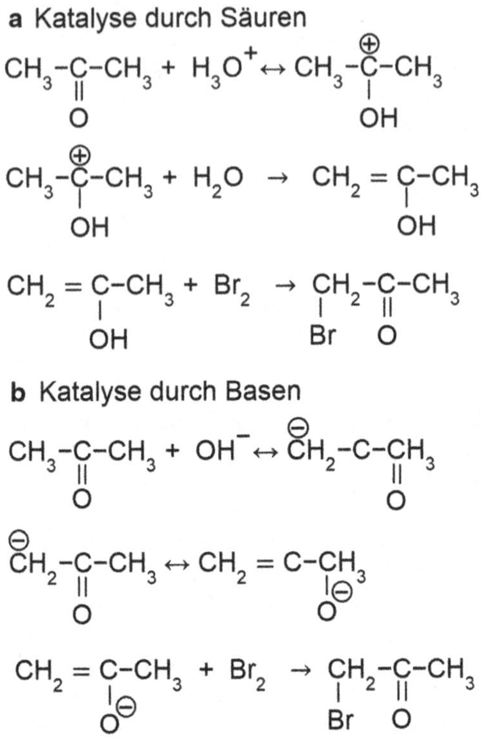

Abb. 11.1 Mechanismus der
säure- (**a**) bzw. basekatalysierten
(**b**) Bromierung von Aceton

a Katalyse durch Säuren

$$CH_3-\underset{\underset{O}{\|}}{C}-CH_3 + H_3O^+ \leftrightarrow CH_3-\overset{\oplus}{\underset{\underset{OH}{|}}{C}}-CH_3$$

$$CH_3-\overset{\oplus}{\underset{\underset{OH}{|}}{C}}-CH_3 + H_2O \rightarrow CH_2=\underset{\underset{OH}{|}}{C}-CH_3$$

$$CH_2=\underset{\underset{OH}{|}}{C}-CH_3 + Br_2 \rightarrow \underset{\underset{Br}{|}}{CH_2}-\underset{\underset{O}{\|}}{C}-CH_3$$

b Katalyse durch Basen

$$CH_3-\underset{\underset{O}{\|}}{C}-CH_3 + OH^- \leftrightarrow \overset{\ominus}{C}H_2-\underset{\underset{O}{\|}}{C}-CH_3$$

$$\overset{\ominus}{C}H_2-\underset{\underset{O}{\|}}{C}-CH_3 \leftrightarrow CH_2=\underset{\underset{O^\ominus}{|}}{C}-CH_3$$

$$CH_2=\underset{\underset{O^\ominus}{|}}{C}-CH_3 + Br_2 \rightarrow \underset{\underset{Br}{|}}{CH_2}-\underset{\underset{O}{\|}}{C}-CH_3$$

reagierende Molekül eines oberflächengebundenen Protons oder eines positiv geladenen Ions. Hingegen gilt für einen basischen Katalysator, dass man umgekehrt ein Proton aus dem Molekül entfernt oder ein Anion in das Molekül einführt. In beiden Fällen kommt es zur Entstehung von reaktiven Zwischenstufen, die im weiteren Reaktionsverlauf zur Bildung von neuen Molekülen führen, wobei definitionsgemäß nach Abschluss einer Reaktion die katalytisch aktiven funktionellen Gruppen in der Katalysatoroberfläche unverändert bleiben müssen. Dabei geht man davon aus, dass, obwohl an einer katalysierten Reaktion immer korrespondierende Säure-Base-Paare beteiligt sind, meist nur ein Partner für den geschwindigkeitsbestimmenden Reaktionsschritt verantwortlich ist. Ein gut untersuchtes Beispiel ist die säure- oder basekatalysierte Bromierung von Aceton, die nach verschiedenen Mechanismen abläuft (Abb. 11.1).

Bei der säurekatalysierten Reaktion (Abb. 11.1a) bildet sich durch die Protonenanlagerung an das reagierende Molekül als kurzlebige Zwischenstufe das Carbokation, wohingegen es in der basekatalysierten Reaktion (Abb. 11.1b) durch die Protonenabstraktion zur Bildung von reaktivem Carbanion kommt. Beide Ionen sind koordinativ ungesättigt und trachten deshalb danach, sich in Gegenwart eines katalytisch wirksamen Säure-Base-Zentrums durch die Einwirkung nucleophiler Verbindungen im Falle des Carbokations oder elektrophiler Verbindungen beim Vorliegen eines Carbanions unter Strukturänderung koordinativ abzusättigen.

Bei Carbokationen unterscheidet man zwischen Carbeniumionen mit einem dreifach koordinierten Kohlenstoffatom (z. B. R_3C^+; R steht für einen organischen Rest) und Carboniumionen mit einem fünffach koordinierten Kohlenstoffatom (R_5C^+) (Kap. 12). Weil Carbokationen nur ein Elektronensextett besitzen und positiv geladen sind, lassen sie sich durch elektronenschiebende Alkylgruppen stabilisieren. In der Reihe relativer Stabilitäten von Carbokationen sind daher die tertiären Carbokationen die stabilsten und das Methylkation das instabilste:

$$R_3C^+ > R_2HC^+ > RH_2C^+ > H_3C^+.$$

Carbanionen, die zwar über ein Elektronenoktett verfügen, aber negativ geladen sind, werden demgegenüber durch elektronenschiebende Alkylgruppen destabilisiert. In diesem Fall ist die relative Stabilität des Methylanions die höchste, die eines tertiären Carbanions die niedrigste:

$$R_3C^- < R_2HC^- < RH_2C^- < H_3C^-.$$

In der heterogenen Säure-Base-Katalyse sind zur Bildung von in der Katalysatoroberfläche gebundenen Carbokationen oder Carbanionen als reaktive Zwischenstufen Mechanismen vorgeschlagen worden, die verschiedenartige Säure-Base-Paare als katalytisch wirksame Oberflächenzentren einbeziehen. Wenn man dann von der Rolle der Festkörperacidität oder -basizität im Zusammenhang mit der heterogenen Säure-Base-Katalyse spricht, muss man zunächst zwischen der Art der Säure oder Base nach Brönsted oder Lewis unterscheiden. Der Säure-Base-Begriff beinhaltet aber auch die Konzentration der Säure oder Base (bzw. die Zahl der sauren oder basischen Zentren pro g Festkörper oder m^2 der Festkörperoberfläche). Außerdem spielt in der säure- oder basekatalysierten Reaktion die Stärke der katalytisch wirksamen Säure- oder Basezentren und ihre Verteilung eine wesentliche Rolle. Bei porösen Feststoffen als Katalysatoren kommt die Zugänglichkeit dieser Zentren für die reagierenden Moleküle als ein weiterer Einflussparameter hinzu. Um einen Katalysator für die heterogene Säure-Base-Katalyse nach Maß zu entwickeln, muss man alle diese Aspekte berücksichtigen.

Die saure oder basische Wirkung heterogener Katalysatoren lässt sich im einfachsten Fall durch Analogiebetrachtungen mit der homogenen Katalyse beschreiben. In der Tat werden mit Feststoffsäuren und -basen dieselben Reaktionen katalysiert und ähnliche Produkte sowie Produktverteilungen erhalten wie mit flüssigen (insbesondere wässrigen) Mineralsäuren und -basen. Daher erfolgen die Charakterisierung der Feststoffacidität oder -basizität und deren Beziehung zur Reaktion zuerst in Anlehnung an die aus der homogenen Katalyse bekannten Gesetzmäßigkeiten. Dabei ist anzumerken, dass es zwischen der Säure- und Basekatalyse hinsichtlich der formalkinetischen Beschreibung keine Unterschiede gibt, sodass es möglich ist, die Besonderheiten heterogener Säure-Base-Katalyse zunächst am Beispiel von Feststoffsäuren als Katalysatoren zu behandeln.

Im Folgenden seien die wichtigsten Mechanismen, nach denen säurekatalysierte Reaktionen ablaufen können, am Beispiel der Reaktion eines schwach basischen Reaktanden (A) in Gegenwart eines sauren Katalysators (HK) unter der Bildung einer reaktiven Zwischenstufe demonstriert. Im ersten Reaktionsschritt erfolgt die Protonierung des reagierenden Moleküls durch den Katalysator unter Bildung eines reaktiven Zwischenkomplexes (AH^+K^-), der dann im zweiten Schritt zum Endprodukt (P) reagiert:

$$A + HK \rightleftarrows A \cdots HK \left(AH^+ K^- \right) \rightarrow P + HK$$

Ist die Protonenübertragung der langsamste Schritt, dann ergibt sich für die Reaktionsgeschwindigkeit:

$$r = k_1 c_{HK} c_A$$

und bei c_{HK} = konstant gilt $k_1 c_{HK} = k$ bzw. $r = kc_A$.

Erfolgt die Protonenübertragung in thermodynamisch günstiger Richtung, d. h. von HK als der stärksten Säure im Katalysatorsystem auf A, dann ist dieser Übergang in der Feststoffoberfläche im Allgemeinen diffusionskontrolliert, und k ließe sich aus der Diffusionsgeschwindigkeit des Protons abschätzen. An Feststoffsäuren übt der Diffusionsweg, bestimmt durch die Dichte der katalytisch wirksamen Zentren, einen entscheidenden Einfluss auf die Reaktionsgeschwindigkeit aus. Ist die Übertragungsgeschwindigkeit nicht diffusionskontrolliert, so ist der Wert der Geschwindigkeitskonstanten k von der Art der Säure abhängig. Bei Anwesenheit von Säuren unterschiedlicher Stärke benötigt man die exakte Säurestärkeverteilung und muss über alle Wirkungen summieren:

$$k = \sum k_i c_{HK_i}$$

In diesem Fall spricht man von der *allgemeinen Säurekatalyse*. Die Reaktion wird durch alle Säuren beschleunigt und das Proton im Verlauf des langsamen Reaktionsschrittes nur partiell auf den Reaktionsteilnehmer übertragen.

Ist das Gleichgewicht des Protonenüberganges schnell eingestellt und der Zerfall des protonierten Zwischenkomplexes geschwindigkeitsbestimmend, so gilt:

$$r = k_2 c_{AH^+} .$$

Die Gleichgewichtskonstante des vorgelagerten Komplexes ist linear mit der Dissoziationskonstanten von AH^+ verbunden:

$$K_{AH^+} = \frac{c_{H^+} \cdot c_A}{c_{AH^+}} .$$

Damit erhält man für die Reaktionsgeschwindigkeit

$$r = \frac{k_2}{K_{AH^+}} c_{H^+} \cdot c_A.$$

Fasst man alle Konstanten zu einer neuen Konstante k_{H^+} zusammen, dann ergibt sich für die Geschwindigkeitskonstante

$$k = k_{H^+} \cdot c_{H^+}.$$

Einen solchen Fall bezeichnet man als *spezifische Säurekatalyse*, da in der Geschwindigkeitsgleichung trotz Mitwirkung von Säuren unterschiedlicher Stärke nur die Konzentration c_{H^+} erscheint und das Proton im Verlauf der Reaktion bereits vor dem langsamen Reaktionsschritt vollständig auf den Reaktionsteilnehmer übertragen wird.

Man kann aus dem oben Gesagten schlussfolgern, dass beide Mechanismen Grenzfälle darstellen, zwischen denen sich der wahre Mechanismus befindet, d. h., die Geschwindigkeitskonstante einer säurekatalysierten Reaktion kann sowohl von der Konzentration der Säure als auch von der Säurestärke, gegeben durch K_{AH^+}, abhängig sein. In analoger Weise lässt sich auch die Katalyse durch Basen beschreiben. Dieser Sachverhalt spiegelt sich bei den allgemeinen säure- oder basekatalysierten Reaktionen in dem zunächst bei Untersuchungen mit homogenen Katalysatorsystemen aufgestellten Brönsted'schen Katalysegesetz wider:

$$k_i = G_i K_i^\alpha,$$

wobei k_i die katalytische Konstante für die Säure- und Basekatalyse ist, während K_i die Dissoziationskonstante des eine Säure- oder Basefunktion tragenden Katalysators darstellt. G_i sowie α sind individuelle Konstanten, die vom Reaktionssystem im gegebenen Lösungsmittel und der Temperatur abhängen. Wenn man die obige Gleichung logarithmiert

$$\ln k_i = \ln G_i + \alpha \ln K_i$$

und $\ln k_i$ gegen $\ln K_i$ oder den entsprechenden pK-Wert aufträgt, können diese Konstanten aus der Steigung bzw. Lage der Geraden ermittelt werden. Dabei kann der Brönsted-Exponent α die Werte zwischen 0 und 1 einnehmen. Große α-Werte weisen auf eine starke allgemeine Säure- oder Basekatalyse hin. Das Brönsted'sche Katalysegesetz stellt eine *lineare Freie-Enthalpie-Beziehung* dar, da der Logarithmus der Gleichgewichtskonstanten der molaren freien Standartreaktionsenthalpie und $\ln k_i$ der freien Aktivierungsenthalpie proportional ist.

Dieselben Zusammenhänge zwischen der katalytischen Aktivität und den aciden bzw. basischen Eigenschaften von Festkörpersäuren oder -basen sind grundsätzlich auch an entsprechenden heterogenen Katalysatoren zu erwarten, wenn die Zugänglichkeit der Reaktanden zu katalytisch aktiven Zentren und die schnelle Einstellung des Adsorptions-Desorptions-Gleichgewichtes in der Katalysatoroberfläche gewährleistet sind. Dabei sucht man für gewöhnlich nach Beziehungen zwischen der Größe der Geschwindigkeitskonstanten sowie der Zahl und Stärke der aciden oder basischen Zentren des heterogenen Katalysators.

Als Paradebeispiel einer erfolgreichen Übertragung des Wissensstandes aus der homogenen Säure-Base-Katalyse auf die heterogene Katalyse gilt die von Bunnett und Olsen für den Fall der spezifischen Säurekatalyse abgeleitete Beziehung, die den Wert der Geschwindigkeitskonstanten 1. Ordnung einer säurekatalysierten Reaktion mit der Protonenkonzentration und der Säurestärke (charakterisiert durch die H_0-Funktion nach Louis P. Hammett (1894–1987)) verknüpft:

$$\ln k + H_0 = \phi\left(H_0 + \ln c_{H^+}\right) + \ln k_0.$$

Die Grenzwertbetrachtung führt zu folgenden Abhängigkeiten: Bei $\phi = 0$ gilt $\ln k = \ln k_0 - H_0$ und bei $\phi = 1$ ergibt sich $k = k_0 c_{H^+}$. D. h., nimmt ϕ den Wert 0 an, so hängt die Geschwindigkeitskonstante nur von H_0 ab, mit $\phi = 1$ ist sie der Protonenkonzentration proportional. Die Größe ϕ interpretiert man daher als reaktionsspezifische Solvatationsvariable, die die Wechselwirkung zwischen Reaktanden und Lösungsmittel charakterisiert, sodass der ϕ-Wert nicht nur von der Art der Reaktion und den Reaktionsbedingungen, sondern auch vom Reaktionsmedium abhängig ist.

Die Gültigkeit der Bunnett-Olsen-Beziehung auch für Oberflächenreaktionen an sauren Katalysatoren lässt sich für verschiedene Reaktionen – entsprechend dem ϕ-Wert – durch Änderung der Konzentration der Brönsted-Säurezentren und/oder ihrer Stärke in der Feststoffoberfläche nachweisen. Beispielsweise ist bekannt, dass mit steigendem Si/Al-Verhältnis in einem aciden Zeolith H-Mordenit die Protonenkonzentration sinkt und gleichzeitig deren Säurestärke steigt. Dementsprechend beobachtet man bei der säurekatalysierten Veresterung von Essigsäure mit Ethanol ein monotones Ansteigen der Geschwindigkeitskonstanten mit der Säurestärke (Abb. 11.2). Ein dem Grenzfall $\phi = 1$ entsprechendes monotones Absinken der Aktivität mit Abnahme der Zahl der Brönsted-Säurezentren findet man für die Isomerisierung von Cyclopropan zu Propen. Die Zwischenwerte von ϕ führen zur Ausbildung eines Maximums der katalytischen Aktivität, das reaktionsspezifisch je nach Größe von ϕ bei unterschiedlichen Si/Al-Verhältnissen des H-Mordenits liegt.

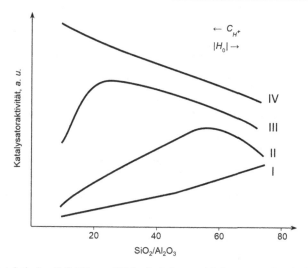

Abb. 11.2 Katalytische Aktivität von H-Mordenit in verschiedenen säurekatalysierten Reaktionen als Funktion des Si/Al-Verhältnisses. (*I*) EtOH + HAc → EtAc + H_2O, (*II*) iso-PrOH + HAc → iso-PrAc + H_2O, (*III*) *n*-Octan-Spaltung → Spaltprodukte, (*IV*) Cyclopropanisomerisierung → Propen

11.2 Saure und basische Katalysatoren und ihre Wirkungsweise

11.2.1 Bestimmung der Oberflächenacidität und -basizität

Zur Charakterisierung der Oberflächenacidität und -basizität von Feststoffen sind im Prinzip die Methoden anwendbar, die man auch für homogene Systeme einsetzt, jedoch gibt es hierbei einige Besonderheiten. Beispielsweise ist eine Säure-Base-Titration von wässrigen Katalysatorsuspensionen in Gegenwart von Indikatoren mit bekanntem pK-Wert schon deshalb problematisch, weil Wasser gegenüber Festkörpersäuren und -basen kein inertes Medium darstellt. So zeigt eine Aufschlämmung eines SiO_2-MgO-Crackkatalysators mit acider Feststoffoberfläche im Wasser einen pH-Wert von 10,3. Das entspricht der Löslichkeit von $Mg(OH)_2$, das sich durch Hydrolyse im Wasser bildet. Ist der Festkörper sehr stabil, wie dies z. B. beim Zeolith Mordenit der Fall ist, lässt sich aus der Austauschisotherme

$$Na^+_{fest} + H^+_{aq} \rightleftarrows H^+_{fest} + Na^+_{aq}$$

sowohl die Konzentration als auch die Stärke der aciden Zentren abschätzen. Eine Voraussetzung hierfür ist allerdings, dass alle Zentren zugänglich sind und keine zusätzlichen Stabilisierungen des eingetauschten Kations durch unterschiedliche Gitterumgebungen auftreten.

Als alternative Methode zur Bestimmung der Oberflächenacidität bietet sich die potenziometrische Titration in nichtwässrigen Medien an, z. B. die Titration mit *n*-Butylamin in Acetonitrilaufschlämmungen. Umgekehrt lassen sich die Konzentration und Stärke der basischen Zentren durch die Titration der Katalysatorsuspension in Benzen mit Benzoesäure in Gegenwart des Indikators Bromthymolblau bestimmen. Eine solche Titration belegt, dass sich z. B. die Zahl basischer Oberflächenzentren in Aluminiumoxid durch die Wasseradsorption erhöht, was man im Falle von Silicagel oder Alumosilicaten nicht beobachtet.

Eine breite Anwendung zur Bestimmung der Oberflächenacidität findet die sogenannte *Benesi-Indikatormethode*, die es ermöglicht, über eine Reihe von basischen Adsorptionsindikatoren (*B*) mit unterschiedlichen *pK*-Werten und deutlich abweichender Farbe in der protonierten Form (*BH*⁺) über das Gleichgewicht

$$BH^+ \rightleftarrows B + H^+$$

die H_0-Aciditätsfunktion gemäß

$$H_0 = pK_a + \ln\left(\frac{c_B}{c_{BH^+}}\right)$$

als Maß für die Fähigkeit der Festkörpersäure zur Übertragung eines Protons auf eine Base zu bestimmen sowie die Säureverteilungsfunktionen aufzunehmen.

In analoger Weise kann man über eine Farbänderung eines sauren Adsorptionsindikators (*AH*) in Gegenwart einer Feststoffbase (*B*) über das Gleichgewicht

$$AH + B \rightleftarrows A^- + BH^+$$

die Basenstärke gemäß

$$H_0 = pK_b + \ln\left(\frac{c_{A^-}}{c_{AH}}\right)$$

ermitteln.

Da die Verhältnisse (c_B/c_{BH^+}) und (c_{A^-}/c_{AH}) am Gleichgewicht nahezu 1 sind, kann man annehmen, dass zum Zeitpunkt des Farbumschlages des verwendeten Indikators jeweils $H_0 \sim pK$.

Die wichtigsten Indikatoren zur Bestimmung der Stärke von aciden und basischen Zentren sowie deren Verteilung sind in Tab. 11.1 und Tab. 11.2 zusammengestellt. Daraus kann man entnehmen, dass eine Festkörpersäure, die z. B. bei der Adsorption des Indikators Benzalacetophenon mit $pK = -5,6$ seine Farbe von farblos nach gelb verändert, während sich diese bei der Adsorption von Anthrachinon mit $pK = -8,2$ nicht ändert, eine Säurestärke H_0 zwischen $-5,6$ und $-8,2$ besitzt. Damit liegen die mit dieser Methode erhaltenen Angaben zur Konzentration und Stärke der Oberflächenzentren im Bereich der stark sauren Mineralsäuren. So

Tab. 11.1 Indikatoren zur Bestimmung der Stärke von aciden Zentren (Auswahl)

Indikator	Farbe der Indikatorbase	Farbe der protonierten Form	pK-Wert
Neutralrot	Gelb	Rot	$+6,8$
Methylrot	Gelb	Rot	$+4,8$
Dimethylgelb	Gelb	Rot	$+3,3$
Kristallviolett	Blau	Gelb	$+0,8$
Benzalacetophenon	Farblos	Gelb	$-5,6$
Anthrachinon	Farblos	Gelb	$-8,2$

Tab. 11.2 Indikatoren zur Bestimmung der Stärke von basischen Zentren (Auswahl)

Indikator	Farbe der Indikatorsäure	Farbe der basischen Form	pK-Wert
Bromthymolblau	Gelb	Blau	7,2
Phenolphthalein	Farblos	Rosa	9,3
2,4,6-Trinitroanilin	Gelb	Orangerot	12,2
2,4-Dinitroanilin	Gelb	Violett	15,0
4-Nitroanilin	Gelb	Orange	18,4
4-Chloranilin	Farblos	Rosa	26,5

entspricht der H_0-Wert von $-8,2$ der Säurestärke einer 85%igen H_2SO_4. Analog heißt es für eine Feststoffbase, wenn diese eine Farbänderung des Indikators Bromthymolblau mit $pK = +7,2$ herbeiführt, dass ihre Basenstärke dem H_0-Wert von 7,2 und damit der mittleren Stärke der anorganischen Basen entspricht.

Neben H_0-Indikatoren (primäre Aniline) fanden noch weitere Indikatorreihen breite Anwendung, wobei H''' für tertiäre Amine, H_A für Carbonsäureamide und H_R für Arylcarbinole steht. Die Anwendbarkeit der Indikatoren hängt von den jeweiligen Festkörpern ab. Während H_0-Indikatoren sowohl auf Brönsted- als auch auf Lewis-Zentren ansprechen, eignen sich die H_R-Indikatoren, wie z. B. Triphenylmethanol, als spezifische Indikatoren für die Erfassung der Brönsted-Acidität.

Einige Feststoffsäuren stellen supersaure Systeme dar, sodass in solchen Fällen die Anwendung von H_0-Indikatoren zur Bestimmung der Oberflächenacidität unumgänglich ist. Beispielsweise entspricht die Säurestärke eines sulfatierten Zirkonoxids einem H_0-Wert von ≤ -16, was die Acidität einer 100%igen H_2SO_4 um das Mehrfache übertrifft. Eine maximale Säurestärke und katalytische Aktivität in säurekatalysierten Reaktionen erreicht man bei einer Monoschichtbedeckung der ZrO_2-Oberfläche mit SO_4^{2-}-Anionen. Ähnlich hohe Oberflächenaciditäten der Stärke $-16 < H_0 < -14$ weisen noch andere feste Supersäuren wie SO_4^{2-}/SnO_2, SO_4^{2-}/TiO_2 oder auch SbF_5/Al_2O_3-SiO_2 auf. Umgekehrt zeigen feste Superbasen wie das mit Na bedampfte MgO oder mit NaOH beladenes Al_2O_3 außerordentlich hohe positive H_0-Werte von $> +35$. Das übertrifft bei weitem die Oberflächenbasizität solcher basischer Oxide wie CaO oder SrO mit einem H_0-Wert von $> +26,5$.

Die geschilderte Indikatormethode zur Bestimmung der Oberflächenacidität bzw. -basizität hat eine Reihe von Nachteilen. Zum einen erfolgen die Messungen bei Raumtemperatur, also weit entfernt von der Arbeitstemperatur der meisten heterogenen Katalysatoren. Zum anderen ist es unbedingt erforderlich, die zeitraubenden Messungen unter Feuchtigkeitsausschluss durchzuführen, um den Einfluss von Spurenmengen an Wasser auf den aciden bzw. basischen Charakter der Oberflächenzentren zu vermeiden. Schließlich verbleiben noch individuelle Fehler bei der Beurteilung des Farbumschlages.

Eine weitere Bestimmungsmethode basiert auf der Adsorption von Molekülen mit basischen oder sauren Eigenschaften (z. B. Ammoniak, Pyridin, *n*-Butylamin, Phenol, Kohlenstoffdioxid etc.) in der Feststoffoberfläche und der kalorimetrischen Messung der dabei frei gesetzten Immersionswärmen. Die einfache Immersion, z. B. in *n*-Butylamin, ergibt eine integrale Adsorptionswärme. Durch stufenweise, gezielte Adsorption einer Base (oder Säure) vor der Immersion des Festkörpers erhält man eine Verteilungsfunktion der differenziellen Adsorptionswärmen. Fasst man die Immersionswärme (bzw. Adsorptionswärme) hauptsächlich als Neutralisationswärme auf, dann ist sie auch ein Maß für die Stärke der aciden (oder basischen) Zentren.

Besondere Aufmerksamkeit bei der Bestimmung der Oberflächenacidität bzw. -basizität gilt der Adsorption von basischen (z. B. NH_3) oder sauren (z. B. Phenol) Sondenmolekülen aus der Gasphase. Mit dieser Herangehensweise kommt man den Verhältnissen bei der praktischen Anwendung fester Katalysatoren am nächsten. Die Adsorptionswärme lässt sich direkt kalorimetrisch messen. Sie gilt als Maß der Gesamtacidität bzw. -basizität. Desorbiert man anschließend das Sondenmolekül in speziellen experimentellen Anordnungen durch eine programmierte Temperaturerhöhung (Kap. 5), so lässt sich aus der Desorptionsgeschwindigkeit über die Aktivierungsenergie der Desorption die obere Grenze der Adsorptionswärme bestimmen, die letztlich Rückschlüsse auf die Stärke der Oberflächenzentren erlaubt. Auf diese Weise gelingt es z. B. auf der einen Seite, den stark sauren H-Mordenit von mäßig sauren amorphen Alumosilicaten und auf der anderen Seite, das stark basische CaO von den mäßig basischen Oxiden wie MgO oder ZnO zu unterscheiden. Eine Kopplung dieser Messtechnik mit *In-situ*-FTIR-Spektroskopie kann man außerdem nutzen, um am Festkörper chemisorbierte Spezies zu identifizieren und ihre Wechselwirkungen mit den Oberflächenzentren zu analysieren. Dadurch ist es möglich, nicht nur Informationen zur Anzahl der Oberflächenzentren und ihrer Stärke, sondern idealerweise auch zur Natur dieser Zentren zu erhalten.

Beispielsweise werden stark saure Oberflächen-OH-Gruppen eines aciden Zeoliths, deren Absorptionsbande im Valenzschwingungsbereich des IR-Spektrums bei 3650 cm^{-1} erscheint (Kap. 5), durch zugesetztes Ammoniak unter Bildung von NH_4^+-Ionen gebunden. Infolge dessen sinkt die Intensität dieser Bande, zugleich treten neue Banden im N-H-Deformationsschwingungsbereich auf, von denen die Bande bei 1450 cm^{-1} die Wechselwirkung des Ammoniaks mit den Brönsted-Säurezentren repräsentiert. Auch bei der Adsorption von Pyridin an aciden Alumosilicaten beobachtet man im IR-Spektrum eine typische Absorptionsbande des am Brönsted-Säurezentrum über die H-Brücken gebundenen Pyridinium-Ions bei ca. 1550 cm^{-1}, während für eine koordinative Bindung des Pyridins am Lewis-Säurezentrum eine IR-Bande bei ca. 1450 cm^{-1} charakteristisch ist.

Zur IR-spektroskopischen Charakterisierung der Oberflächenbasizität eignet sich als Sondenmolekül Kohlenstoffdioxid. Bei der Adsorption von CO_2 an den stark basischen Oberflächen-O^{2-}-Anionen bilden sich die auch bei hohen Temperaturen beständigen CO_3^{2-}-Ionen, die im IR-Spektrum durch die asymmetrischen Valenzschwingungen im Bereich von 1415 bis 1470 cm^{-1} angezeigt werden. Nachteilig ist jedoch die mögliche Bildung carbonatischer Strukturen nicht nur in der Oberfläche, sondern auch im Volumen der Feststoffbase. Dabei können auch andere am Metallatom unterschiedlicher Koordination in Kombination mit O^{2-}- und OH^{-}-Anionen gebundene carbonatische Spezies sowie Bicarbonate, Carboxylate, Formiate etc. entstehen.

11.2.2 Aktive Zentren in sauren und basischen Katalysatoren

Aluminiumoxid Wie bereits im Kap. 3 ausgeführt, entstehen beim Calcinieren von $Al(OH)_3$ (Bayerit, Gibbsit) oder $AlOOH$ (Böhmit) verschiedene Aluminiumoxid-Formen, die man in der katalytischen Praxis vorwiegend als Katalysatorträger, seltener jedoch direkt als Katalysatoren verwendet. Die Oberflächeneigenschaften der Aluminiumoxide sind sehr gut erforscht und lassen sich im Herstellungsprozess reproduzierbar einstellen. Vollständig hydratisierte Formen des Aluminiumoxids zeichnen sich durch eine gewisse Brönsted-Acidität (B-Zentren) aus, die bei einer thermischen Behandlung oberhalb 500 °C durch die partielle Dehydroxylierung der Oberfläche allmählich in Lewis-Acidität(L-Zentren) übergeht:

Beide Zentrenarten kann man mit Hilfe der IR-spektroskopischen Verfolgung der Pyridinadsorption anhand der charakteristischen Absorptionsbanden bei 1450 cm^{-1} für die Lewis-Säurezentren und bei 1550 cm^{-1} für die Brönsted-Säurezentren identifizieren. Selbst nach einer Calcination des in der Katalyse am häufigsten verwendeten γ-Al_2O_3 bei 800 °C weist die Feststoffoberfläche immer noch ca. 10 % der Hydroxylgruppen auf, die sich in ihrer Umgebung deutlich unterscheiden. Nach dem sogenannten *Peri-Modell* (Abb. 11.3) handelt es sich hierbei um fünf verschiedene, im IR-Spektrum unterscheidbare OH-Gruppen, die entweder isoliert vorliegen (C, Bande bei 3700 cm^{-1}) oder jeweils mit einem (E, Bande bei 3733 cm^{-1}), zwei (B, Bande bei 3744 cm^{-1}), drei (D, Bande bei 3780 cm^{-1}) oder vier (A, Bande bei 3800 cm^{-1}) Sauerstoff-Anionen umgeben sind. Die isolierten OH-Gruppen besitzen eine maximale positive Ladungsdichte und verfügen über acide Eigenschaften, hin-

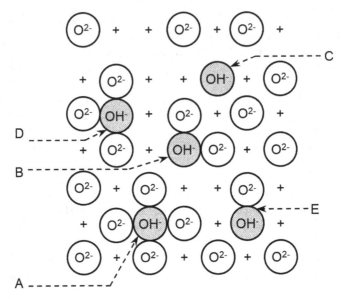

Abb. 11.3 Schematische Darstellung unterschiedlicher Oberflächen-OH-Gruppen *A–E* auf γ-Al_2O_3. (+ sind Al^{3+}-Ionen in der tiefer liegenden Schicht)

gegen weisen die mit vier Sauerstoff-Anionen umgebenen OH-Gruppen die höchste negative Ladungsdichte und somit basische Eigenschaften auf. Sie wechselwirken mit CO_2 unter Bildung von Bicarbonat-Strukturen.

Die Bestimmung der Oberflächenacidität von γ -Al_2O_3 mittels der Indikator-methode weist auf das Vorhandensein von nur schwach aciden Oberflächen-OH-Gruppen hin. Das steht im Einklang mit dem experimentellen Befund, dass dieses Oxid als schwache Feststoffsäure zwar eine Verschiebung der Doppelbindung in Olefinen katalysiert, aber bei der Skelettisomerisierung völlig inaktiv ist. Die Stärke der sauren OH-Gruppen im γ-Al_2O_3 lässt sich durch Halogenierung der Oberfläche mit Fluor oder Chlor erhöhen. Das mit Fluorid-Anionen bis zu 7% promotierte Aluminiumoxid enthält stark saure Brönsted-Säurezentren mit einem H_0 -Wert von $\leq-13{,}3$ und findet breite Anwendung als saure Komponente der Isomerisierungs-, Reforming- oder Hydrospaltkatalysatoren. Auch eine 15%ige Chlorierung des Aluminiumoxids führt zu hochaktiven Katalysatoren für das Spalten und die Skelettiso-merisierung von Olefinen. IR-Untersuchungen des adsorbierten Pyridins an solchen Katalysatoren ergeben ein Verhältnis von Brönsted- zu Lewis-Säurezentren von ca. 0,3. Das ist deutlich weniger als die Anzahl der Protonenzentren, die man von al-len adsorbierten HCl-Molekülen insgesamt hätte erwarten müssen. Dennoch ergibt sich hier eine sehr gute Korrelation zwischen der katalytischen Aktivität, z. B. bei Spaltreaktionen, und dem Chlorgehalt im Katalysator, respektive der Anzahl der Brönsted-Säurezentren.

Silicagel und amorphes Alumosilicat An der Oberfläche von Silicagel oder Kieselgel treten zwei funktionelle Gruppen auf, Siloxangruppen (a) und Silanolgruppen (b):

$$(a) \quad \cdots Si \underset{/|\backslash}{\overset{O}{\underset{}{\cdots}}} Si \cdots \qquad (b) \quad \cdots \underset{/|\backslash}{\overset{OH}{\underset{|}{Si}}} \cdots \underset{/|\backslash}{\overset{OH}{\underset{|}{Si}}} \cdots$$

Die Siloxangruppen sind relativ stabil und zeigen aufgrund der nur schwachen Lewis-Basizität des Brückensauerstoffes nur eine geringe Reaktivität. Hingegen verfügen die Silanolgruppen über eine gewisse Acidität, sodass sie als Protonendonatoren in säurekatalysierten Reaktionen aktiv sind. Der Nachweis dieser funktionellen Gruppen kann IR-spektroskopisch erfolgen. Dabei beobachtet man beispielsweise im OH-Valenzschwingungsbereich des IR-Spektrums eines röntgenamorphen Kieselgels sowohl das Auftreten der für isolierte OH-Gruppen charakteristischen Bande bei 3740 cm^{-1} als auch der für wasserstoffbrückengebundene OH-Gruppen typischen Banden bei 3660 und 3520 cm^{-1}. Eine Calcination des Kieselgels bei Temperaturen oberhalb von 550 °C führt zum Abbau der OH-Gruppen mit Wasserstoffbrückenbindungen bei gleichzeitiger Intensitätszunahme der Bande der freien, mäßig sauren Silanolgruppen.

Ersetzt man in silicatischen Strukturen einen Teil der Silicium-Atome durch Aluminium-Atome, so kommt es zur Ausbildung von alumosilicatischen Strukturen mit Oberflächenanordnungen, in denen das eingebaute Aluminium entweder die Koordinationszahl drei (L-Zentrum) oder vier (B-Zentrum) besitzt (Abb. 11.4).

Das Verhältnis von Brönsted- zu Lewis-Säurezentren hängt von dem Al$_2$O$_3$/SiO$_2$-Verhältnis und dem Hydratationszustand der entstandenen Oberfläche ab. Die maximale Konzentration der Brönsted-Säurezentren erreicht man bei einem Anteil an Aluminiumoxid von ca. 25 Ma.-%. Aufgrund der relativ hohen Säurestärke dieser Zentren, die einem H_0-Wert von $\leq 8{,}2$ entspricht, eignen sich amorphe

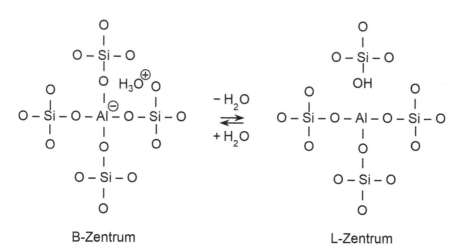

Abb. 11.4 Fragmente alumosilicatischer Strukturen

Alumosilicate als Katalysatoren zum Spalten von hochsiedenden Kohlenwasserstoffen und zur Dehydratisierung von Alkoholen. Heute sind sie vielfach von den
wesentlich effektiveren Katalysatoren auf der Basis kristalliner Alumosilicate (Zeolithe) wegen der um Größenordnungen höheren Aktivität und besseren Selektivität
verdrängt worden.

Durch eine Modifizierung von Alumosilicaten mit nachträglich in die Struktur
eingebrachtem SbF_5 ist es möglich, in Analogie zu homogenen Supersäuren, wie
die „magische" Säure $HSO_3F + SbF_5$, sogenannte feste Supersäuren zu erzeugen.
In einer Supersäure des Typs $SbF_5/Al_2O_3\text{-}SiO_2$, deren Säurestärke im Bereich von
$-14,5 < H_0 < -13,7$ liegt, übt das zugesetzte SbF_5 eine ausgeprägte solvatisieren-
de Wirkung sowohl auf die Brönsted-Säurezentren als auch auf die Lewis-Zentren
aus. In beiden Fällen führt die Koordination von SbF_5 am O^{2-}-Anion zur Verstärkung der Oberflächenacidität. Feste Supersäuren zeigen bereits unter milden Bedingungen eine sehr hohe katalytische Aktivität in vielen Reaktionen wie der Isomerisierung, Alkylierung, Acylierung, Veresterung, Nitrierung u. a. Es ist jedoch
anzumerken, dass feste Supersäuren bei der Umwandlung von Kohlenwasserstoffen
auch verstärkt zur Koksbildung neigen. Um eine schnelle Desaktivierung zu vermeiden, setzt man den Katalysatoren Platin zu. Damit erreicht man z. B. bei Isomerisierungsreaktionen nicht nur eine verbesserte Katalysatorstandzeit, sondern auch
eine erhöhte katalytische Aktivität und Selektivität.

Zeolithe und andere Molekularsiebe Kristalline Alumosilicate stellt man in der
Regel in der Na-Form her (Kap. 3), die man für den Einsatz in säurekatalysierten
Reaktionen vorher in die katalytisch aktive H-Form überführen muss. Ein direkter
Protoneneintausch durch Behandlung mit Mineralsäuren gemäß

$$\text{Na-Zeolith} + H_{aq}^+ \rightleftarrows \text{H-Zeolith} + Na_{aq}^+$$

ist allerdings nur bedingt an Si-reichen Zeolithen wie Mordenit oder ZSM-5 möglich, da Al-reiche Zeolithe z. B. vom Typ X oder Y in wässrigen Medien bei pH < 3
nicht mehr beständig sind. Daher bevorzugt man einen indirekten Weg der Einführung von Protonen in die zeolithische Struktur unter Ausbildung von aciden Brücken-OH-Gruppen, der zunächst einen Austausch von Na^+-Ionen gegen NH_4^+-Io-
nen mit anschließender schonender Calcination bei $\geq 350\,°C$ vorsieht:

$$\text{Na-Zeolith} + NH_{4\,aq}^+ \rightleftarrows NH_4\text{-Zeolith} + Na_{aq}^+$$

$$NH_4\text{-Zeolith} \xrightarrow{\Delta T} \text{H-Zeolith} + NH_3.$$

Mit Hilfe der *n*-Butylamin-Titration kann man zeigen, dass die auf diese Weise in
einem HY-Zeolith erzeugten Brönsted-Säurezentren vorwiegend eine mittlere Säurestärke im Bereich der H_0-Werte zwischen -6 und -8 aufweisen. Jeweils 20 %

der Zentren entfallen auf die schwach aciden Zentren der Stärke $+3,3 > H_0 > -6$ bzw. auf die stark aciden Zentren mit dem H_0-Wert von $< -8,2$. Das prädestiniert acide Y-Zeolithe für ihren Einsatz als Katalysatoren für säurekatalysierte Spalt-, Alkylierungs- und Isomerisierungsreaktionen.

Gezielt schwach bis mittelstark saure Brönsted-Säurezentren lassen sich in zeolithischen Strukturen auch durch den Eintausch mehrwertiger Kationen (Mg^{2+}, Ca^{2+} oder La^{3+}, Nd^{3+} und Pr^{3+}) und eine thermisch induzierte dissoziative Adsorption von Wasser bei Temperaturen bis $350\,^{\circ}C$ problemlos generieren. Die Lage des Dissoziationsgleichgewichtes und damit die Konzentration (und Stärke) acider Zentren ist hauptsächlich von der polarisierenden Wirkung des Kations abhängig:

$$\left[M\left(H_2O\right)\right]^{n+}\text{-Zeolith} \rightleftarrows \left[M\left(OH\right)\right]^{(n-1)+}\text{-Zeolith} + \text{H-Zeolith}$$

Eine dauerhafte thermische Behandlung acider Zeolithe bei Temperaturen oberhalb von $450\,^{\circ}C$ führt infolge fortschreitender Dehydroxylierung von Brücken-OH-Gruppen zum Abbau von Brönsted-Säurezentren und Bildung von Lewis-Zentren. Diesen Vorgang kann man, wie in Abb. 11.5 demonstriert, anhand der Intensitäten der charakteristischen Absorptionsbanden im IR-Spektrum für das Pyridinium-Ion bei $1550\,cm^{-1}$ und für das an Lewis-Zentren koordinativ gebundenes Pyridin bei $1450\,cm^{-1}$ verfolgen.

In einigen Fällen variiert man die aciden und somit katalytischen Eigenschaften Al-reicher Zeolithe vom Y-Typ (Modul $= 5,2$) durch deren gezielte Dealuminierung. Auf diesem Wege kommt man zu den sogenannten „ultrastabilen" Zeolithen, die

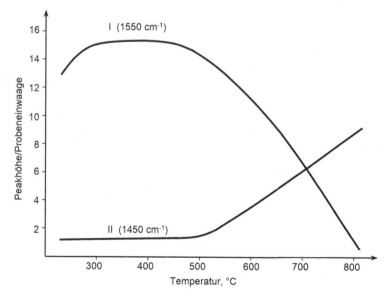

Abb. 11.5 Intensität der Absorptionsbanden von Pyridin im IR-Spektrum, die für die Oberflächenacidität nach Brönsted (*I*) und Lewis (*II*) charakteristisch sind, als Funktion der Aktivierungstemperatur

auch hohen thermischen Belastungen beim Regenerieren, insbesondere in den FCC-Anlagen, standhalten können. Zugleich bilden sich Brönsted-Säurezentren mit einer höheren Säurestärke, die aus der niedrigeren Dichte der Gerüst-Aluminiumatome und der damit verbundenen stärkeren Elektronendelokalisierung im Anionengitter resultiert. Zu den wichtigsten Methoden der partiellen Dealuminierung gehören:

- Wasserdampf-Behandlung des NH_4^+-ausgetauschten Y-Zeoliths bei Temperaturen um 750 °C mit anschließender milder Extraktion des Extragerüst-Aluminiums durch Mineralsäuren;
- Extraktion des Gerüstaluminiums durch Chelatbildner (EDTA, Acetylaceton) oder mit wässriger Ammoniumfluorid-Lösung;
- Substitution des Gerüstaluminiums durch Silicium oder andere Elemente.

Die maximale Konzentration an stark sauren Zentren (H_0-Wert von $<-8,2$) und auch die maximale katalytische Aktivität eines partiell dealuminierten Y-Zeoliths beim katalytischen Cracken erreicht man bei einem SiO_2/Al_2O_3-Verhältnis von 10–12. Umgekehrt, bei einem Si-reichen Zeolith des Typs ZSM-5 (Modul 20–100) sind die Oberflächenacidität und die katalytische Aktivität in säurekatalysierten Reaktionen in der Regel direkt proportional der Anzahl der Gerüst-Aluminiumatome und somit der Konzentration der Brönsted-Säurezentren, deren Stärke zum Teil im Bereich der H_0-Werte von $<-12,8$ liegen kann. Diese hohe Säurestärke resultiert in Analogie zu homogenen supersauren Systemen aus der starken solvatisierenden Wirkung von Lewis-Zentren auf die benachbarten Brönsted-Zentren und die damit verbundene erhöhte Protonenbeweglichkeit. Je höher das Koordinationsvermögen eines Lewis-Zentrums ist, desto höher ist die Protonendonatorneigung des benachbarten Brönsted-Säurezentrums. So zeigen die quantenchemischen Berechnungen, dass der Wärmeeffekt der Wasserkoordination an einem $\equiv$Al-Lewis-Zentrum um 30 kJ mol^{-1} höher liegt als im Falle eines $\equiv$B-Lewis-Zentrums. Dieser Unterschied in der Koordinationsfähigkeit hat eine Erniedrigung der Deprotonisierungsenergie von Brücken-OH-Gruppen zur Folge, die bei einer alumosilicatischen ZSM-5-Struktur im Vergleich zum borhaltigen Analogon um 60 kJ mol^{-1} verringert ist. In Abb. 11.6 ist die Stärke der Brönsted-Säurezentren, repräsentiert durch die entsprechende Energie der Protonenabgabe, der Koordinationsfähigkeit von Lewis-Zentren für CO als geeignetes Sondenmolekül für eine Reihe isomorph substituierter ZSM-5-Zeolithe gegenübergestellt. Daraus ist ersichtlich, dass sich mit steigendem Wärmeeffekt der CO-Koordination (q_{CO}) an Lewis-Zentren die Neigung benachbarter Brücken-OH-Gruppen zur Protonenabgabe (E_{H^+}) verstärkt. Die Aciditätsabfolge der untersuchten ZSM-5-Zeolithe (Al-ZSM-5 > Ga-ZSM-5 > Fe-ZSM-5 > Be-ZSM-5 > B-ZSM-5) entspricht auch der Abfolge der katalytischen Aktivität dieser Zeolithe in säurekatalysierten Reaktionen.

Tauscht man in die Zeolithe Übergangsmetall-Ionen ein, kann man durch eine reduzierende Behandlung in Wasserstoff bei Temperaturen um 450 °C, bei der gleichzeitig metallische und acide Zentren entstehen, bifunktionell wirkende Zeolithkatalysatoren (Kap. 12) herstellen:

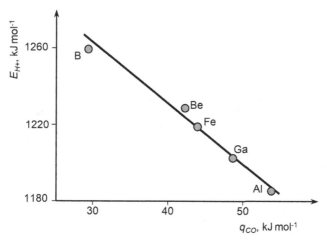

Abb. 11.6 Gegenüberstellung der Deprotonierungsenergie und des Wärmeeffektes der CO-Koordination an isomorph substituierten Zeolithen vom Typ ZSM-5

$$Me^{n+} + 0{,}5\,H_2 \rightarrow Me^0 + nH^+.$$

Je nach Behandlungsbedingungen, Zeolithtyp und Art der Metall-Ionen können entweder vorrangig kleine Metallagglomerate, atomar disperses Metall oder größere Metallaggregate erzeugt werden, die sich sowohl im Inneren der zeolithischen Hohlräume bzw. Kanäle als auch in der äußeren Zeolithoberfläche ausbilden können. Die dabei entstehenden Protonen wechselwirken mit Sauerstoff-Anionen des Zeolithgerüstes unter Bildung von Oberflächen-OH-Gruppen, die im IR-Spektrum des OH-Valenzschwingungsbereiches durch die typischen Absorptionsbanden bei 3530 bis 3620 cm^{-1} für Brönsted-Säurezentren charakterisiert sind.

Die Gesamtheit der oberflächenchemischen Eigenschaften der Zeolithe als mikroporöse Feststoffe mit Porengrößen, die im Bereich kinetischer Moleküldurchmesser von 0,4 bis 0,8 nm liegen, lässt sich auch auf die mesoporösen Materialien vom Typ MCM-41 mit Porengrößen zwischen 1,5 und 10 nm übertragen. Diese Materialien, die aus hexagonalen Packungen von Kanälen mit amorphen silicatischen Wänden bestehen, eröffnen aufgrund der enormen Variationsbreite der einstellbaren Porendurchmesser neue Möglichkeiten, in andere molekulare Dimensionen der Reaktionsführung vorzudringen. Die Brönsted-Acidität in einem MCM-41 ist wie bei anderen Alumosilicaten an das Vorhandensein der Brücken-OH-Gruppen geknüpft, deren Säurestärke in der Regel nicht an die der Hydroxylgruppen in zeolithischen Strukturen herankommt und in einem breiten Bereich der H_0-Werte zwischen $+3{,}3$ und $-8{,}2$ liegt. Deshalb ist seine katalytische Aktivität und Selektivität in säurekatalysierten Kohlenwasserstoffumwandlungsreaktionen niedriger als die der aciden Zeolithkatalysatoren. Auf der anderen Seite kann man MCM-41 und artverwandte

Strukturen aufgrund ihrer ausgeprägten Porenzugänglichkeit für voluminöse und sperrige Moleküle z. B. beim vertieften katalytischen Spalten oder Hydrospalten schwerer Erdölfraktionen zu hellen Produkten einsetzen.

Feststoffbasen Als heterogene Katalysatoren in basekatalysierten Reaktionen kann man vielfältige Metalloxide mit basischen Eigenschaften (z. B. MgO, CaO, SrO oder ThO_2) oder die mit Alkali- bzw. Erdalkali-Metall-Ionen beladenen oxidischen Träger wie Aluminiumoxid oder Silicagel verwenden. Die Entstehung katalytisch wirksamer basischer Oberflächenzentren beim Einbringen von Alkali- bzw. Erdalkali-Ionen, z. B. auf einen Al_2O_3-Träger, ist mit der Verdrängung von Protonen von der Oberfläche durch die entsprechenden Kationen unter Ausbildung von basischen Zentren vom Typ $\equiv Al-O^- - M^+$ verbunden. Infolge dessen sinkt drastisch die Brönsted-Acidität und steigt zugleich die Basizität des Sauerstoff-Anions, die umso höher ist, je niedriger die Elektronegativität des benachbarten Metall-Kations liegt und je weiter entfernt es sich vom Sauerstoff-Anion befindet. Zur Erhöhung der Basizität trägt außerdem eine Verringerung der Koordinationszahl des Sauerstoff-Anions bei.

Daher führt eine Beladung von Al_2O_3-Trägern mit Na^+-Kationen (z. B. mit NaOH), die über eine niedrige Elektronegativität verfügen, zu Oberflächenzentren, deren Basizität H_0-Werte von $> +35$ erreichen kann. Eine ebenso hohe Oberflächenbasizität weist ein mit Natrium bedampftes MgO auf, wobei man in der MgO-Struktur zusätzlich auf dem Weg der Synthese oder durch eine spezielle thermische Behandlung vermehrt dreifach koordinierte O^{2-}-Anionen an Kristallkanten erzeugen kann, die stärker basisch und somit katalytisch aktiver sind als vierfach koordinierte O^{2-}-Anionen auf Kristallflächen. Eine thermische Behandlung von MgO im Temperaturbereich zwischen 600 und 1300 °C führt jedoch zur monotonen Abnahme der ursprünglich hohen Oberflächenbasizität.

Für das basische CaO erreicht man hingegen bei der Calcinationstemperatur von 900 °C eine einheitliche maximale Basizität der Oberflächenzentren mit einem H_0-Wert von $+7,2$. Diese hohe Basestärke rührt von den Oberflächen-O^{2-}-Anionen her, die bei der Adsorption von CO_2 als Carbonat-Spezies IR-spektroskopisch detektierbar sind. Eine direkte Korrelation zwischen der Zahl der Oberflächen-O^{2-}-Gruppen und der katalytischen Aktivität von CaO lässt sich für basekatalysierte Reaktionen wie der Aldehyd-Disproportionierung (*Cannizzaro-Reaktion*), der Isomerisierung von Verbindungen mit leicht basischen Sauerstoff- bzw. Stickstoff-Atomen oder der Isomerisierung von *cis*- zu *trans*-Buten problemlos nachweisen. Die Adsorption von CO_2 auf CaO führt zum völligen Erliegen der katalytischen Aktivität.

11.2.3 Effekt der Porengröße und sterischen Restriktionen

Für die Leistungsfähigkeit poröser Feststoffsäuren und -basen als Katalysatoren ist neben der Quantität und Qualität von katalytisch aktiven Zentren auch ihre Zugänglichkeit für die Reaktanden unabdingbar. Diese Zentren können formal vornehmlich im Innern des Porengefüges lokalisiert sein und folglich nur Moleküle adsorbieren und umsetzen, die auch in der Lage sind, an diese Stellen zu gelangen. Diesen Effekt, der insbesondere bei zeolithischen Molekularsieben auftritt und auf der Größenähnlichkeit der Porendurchmesser mit dem kinetischen Durchmesser der umzusetzenden Moleküle beruht, nennt man *Molekülform-* oder *Reaktanden-Selektivität*. Die Größen der Porenöffnungen einiger Zeolithe und die Moleküldurchmesser verschiedener Moleküle sind in Tab. 3.3 gegenübergestellt.

In welchem Maße die Porenzugänglichkeit neben der Oberflächenacidität die katalytische Wirkung zeolithischer Molekularsiebe bestimmt, kann man beim Spalten eines schlanken Moleküls, z. B. *n*-Hexadecan mit einem Moleküldurchmesser von ca. 0,5 nm, und eines sperrigen Moleküls, z. B. 1,3,5-Triisopropylbenzen (1,3,5-TIPB) mit einem Moleküldurchmesser von 0,94 nm, jeweils an einem aciden Y-Zeolith (0,74 nm) und an einem aciden MCM-41 (2,46 nm) verdeutlichen (Tab. 11.3). Als der aktivere Katalysator beim Spalten von *n*-Hexadecan erweist sich der mikroporöse Y-Zeolith, der auch über wesentlich stärker acide Zentren verfügt. Setzt man zum katalytischen Spalten anstelle von *n*-Hexadecan das wesentlich größere 1,3,5-TIPB unter gleichen Bedingungen ein, so dominiert der Effekt der Molekülform-Selektivität. Während man am mesoporösen MCM-41 aufgrund einer sehr guten Porenzugänglichkeit eine tiefe Spaltung erreicht, geht die Tiefe der Spaltung in Gegenwart des mikroporösen Y-Zeoliths zurück, da das Einsatzmolekül zu groß ist, um sich am Reaktionsgeschehen im Zeolithinnern beteiligen zu können.

In der Praxis fand die Reaktanden-Selektivität ihre Anwendung in dem sogenannten *Selectoforming-Prozess*. Bei diesem Prozess übernehmen die Zusätze von engporigem Erionit zum Reformingkatalysator die selektive Spaltreaktion von *n*-Paraffinen aus dem Gemisch mit verzweigten Paraffinen und tragen somit zur Oktanzahlerhöhung des Produktes bei.

Formselektive Effekte sind jedoch, wie der Abb. 11.7 zu entnehmen ist, nicht nur Folge der Reaktanden-Selektivität. Sie treten auch dann auf, wenn z. B. einige im zeolithischen Porensystem gebildeten Reaktionsprodukte nur sehr langsam aus dem Porensystem herausdiffundieren. In diesem Fall spricht man von der *Produkt-Selektivität*. Ein Beispiel einer säurekatalysierten Reaktion mit diffusionskontrollierter Produkt-Selektivität stellt die Methylierung von Toluen mit Methanol am aciden ZSM-5 dar, bei der sich ein Gemisch aus drei Xylenisomeren bildet. Aufgrund dessen, dass die Diffusionsgeschwindigkeit von *p*-Xylen in ZSM-5-Kanälen um den Faktor 10^4 höher liegt als die von *m*- und *o*-Xylen und die Xylenisomerisierung im Zeolithinnern sehr schnell verläuft, kann das in der Gasphase erhaltene Reaktionsprodukt bis zu 90 % *p*-Xylen enthalten. Jede weitere „Diffusionsbremse" im ZSM-

Tab. 11.3 Effekt der Molekülform-Selektivität beim Spalten von *n*-Hexadecan und 1,3,5-TIPB an aciden Y-Zeolith und MCM-41 bei 482 °C. U_A = Umsatz, A_{Fl} = Flüssigausbeute, A_{Gas} = Gasausbeute in Ma.-%

Katalysator	NH₃-Verbrauch, mmol g⁻¹	Porengröße, nm	*n*-Hexadecan			1,3,5-TIPB		
			U_A	A_{Fl}	A_{Gas}	U_A	A_{Fl}	A_{Gas}
H-Y	2,2	0,74	44,2	13,3	26,3	64,6	32,3	23,4
H-MCM-41	0,5	2,46	41,2	10,9	25,1	93,5	45,8	39,0

Reaktanden-Selektivität

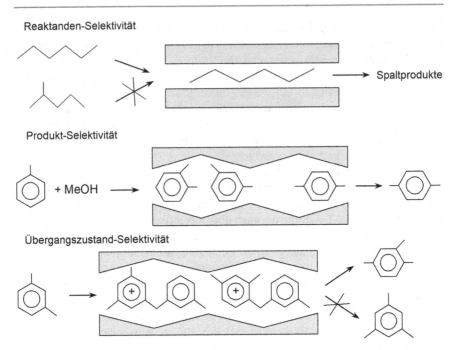

Abb. 11.7 Schematische Darstellung der unterschiedlichen formselektiven Wirkung zeolithischer Molekularsiebe

5-Kanalsystem, z. B. Einlagerung anorganischer Verbindungen wie MgO, bewirkt eine Erhöhung der p-Xylen-Selektivität. Dieses selektivitätssteigernde Prinzip ist auch in der Praxis realisiert worden. Beispielsweise erreicht man bei der Gasphasen-Ethylierung von Toluen am modifizierten ZSM-5-Katalysator einen Anteil an p-Ethylmethylbenzen im Reaktionsprodukt von ca. 97 %, während mit einem HCl/AlCl₃-Katalysator in der Flüssigphase alle drei Ethyltoluene im thermodynamischen Gleichgewicht mit einem p-Isomerenanteil von nur 34 % anfallen.

Die geometrischen Gegebenheiten des Porensystems können zugleich die Ausbildung bestimmter Reaktions-Übergangszustände behindern (oder fördern) und somit auch für die Lenkung der Reaktionsrichtung mitverantwortlich sein. Diese sogenannte *Übergangszustand-Selektivität* ist für solche komplexen Reaktionen zu erwarten, bei denen gleichzeitig bi- und monomolekulare Umlagerungen möglich sind. Beispielsweise entstehen in einem aciden mittelporigen ZSM-5 bei der Xylenisomerisierung kaum unerwünschte Disproportionierungsprodukte (Toluen und Trimethylbenzen), während ihre Bildung beim Einsatz eines weitporigen Y-Zeoliths aufgrund des geräumigen Porensystems begünstigt ist, da sich der sperrige Übergangszustand für die intermolekulare Methylgruppenumlagerung problemlos ausbilden kann. In manchen Fällen kann eine Konzentrierung von Reaktanden in Zeolithhohlräumen für die Ausbildung des gewünschten Übergangszustandes bei einer Reaktion von Vorteil sein. So verläuft beim katalytischen Spalten die ionische (bimolekulare) Wasserstoffübertragung zwischen Naphthenen und Olefinen unter Bildung von Aromaten und Paraffinen am aciden Y-Zeolith wesentlich schneller als mit amorphem Alumosilicat. Dadurch lässt sich die von Naphthenen und Olefinen ausgehende unerwünschte „Überspaltung" der Reaktionsprodukte zurückdrängen und somit höhere Benzinausbeuten erreichen.

11.3 Katalytische Wirkung acider Alumosilicate unter dem Blickwinkel des HSAB-Konzeptes

In vielen säurekatalysierten Reaktionen an aciden Alumosilicaten beschränkt sich die katalytische Wirkung der protischen Festkörpersäure nicht allein auf die Zurverfügungstellung von Protonen. Auch die formselektive Wirkung zeolithischer Molekularsiebe kann nicht in jedem Fall die beobachteten Reaktivitäts-Selektivitäts-Beziehungen zufriedenstellend erklären. Man kann jedoch in Analogie zu homogen katalysierten Reaktionen davon ausgehen, dass die Oberfläche acider Alumosilicate wie ein Solvens wirkt und somit einen stabilisierenden Effekt auf die oberflächengebundenen Carbokationen ausübt, der letztlich die Reaktivität der Oberflächenintermediate und die Reaktionsrichtung bestimmt.

Für eine umfassende qualitative Beschreibung dieses Einflusses und der Wirkung acider Alumosilicate in säurekatalysierten Reaktionen eignet sich sehr gut das von Ralph G. Pearson (geb. 1919) entwickelte *HSAB-Konzept* (HSAB, engl. *Hard and Soft Acids and Bases*), das Konzept „harter" und „weicher" Säuren und Basen. Entsprechend diesem Konzept sind Säuren und Basen geringer Polarisierbarkeit als „hart" und diejenigen mit hoher Polarisierbarkeit als „weich" klassifiziert. Demzufolge treten harte Säuren mit harten Basen und weiche Säuren mit weichen Basen bevorzugt in Wechselwirkung. Das Proton der Oberflächen-OH-Gruppen der aciden Alumosilicate wechselwirkt als extrem harte Säure vorzugsweise mit dem Sauerstoffanion des alumosilicatischen Gerüstes als eine recht harte Base. Die resultierende Stärke des Brönsted-Säurezentrums ist weitgehend durch die Gesamtladung am Sauerstoff bestimmt und somit von seiner Umgebung in der Alumosilicatoberfläche abhängig.

In ähnlicher Weise ist die Stärke der Wechselwirkung zwischen einem als Intermediat in säurekatalysierten Reaktionen gebildeten weicheren Carbokation und dem Sauerstoff-Anion beeinflussbar. Steigt die Weichheit des Carbokations unter dem Einfluss seiner Wechselwirkung mit dem nucleophilen Oberflächenzentrum, so treten verstärkt orbitalkontrollierte Reaktionen in den Vordergrund. Je stärker das Carbokation im Oberflächen-Chemisorptionskomplex „erhärtet" wird, desto größer wird seine Neigung zu ladungskontrollierten Reaktionen. Das ist z. B. der Fall bei Zeolithen gegebener Struktur und konstantem Modul in der Na-Form, bei denen das elektrostatische Feld stärker ist als in den entsprechenden H-Zeolithen. Auch ein starkes Dealuminieren der H-Zeolithe führt zu siliciumreichen Strukturen mit einer hohen Zentrenhärte – ähnlich wie das amorphe Alumosilicat, das ebenfalls eine siliciumreiche Struktur aufweist, in der nur ein geringer Teil des Aluminiums auf Tetraederplätzen eingebaut ist.

Eine relative Abfolge acider Alumosilicate entsprechend ihrer Härte/Weichheit lässt sich mit Hilfe einer geeigneten Testreaktion aufstellen. Wie für die homogenen

Systeme bekannt, bestimmt die Härte/Weichheit eines Elektrophils die Richtung der elektrophilen Substitution am Toluen. Während ein hartes Elektrophil bevorzugt die *ortho*-Stellung angreift, führt ein weiches Elektrophil vornehmlich zur Substitution in der *para*-Stellung. Führt man beispielsweise die Methylierungsreaktion von Toluen an verschiedenen Alumosilicaten durch, so erhält man in der Tat an Alumosilicaten mit harten Zentren vorwiegend das *o*-Xylen, wohingegen sich an Alumosilicaten mit weichen Zentren bevorzugt das *p*-Xylen bildet, wobei das thermodynamische Gleichgewicht (*o*-Xylen/*p*-Xylen ∼ 1) jeweils deutlich überschritten wird.

In Abb. 11.8 ist die Größe des *o*-Xylen/*p*-Xylen-Produktverhältnisses als relatives Maß für die Härte/Weichheit von Oberflächenzentren modifizierter Alumosilicate angegeben. Das auch mit anderen Aromaten und Elektrophilen für verschiedene Alumosilicate gefundene Produktverhältnis verschiebt sich mit steigender Zentrenweichheit zugunsten der *p*-Xylen-Bildung, wobei sich am H-ZSM-5 der Einfluss der Weichheit der nucleophilen Zentren auf das Reaktionsverhalten durch die formselektive Wirkung dieses Zeoliths noch verstärkt. In völliger Analogie dazu lässt sich ebenfalls die ionische Wasserstoffübertragung bei verschiedenen säurekatalysierten Reaktionen an aciden Alumosilicaten beschreiben. Die Neigung der Carbokationen zur Hydridionenabstraktion nimmt mit steigender Härte im Chemisorptionskomplex zu ($R_3C^+ > R_2HC^+ > RH_2C^+ > H_3C^+$). Das hat zur Folge, dass Wasserstoffübertragungsreaktionen als ladungskontrollierte Reaktionen bevorzugt an harten Oberflächenzentren verlaufen. Die Anwesenheit harter Zentren erleichtert

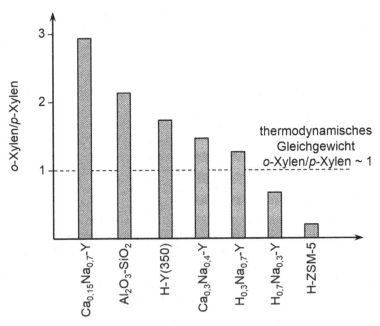

Abb. 11.8 Produktverhältnis *o*-Xylen/*p*-Xylen in der Methylierungsreaktion von Toluen mit Methanol bei 400 °C an verschiedenen Alumosilicaten

außerdem die heterolytische C-C-Bindungsspaltung in einem Carbokation und verursacht dadurch eine verstärkte Bildung von Methan (über H_3C^+). In dem Maße wie ein Carbokation durch die Wechselwirkung mit vorwiegend weichen Zentren stabilisiert wird, verlaufen die von diesem Carbokation ausgehenden Reaktionen immer mehr orbitalkontrolliert und demzufolge mit höherer Selektivität.

11.4 Reaktionsbeispiele industrieller Säure-Base-Katalyse

FCC-Verfahren (FCC, engl. Fluid Catalytic Cracking) Unter dem FCC-Verfahren versteht man einen Raffinerieprozess zur Umwandlung von hochsiedenden Fraktionen und Rückständen der Erdöldestillation sowie von regenerativen Rohstoffen in kurzkettige Olefine, hochoktaniges Benzin und Diesel an einem sauren, heterogenen Katalysator, den man in einem Fließbettreaktor in fluidisierter Form einsetzt. Der heutige FCC-Katalysator besteht bis zu 20–30 % aus einem dekationisierten oder mit Seltenen Erden bzw. mit Ca^{2+}- und Mg^{2+}-Kationen ausgetauschten Y-Zeolith, der durch ein SiO_2/Al_2O_3-Verhältnis von ca. 5 und einem Restnatriumgehalt von höchstens 0,5 % charakterisiert ist. Neuerdings setzt man dem Katalysator zusätzlich eine oktanzahlverbessernde Komponente, wie z. B. den aciden Zeolith H-ZSM-5 zu. Diese katalytisch aktiven Komponenten werden in eine weitporige alumosilicatische Matrix eingebunden und mit einem Bindemittel durch Sprühtrocknung zu Mikrokügelchen mit einem Durchmesser von 60–100 μm und einer Schüttdichte von 0,8–0,95 g cm^{-3} verfestigt. An den FCC-Katalysator werden sehr hohe Anforderungen gestellt. So muss er

- über eine hohe Aktivität und Selektivität verfügen, d. h. den größten Teil der eingesetzten Rohstoffe zum hochoktanigen Benzin umsetzen;
- eine nur geringe Desaktivierungsneigung aufweisen und ohne Aktivitätsverlust vollständig regenerierbar sein;
- eine hohe strukturelle Stabilität bei der Hochtemperaturregenerierung sowie eine vorzügliche mechanische Beständigkeit gegenüber Verschleiß im Fließbetrieb besitzen;
- gegenüber Katalysatorgiften auch unter Prozessbedingungen resistent bleiben.

Als Katalysatorgifte können sowohl schwefel- oder stickstoffhaltige organische Verbindungen als auch metallorganische Verbindungen im Einsatzrohstoff enthalten sein. Aus diesem Grund unterwirft man die Edukte einer vorherigen Hydroraffination in Gegenwart von „NiMo"- bzw. „CoMo"-Katalysatoren durch die Hydrodesulfurierung (HDS), Hydrodenitrierung (HDN) oder Hydrodemetalliisierung (HDM).

Die Einsatzprodukte enthalten größtenteils langkettige Paraffine, die in der Katalysatoroberfläche zu kurzkettigeren Olefinen und Alkanen gespalten bzw. in der Folge zu ungesättigten oder gesättigten Produkten isomerisiert und zu Naphthenen oder Aromaten cyclisiert werden. Dabei bilden sich zunächst reaktive Carbokationen entweder an den Brönsted-Säurezentren (HA) über die Protonenanlagerung an die Olefine:

$$RCH{=}CH_2 + HA \rightleftarrows RC^+HCH_3A^-$$

oder an den Lewis-Säurezentren (L) durch eine Hydridabstraktion:

$$RH + L \rightleftarrows R^+LH^-.$$

Anschließend erfolgen monomolekulare Umwandlungen von Carbokationen über die Isomerisierung und β-Spaltung zu niedermolekularen Verbindungen, wobei die Wahrscheinlichkeit der Spaltung unter Bildung von Methan, Ethan oder Ethylen aufgrund der Instabilität der entsprechenden Carbokationen sehr gering ist. Die Reaktionsfähigkeit primärer, sekundärer und tertiärer C–H-Bindungen im Molekül verhält sich unter den Bedingungen der katalytischen Spaltung wie 1: 2: 20. Daher nimmt die Crackgeschwindigkeit mit wachsender Kohlenwasserstoffkette zu, und man erhält einen hohen Anteil von C_3- bis C_4-Kohlenwasserstoffen im Produktgas. Die Geschwindigkeit der katalytischen Spaltung von Kohlenwasserstoffen, die über einen ionischen Mechanismus abläuft, ist um 1–2 Größenordnungen höher als die des thermischen, nach dem Radikalkettenmechanismus verlaufenden Zerfalls.

Der komplexe Reaktionsmechanismus beim katalytischen Spalten von langkettigen Paraffinen, das zu flüssigen und gasförmigen Kohlenwasserstoffen sowie Koks führt, lässt sich formalkinetisch durch das folgende stark vereinfachte Reaktionsschema wiedergeben:

$$\text{Gasöl} \xrightarrow{\;k_1\;} \text{Benzin}$$

$$k_3 \searrow \qquad \swarrow k_2$$

$$\text{Gas + Koks}$$

Die flüssigen Kohlenwasserstoffe im Reaktionsprodukt können je nach Katalysatorzusammensetzung unterschiedlich stark verzweigt sein. Auch das Paraffin/Olefin-Verhältnis im Spaltprodukt variiert stark in Abhängigkeit der aciden und strukturellen Eigenschaften des verwendeten Zeoliths. Grundlage für die Umsetzung von langkettigen Paraffinen zu kurzkettigen Olefinen und deren Isomerisierung oder Cyclisierung ist eine hohe Carbokationen-Aktivität des Zeoliths, die beim Spalten von Paraffin-Kohlenwasserstoffen in erster Näherung direkt proportional der Konzentration der Brönsted-Säurezentren ist. Da die Anwesenheit von sehr stark aciden Zentren in einem dekationisierten Zeolith zur verstärkten Bildung von Koks und gasförmigen Produkten führt, stellt man im Prozess der Katalysatorherstellung eine moderate Oberflächenacidität ein, indem man z. B. die zeolithische Struktur partiell dealuminiert. Dadurch verringert sich die Dichte der aciden Zentren, und das „Überspalten" primärer Reaktionsprodukte wird im Vergleich zum Al-reicheren Ausgangszeolith zurückgedrängt. Zugleich nimmt auch die Geschwindigkeit der ionischen Wasserstoffübertragung zwischen den Reaktionsprodukten ab, sodass hochoktanige olefinreiche Crackbenzine mit vermindertem Aromatengehalt erhalten werden. Darüber hinaus verfügen kontrolliert dealuminierte Zeolithe über eine hohe thermische und Wasserdampf-Stabilität bis 800 °C, die für deren praktischen Dauereinsatz im FCC-Verfahren unabdingbar sind.

In Abb. 11.9 ist der verfahrenstechnische Aufbau einer typischen FCC-Anlage schematisch dargestellt. Die Anlage besteht aus nebeneinander angeordnetem Steigrohr-Reaktor, Regenerator und Fraktionierturm. Während des Prozesses wird das dampfförmige Einsatzgemisch (meist Wachsdestillat) im unteren Teil des Steigrohres (engl. *riser*) mit dem heißen, aus dem Regenerator kommenden Katalysator vermischt. Durch die aufsteigenden Zulaufdämpfe wird der Katalysator mitgerissen und gelangt in den oberen zyklonartigen Reaktorteil, in dem Reaktionstemperaturen von 470 bis 570 °C und Drücke von 50 bis 150 kPa herrschen. Aufgrund des Aufwärtstransportes des Zulauf/Katalysator-Gemisches beträgt die Reaktionskontaktzeit nur ca. 3 s. Dabei entstehen Spaltprodukte (ca. 45–50 Ma.-% Benzin und 15–18 Ma.-% Gas) und Koks (ca. 1–2 Ma.-%), der die aktiven Zentren in der Katalysatoroberfläche blockiert. Der desaktivierte Katalysator wird kontinuierlich in den Regenerator transportiert, in dem bei Temperaturen von ca. 700 °C der abgelagerte Koks mit einem Luft/Wasserdampf-Gemisch in einer Wirbelschicht verbrannt wird. Die Regenerationszeit beträgt 5 bis max. 15 min. Der regenerierte, heiße Katalysator wird dann wieder dem Reaktor zugeführt und übernimmt damit die Funktion des Wärmeträgers. Aufgrund hoher thermischer und mechanischer Be-

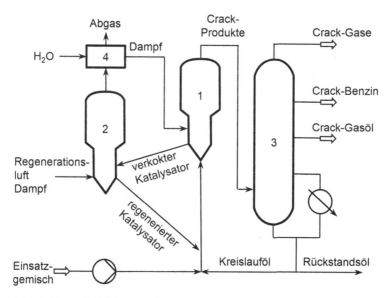

Abb. 11.9 Verfahrensfließbild einer FCC-Anlage. *1* Reaktor, *2* Regenerator, *3* Fraktionierturm, *4* Dampfkessel

anspruchungen muss ein Teil des verbrauchten Katalysators im kontinuierlichen Betrieb durch einen frischen ersetzt werden. Der Verbleib eines Katalysators im Prozesskreislauf beträgt im Durchschnitt 30–60 Tage. Die erhaltenen Spaltprodukte werden in einem Fraktionierturm in Crack-Gase (Siedetemperatur $< 20\,°C$), leichtes Crack-Benzin ($20–100\,°C$), schweres Crack-Benzin ($100–180\,°C$), leichtes Gasöl ($180–340\,°C$), schweres Gasöl ($340–470\,°C$) und einen Crack-Rückstand ($> 470\,°C$) aufgetrennt.

MTG-Verfahren (MTG, engl. Methanol to Gasoline) Im MTG-Prozess der Mobil Oil Corporation wird Methanol am aciden Katalysator auf der Basis des siliciumreichen H-ZSM-5-Zeoliths (SiO_2/Al_2O_3-Verhältnis 30) mit hoher Selektivität zu Kohlenwasserstoffen der Benzinfraktion, hauptsächlich zu C_7- bis C_8-Aromaten und Isoparaffinen, umgesetzt. Von Bedeutung für den technischen Einsatz des ZSM-5 als Katalysator bei dieser stark exothermen Reaktion sind seine hohe thermische und hydrothermale Stabilität, die geringe Neigung zum Verkoken und die restriktive Begrenzung der Größe der gebildeten Kohlenwasserstoffmoleküle (C_{11}) durch die Porengröße. Die Reaktion kann prinzipiell so geführt werden, dass man bevorzugt Olefine (*MTO-Prozess, engl. Methanol to Olefins*), insbesondere Propylen (*MTP-Prozess, engl. Methanol to Propene*) oder Aromaten (*MTA-Prozess, engl. Methanol to Aromatics*) als Hauptprodukte erhält. Mit steigender Reaktionstemperatur im Bereich von 310 bis 540 °C und verkürzter Verweilzeit erreicht man hohe Ausbeuten an C_2- bis C_4-Olefinen und C_1- bis C_3-Alkanen bei gleichzeitigem Abbau aliphatischer Kohlenwasserstoffe der Kettenlänge $> C_5$. Dagegen führen eine Erhöhung des Prozessdruckes von 0,1 auf 5 MPa und längere Reaktionszeiten zur Steigerung der Aromatenausbeute bis auf 40 %. Eine drastische Zunahme der Olefinausbeute bis auf 90 % erzielt man durch die Einspeisung von Wasserdampf zum Edukt und die zusätzliche Modifizierung des Zeoliths mit verschiedenen Metallen oder Metalloxiden. Mit einem engporigen Silicoalumophosphat SAPO-34 (Porengröße = 0,43 nm) gelingt es, im Unterschied zum ZSM-5-Zeolith, eine völlig aromatenfreie Olefinfraktion, bestehend aus Ethen und Propen, mit einer Olefinselektivität von 80 % zu erhalten.

Die Umwandlung von Methanol am H-ZSM-5 verläuft an Säure-Base-Paaren unter Ausbildung von äußerst reaktiven oberflächengebundenen Carbokationen (bzw. Carbenen) als Zwischenstufe. Der erste Reaktionsschritt ist die säurekatalysierte Dehydratisierung und schnelle reversible Bildung von Dimethylether und Wasser. Unter weiterer Wasserabspaltung bilden sich zunächst Olefine, die in Cyclisierungs-, Isomerisierungs- und Wasserstofftransferreaktionen zu Aromaten und Paraffinen weiterreagieren:

$$2CH_3OH \rightleftarrows CH_3-O-CH_3 + H_2O$$
$$\downarrow -H_2O$$
$$C_2\text{-bis } C_4\text{-Olefine} \rightarrow Paraffine + Aromaten$$

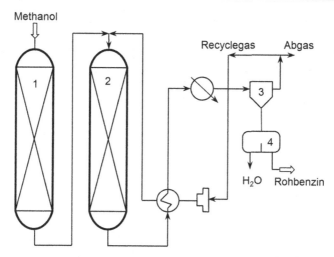

Abb. 11.10 Verfahrensfließbild einer 2-Stufen-Festbettanlage des MTG-Verfahrens. *1, 2* Reaktoren, *3* Abscheider, *4* Druckseparator

Da sich das Gleichgewicht zwischen Methanol und Dimethylether schnell einstellt, kann man beide Verbindungen im nachfolgenden Aufbauprozess formalkinetisch als eine einzige Spezies behandeln. Erstes Schlüsselprodukt ist Ethen, das mit weiteren Molekülen in eine Oligomerisierungsreaktion eintritt, die formal einer CH_2-Insertion in eine C-H-Bindung entspricht. Bei Temperaturen >300 °C unterliegen die unverzweigten Oligomeren Crack- bzw. Isomerisierungsreaktionen und wandeln sich an der Katalysatoroberfläche schließlich zu Aromaten und verzweigten Paraffinen um. Die hohe und gezielt steuerbare Selektivität des Zeoliths H-SZSM-5 als Katalysator in der Methanolumwandlung bringt man vornehmlich mit einer relativ hohen Stabilisierung der Carbokationen in der Oberfläche des H-ZSM-5 (neben seiner formselektiven Wirkung) in Verbindung.

Die Umsetzung von Methanol in Kohlenwasserstoff-Gemische der Benzinfraktion ist eine stark exotherme Reaktion und muss daher im Festbettreaktor in zwei Stufen oder im Wirbelschichtreaktor ausgeführt werden. In Abb. 11.10 ist ein vereinfachtes Schema einer 2-Stufen-Festbettanlage zur Gewinnung von Benzin aus Methanol nach dem MTG-Verfahren dargestellt. In der ersten Stufe findet eine intensive Dehydratisierung des Methanols an einem Dehydratisierungskatalysator, z. B. γ-Al_2O_3, bei ca. 300 °C statt. Dabei setzen sich 75 % Methanol zu einem Gleichgewichtsgemisch aus Methanol, Dimethylether und Wasser um. Zugleich können schon 20 % der freigesetzten Reaktionswärme abgezogen werden. Die eigentliche Benzinbildungsreaktion verläuft in der zweiten Stufe am H-ZSM-5-Katalysator, wobei jeweils nur eine schmale Katalysatorzone wirksam ist, die von oben nach unten wandert und am Ende den verkokten Katalysator hinterlässt. Die Regenerierung des Katalysators erfolgt durch Abbrennen des Kokses mit einem heißen Stickstoff-Luftgemisch. Das nach der Benzinierungsstufe erhaltene Produktgemisch, bestehend aus gasförmigen Kohlenwasserstoffen, Benzin und Wasser, wird in einem Druckseparator voneinander getrennt. Die gasförmige olefinreiche Kohlenwasserstofffraktion führt man entweder wieder dem Benzinierungsreaktor zu, oder sie wird in einer parallel betriebenen Alkylierungsanlage zum Alkylatbenzin umgesetzt und mit Benzin vermischt. Das erhaltene Rohbenzin (Siedetemperatur 166 °C) ist völlig schwefel- und stickstofffrei und enthält etwa 51–53 % Paraffine, 12–13 % Olefine, 7–8 % Naphthene und 28 % Aromaten.

Bifunktionelle Katalyse

12

12.1 Allgemeine Prinzipien der bifunktionellen Katalyse

Das wichtigste Merkmal eines bifunktionellen Katalysators besteht darin, dass er zwei verschiedene aktive Zentrenarten mit unterschiedlichen Funktionen enthält, die sich einander zum eigentlich katalytisch wirkenden System ergänzen. Dadurch sind sie in der Lage, sowohl getrennt als auch im Komplex gemeinsam eine breite Skala von Reaktionen katalysieren zu können. So setzt man in vielen hydrierenden und zugleich säurekatalysierten Prozessen wie der Hydroisomerisierung von Leichtbenzin, des Reformierens von Schwerbenzin oder des Hydrospaltens von hochsiedenden Kohlenwasserstoffen bifunktionelle Katalysatoren ein, die über metallische und acide aktive Zentren verfügen. Während die metallische Komponente bei diesen Prozessen dazu dient, Wasserstoff zu aktivieren und die Gleichgewichtseinstellungen zwischen den gesättigten und ungesättigten Kohlenwasserstoffen zu beschleunigen, katalysiert der saure Träger die Bildung von Carbokationen als reaktive Zwischenstufen bei säurekatalysierten Reaktionen. Dabei wirkt die Metallkomponente nicht nur am katalytischen Prozess unmittelbar mit, sondern verhindert auch die Desaktivierung des Katalysators durch wasserstoffarme Kohlenstoffablagerungen (Verkokung). Bei solchen Prozessen kommt neben dem Metall auch dem sauren Träger eine katalytische Wirkung zu, da er in Symbiose mit der Metallkomponente die Entfernung von abgelagertem Kohlenstoff von der Katalysatoroberfläche erleichtert. Darüber hinaus dient der Träger der Stabilisierung von hochdispersen Metallteilchen und sorgt für das Vorhandensein von oberflächenreichen Strukturen, die die katalytische Wirksamkeit bifunktioneller Katalysatoren entscheidend mitbestimmen. Bifunktionelle Katalysatoren enthalten in der Regel 0,1 bis 5 Ma.-% eines Metalls der VIII. Nebengruppe des PSE, hauptsächlich Platin, Palladium oder Nickel, aufgetragen auf einen aciden Träger mit einer hohen spezifischen Oberfläche wie halogeniertem γ-Al_2O_3 oder Zeolithe in der H-Form.

Für katalytische Reaktionen an metallhaltigen Zeolithen sind außerdem die Metall-lokalisierung im Zeolithgerüst und die Metall-Träger-Wechselwirkung als wichtige Parameter zu berücksichtigen.

Man kann die scheinbar unabhängige Wirkung der metallischen und aciden Komponente in klassischen bifunktionellen Katalysatoren anschaulich demonstrieren, indem man, wie bereits in den Pionierarbeiten von G. Alexander Mills (1914-2004) in den 50er Jahren Jahren vorgeschlagen, die Umsetzung der C_6-Kohlenwasserstoffe Cyclohexan, Methylcyclopentan, Cyclohexen und Methylcyclopenten an einem Hydrier-/Dehydrierkatalysator (Ni), an einem Katalysator mit rein acider Funktion (Al_2O_3/SiO_2) sowie an einem bifunktionellen Katalysator (Ni+Al_2O_3/SiO_2) unter gleichen Prozessbedingungen verfolgt und die Zusammensetzung des Flüssigproduktes an verschiedenen Katalysatoren miteinander vergleicht. In Abb. 12.1 ist das Umwandlungsschema für die genannten C_6-Kohlenwasserstoffe dargestellt. Reaktionen, die durch vertikale Übergänge gekennzeichnet sind, laufen an der Hydrier-/Dehydrierkomponente ab. Horizontale Übergänge stehen für Isomerisierungsreaktionen an der aciden Komponente. Entsprechend diesem Schema wird beispielsweise Methylcyclopentan im Falle des bifunktionellen Katalysators zunächst an der Hydrier-/Dehydrierkomponente dehydriert. Das gebildete Methylcyclopenten lagert sich im weiteren Reaktionsverlauf an der sauren Komponente zu Cyclohexen um, das dann an der metallischen Komponente weiter bis zum Benzen dehydriert

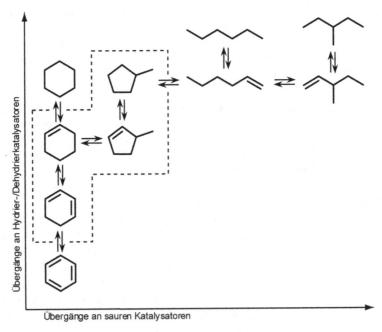

Abb. 12.1 Wirkung der hydrier-/dehydrieraktiven und der aciden Komponente bei der Umwandlung von C_6-Kohlenwasserstoffen an bifunktionellen Katalysatoren

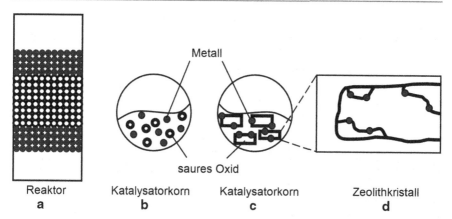

Abb. 12.2 Möglichkeiten der Anordnung metallischer und acider Komponenten in einem bifunktionell wirkenden Katalysator

werden kann. In jedem Fall wirkt der bifunktionelle Katalysator erst dann in gewünschter Weise, wenn eine homogene Mischung und unmittelbare Nachbarschaft seiner Komponenten gewährleistet ist.

Würde man beispielsweise Cyclohexan zunächst, wie in Abb. 12.2a schematisch dargestellt, an einem metallischen Katalysator (z. B. Pt) dehydrieren, das Reaktionsgemisch dann über einen Katalysator mit aciden Eigenschaften (z. B. Y-Zeolith in der H-Form) und schließlich wieder über einen hydrier-/dehydrieraktiven Katalysator leiten, so entstünde dabei kaum Methylcyclopenten. Das am Platin-Katalysator sehr schnell gebildete Benzen erfährt am aciden Zeolith keine weitere Umsetzung.

Auf einem Mischkatalysator (Abb. 12.2b) läuft die gewünschte Reaktion hingegen ab, weil das am Platin im ersten Schritt gebildete Cyclohexen durch Oberflächendiffusion so schnell zum aciden Zentrum gelangt, dass, bevor es über Cyclohexadien zu Benzen reagiert, seine Isomerisierung zum Methylcyclopenten stattfinden kann. Diese bifunktionelle Wirkung sollte umso ausgeprägter sein, je kleiner und inniger gemischt die Katalysatorkomponenten mit unterschiedlichen Funktionen sind.

Ein optimales Neben- bzw. Nacheinanderwirken der Hydrier-/Dehydrier- und der aciden Zentren lässt sich gewöhnlich dadurch gewährleisten, dass man die metallische Komponente des bifunktionellen Katalysators direkt auf den sauren Träger aufbringt (Abb. 12.2c). Bei einer solchen Anordnung der metallischen und der aciden katalytisch aktiven Zentren in einem bifunktionellen Katalysator nimmt die Einwirkungswahrscheinlichkeit der einzelnen Zentren auf die Reaktanden zu. Das heißt, dass durch Variation der relativen Hydrier-/Dehydrier- und Isomerisierungsaktivität der getrennt wirkenden Komponenten eine Veränderung der relativen Geschwindigkeit der einzelnen Reaktionsschritte möglich ist. Auf diese Weise lässt sich das Spektrum der untersuchten Katalysatorsysteme sowohl in Bezug auf die eingesetzten Metalle als auch auf die Träger wesentlich erweitern. Als besonders

geeignet in dieser Hinsicht erweisen sich bifunktionelle Katalysatoren, die auf zeolithischen Trägern basieren, da die Acidität der Zeolithe, wie im vorangegangenen
Kapitel beschrieben, in sehr weiten Grenzen variierbar ist. Außerdem kann man
durch die feine Metallverteilung insbesondere im Innern des Zeoliths eine unmittelbare Nachbarschaft zwischen den Metallteilchen und den aciden Oberflächen-OH-
Gruppen gewährleisten (Abb. 12.2d).

Für die optimale Arbeitsweise eines bifunktionellen Katalysators ist ein aus-
gewogenes Aktivitätsverhältnis beider Komponenten wichtig, das man für jede
einzelne Reaktion auf ein Optimum abstimmen muss. Wenn z. B. in bifunktionellen Metall/Träger-Katalysatoren als metallische Komponente Pt oder Pd fungieren, die sich durch eine hohe Hydrier-/Dehydrieraktivität auszeichnen, so ist
die weitere Umwandlung des an den metallischen Zentren gebildeten ungesättigten Kohlenwasserstoffes an den aciden Zentren geschwindigkeitsbestimmend.
Die Erhöhung der Gesamtaktivität der Katalysatoren ist in solchen Fällen durch
die Verwendung hochacider Zeolithträger möglich, wobei dann die Geschwindigkeit der Kohlenwasserstoffumwandlung von der Aktivität der metallischen Komponente abhängig sein kann. Die katalytische Gesamtaktivität lässt sich wiederum durch die Erhöhung des Metallgehaltes, jedoch nur zu einem gewissen Grade,
steigern.

Beim Einsatz von bifunktionellen Katalysatoren mit den Metallkomponenten Pt,
Pd oder Ni, die eine hohe Schwefelempfindlichkeit aufweisen, ist es wichtig, dafür zu sorgen, dass das Reaktionsgemisch weitestgehend entschwefelt ist, um eine
Vergiftung der Metalloberfläche mit Schwefel zu vermeiden. Katalysatorsysteme
auf der Basis von aciden Zeolithen zeichnen sich im Vergleich zum halogenierten
γ-Al$_2$O$_3$ als Träger in der Regel durch eine höhere Schwefelbeständigkeit aus. In
beiden Fällen ist es außerdem erforderlich, das Reaktionsgemisch vor der Zugabe in den Reaktor sorgfältig zu trocknen, da hohe Feuchtigkeit ein Absinken der
Trägeracidität und der katalytischen Wirkung des Trägers durch die Blockierung
acider Zentren im Zeolith mit Wasser oder durch die Verdrängung des Halogens im
halogenierten γ-Al$_2$O$_3$ verursacht.

12.2 Wirkungsweise bifunktioneller Katalysatoren

Die Wirkungsweise bifunktioneller Katalysatoren (z. B. Pt/CaY-Zeolith) lässt sich
leicht am Beispiel der Hydroisomerisierung von *n*-Paraffinen veranschaulichen
(Abb. 12.3). Im ersten Reaktionsschritt bildet sich zunächst durch Dehydrierung
des Paraffins am metallischen Zentrum ein Olefin, das anschließend zu einem
Brönsted-Säurezentrum diffundiert, sich hier über ein Carbokation als reaktive
Zwischenstufe umlagert und nach erneuter Diffusion und Reaktion an einem Hyd-
rierzentrum dieses als *iso*-Paraffin verlässt. Beim Überwiegen einer der beiden Zentrenarten können verstärkt auch Nebenreaktionen ablaufen, z. B. die Hydrogenolyse
an metallischen Zentren oder das Cracken an aciden Zentren.

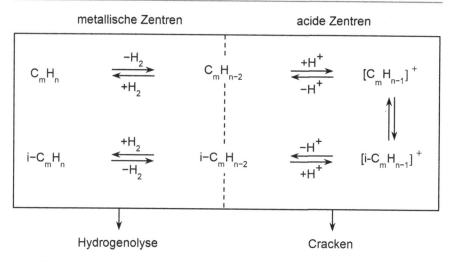

Abb. 12.3 Zuordnung der aktiven Zentren bei der Umwandlung von *n*-Paraffinen an bifunktionellen Katalysatoren

Für den Ablauf der Paraffinisomerisierung nach einem solchen Mechanismus sprechen folgende experimentelle Befunde:

- Intermediär gebildete Olefine lassen sich trotz der äußerst ungünstigen Lage des thermodynamischen Gleichgewichtes unter verwendeten Reaktionsbedingungen gaschromatografisch und massenspektrometrisch zweifelsfrei nachweisen.
- Die Skelettisomerisierung von Olefinen verläuft säurekatalysiert wesentlich schneller als die der Paraffine. Andererseits ist die Geschwindigkeit der Paraffinisomerisierung am bifunktionellen Katalysator 0,5Ma.-%Pt/CaY-Zeolith vergleichbar groß mit der Isomerisierungsgeschwindigkeit der entsprechenden Olefine am aciden CaY-Zeolith ohne Metallbeladung. Erhöht man den H_2-Partialdruck, so sinkt die Umlagerungsgeschwindigkeit der Paraffine am bifunktionellen Katalysator. Das deutet auf das Mitwirken des Wasserstoffs an der Gleichgewichtseinstellung in der Stufe der Paraffindehydrierung und auf die Abnahme der Gleichgewichtskonzentrationen der intermediär gebildeten Olefine hin.
- Bei niedrigen Konzentrationen der Metallkomponente bestimmt die intermediäre Bildung der Olefine die Gesamtgeschwindigkeit der Reaktion. Am Katalysator 0,01Ma.-%Pt/CaY-Zeolith ist die Isomerisierungsgeschwindigkeit um eine Größenordnung niedriger als am Katalysator 0,5Ma.-%Pt/CaY-Zeolith.
- Die Beteiligung sowohl der metallischen als auch der aciden Zentren an Isomerisierungsreaktionen lässt sich durch den Einsatz einer mechanischen Mischung aus einer auf inertem Träger enthaltenen Metallkomponente und einem aciden Katalysator demonstrieren. Die Isomerisierungsaktivität der Mischung ist definitiv größer als die Summe der Aktivitäten der einzelnen Komponenten.

12.2.1 Schlüsselstellung der Carbokationen als Intermediate

Beim säurekatalysierten Isomerisieren oder Cracken von n-Paraffinen in Gegenwart
acider Festkörper kommt der Bildung von Carbokationen als reaktive Zwischenstufe eine außerordentlich große Rolle zu. An einem bifunktionellen Katalysator können Carbokationen entweder durch eine auf die Dehydrierung der Paraffine am metallischen Zentrum folgende Protonierung der Olefine am Brönsted-Säurezentrum

$$R'CH = CHR'' + H^+ \rightleftarrows R'CH - C^+H_2R'',$$

im Ergebnis der Paraffinadsorption an superaciden Brönsted- oder Lewis-Säurezentren

$$RH + H^+ \rightleftarrows R^+ + H_2$$

$$RH + L \rightleftarrows R^+ + HL$$

oder durch Hydridionenabstraktion vom Paraffinmolekül zum präadsorbierten Carbokation

$$RH + R^{+'} \rightleftarrows R^+ + R'H$$

entstehen.

Die infolge der Protonenanlagerung an Olefine gebildeten Carbokationen bezeichnet man als *Carbeniumionen*. Sie besitzen ein sp^2-hybridisiertes, elektronen-
defizitäres C-Atom, das mit den drei unmittelbar gebundenen Atomen eine ebene
Anordnung anstrebt. George A. Olah (geb. 1927, Nobelpreis für Chemie 1994)
schreibt auch den fünffach koordinierten oder nichtklassischen Carbokationen eine
wichtige Rolle bei den säurekatalysierten Umwandlungen von Kohlenwasserstoffen zu. Diese als *Carboniumionen* klassifizierten Kationen enthalten C-Atome, die
durch drei Einfachbindungen und eine Zwei-Elektronen-Dreizentrenbindung (Elek-
tronenmangelbindung) verknüpft sind. Die Existenz solcher Kationen lässt sich in
supersauren Medien und in Gegenwart starker Elektrophile nachweisen. Durch
massenspektroskopische Untersuchungen konnte Olah zeigen, dass unter solchen
Bedingungen selbst Methan unter Bildung des Methonium-Ions protoniert werden
kann.

Die Bildungsenergie (E_+) eines Carbokations nimmt mit der Zahl der an dem C-
Atom gebundenen H-Atome zu. Je höher E_+, umso geringer ist die relative Stabilität
der bei säurekatalysierten Reaktionen intermediär auftretenden Carbokationen. In
Tab. 12.1 sind die relativen E_+-Werte primärer, sekundärer und tertiärer Carbeniumionen angegeben, die aus massenspektroskopischen Messungen der scheinbaren
Ionenpotenziale in der Gasphase resultieren. Daraus geht hervor, dass das Auftreten
des primären, sehr energiereichen Carbeniumions wenig wahrscheinlich ist. Im Reaktions-Übergangszustand bildet sich eher das stabilere sekundäre Carbeniumion,

Tab. 12.1 Relative Stabilität isomerer Alkyl-Carbeniumionen in der Gasphase

Ionentyp	R_3C^+	R_2C^+H	RC^+H_2
E_+-Werte, kJ mol^{-1}	0	65	85

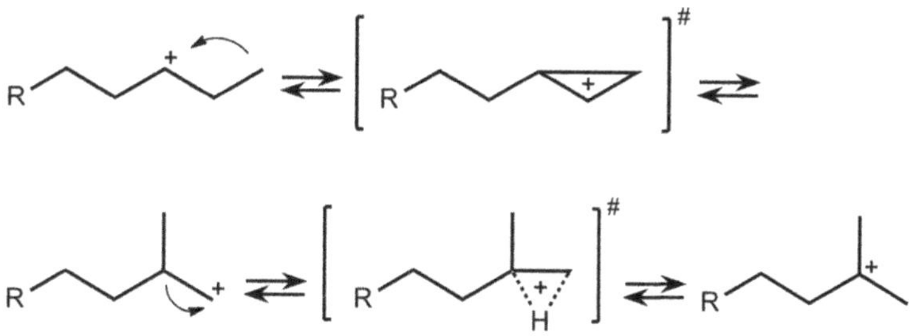

Abb. 12.4 Umlagerung von Carbeniumionen nach dem „klassischen" Mechanismus

das dann weiteren Umlagerungen unterliegen kann. Das gilt auch, wie die Produktverteilung von vielen Reaktionen, die eine Isomerisierung einschließen, belegt, gleichermaßen für Carbeniumionen in der Lösung einer Supersäure wie HF-SbF$_5$ und an der Oberfläche einer Festkörpersäure wie H-ZSM-5.

Der in Abb. 12.4 dargestellte „klassische" Mechanismus der Umlagerung von Carbeniumionen besteht in einer Reaktionsfolge intramolekularer Alkyl- und Hydridverschiebungen. Dabei tritt als reaktive Zwischenstufe ein primäres Carbeniumion auf, sodass die Wahrscheinlichkeit der Umlagerungen nach diesem Mechanismus äußerst gering ist.

Um die Formulierung von primären Carbeniumionen zu vermeiden, bedient man sich eines Verzweigungsmechanismus über protonierte Cyclopropanringe. Dabei formuliert man dieses Intermediat einfachheitshalber als flächenprotoniertes Cyclopropan, obgleich ebenfalls ein brückenprotoniertes und kantenprotoniertes Cyclopropan nachweislich existieren.

Aus dem in Abb. 12.5 vorgestellten Reaktionsschema ist ersichtlich, dass sich die Skelettisomerisierung von n-Pentan und höheren Alkanen (nicht aber von n-Butan) auch ohne die Bildung von primären Carbeniumionen formulieren lässt.

Unter Zugrundelegung dieses Mechanismus kann man den experimentellen Befund erklären, dass die relativen Geschwindigkeiten der Skelettisomerisierung von n-Pentan bzw. n-Hexan und der Isotopenverteilung im markierten n-Butan (1^{13}C-Butan ↔ 2^{13}C-Butan) vergleichbar hoch sind, hingegen die Skelettisomerisierung von n-Butan wesentlich langsamer abläuft. Um dieses Ergebnis einheitlich interpretieren zu können, postuliert man für die ^{13}C-Isotopenverschiebung im markierten Butan einen Reaktionsmechanismus ausgehend von einem sekundären Carbeniumion, dessen Umlagerung über einen protonierten Cyclopropan-Übergangszustand erfolgt (Abb. 12.6). Das Proton kann in diesem Intermediat drei äquivalente Positionen I, II und III annehmen, sodass je nachdem, welche der C-C-Bindungen im Ring aufgebrochen wird, auch drei unterschiedliche Isomerisierungsprodukte ent-

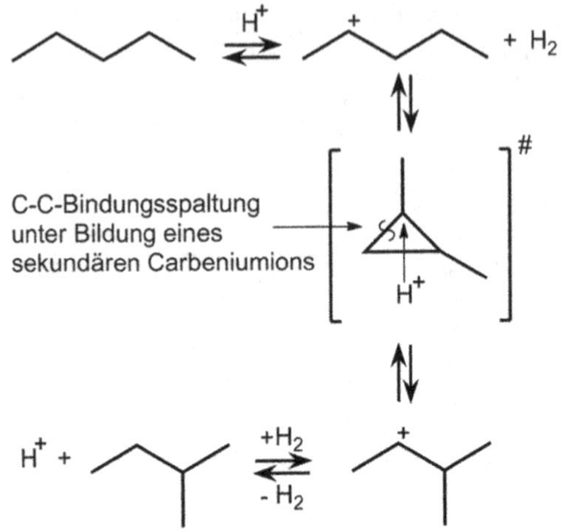
H+
+ H2
#
C-C-Bindungsspaltung
unter Bildung eines
sekundären Carbeniumions
H+
H+ +
+H2
- H2

Abb. 12.5 Mechanismus der säurekatalysierten *n*-Pentanisomerisierung

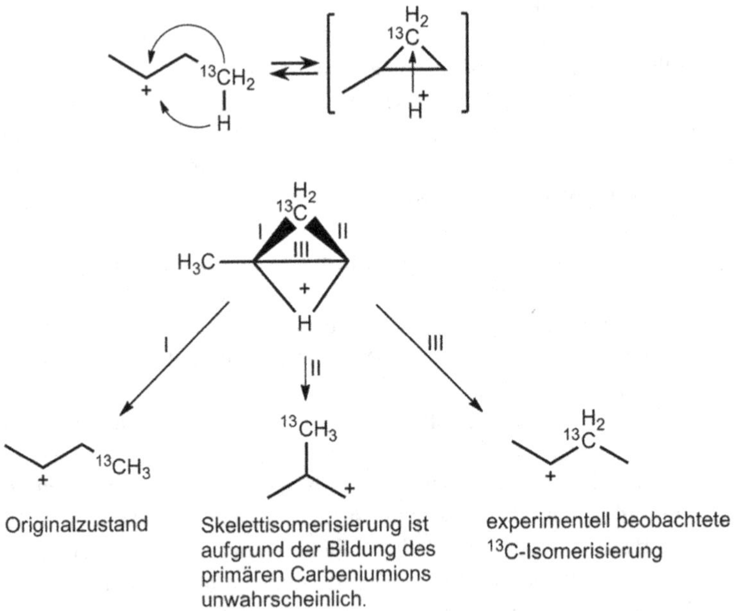
13CH2
H
H2
13C
H+
H3C
I
II
III
13CH3
Originalzustand
Skelettisomerisierung ist
aufgrund der Bildung des
primären Carbeniumions
unwahrscheinlich.
experimentell beobachtete
13C-Isomerisierung

Abb. 12.6 Protonierte Cyclopropan-Intermediate und abgeleitete Carbokationen

stehen können. Spaltet man z. B. die Bindung bei I, so bildet sich das ursprüngliche sekundäre Carbeniumion zurück. Die Spaltung in der Position II sollte zur Bildung eines primären Carbeniumions und zur Skelettisomerisierung führen, was jedoch aufgrund der niedrigen relativen Stabilität des primären Carbeniumions nur wenig wahrscheinlich ist. Dieser Sachverhalt macht den experimentell beobachteten großen Unterschied in der Isomerisierungsgeschwindigkeit von *n*-Butan und seinen höheren Homologen verständlich. Die Spaltung in der Position III liefert das experimentell beobachtete Produkt. Das bedeutet, dass die ^{13}C-Isotopenverschiebung tatsächlich über den protonierten Cyclopropan-Übergangszustand verläuft und daher auch wesentlich schneller ist als die Skelettisomerisierung von *n*-Butan, aber vergleichbar schnell mit der Isomerisierung höherer Alkane.

Die Hydroisomerisierung von *n*-Paraffinen an bifunktionellen Katalysatoren mit stark sauren Trägern wird stets von einer Crackreaktion begleitet. Bei der ß-Spaltung eines unverzweigten Carbeniumions würde neben dem Olefin ein primäres Carbeniumion entstehen. Da das primäre Carbeniumion unbeständig ist, verläuft die Reaktion nur sehr langsam. Das unverzweigte Carbeniumion lagert sich über einen protonierten Cyclopropan-Übergangszustand leicht um. Die darauffolgende Spaltung des verzweigten Carbeniumions liefert das wesentlich stabilere sekundäre bzw. tertiäre Carbeniumion und kann unter bestimmten Bedingungen mit der Desorption der isomerisierten Produkte und der Paraffinspaltung am Metall (Hydrogenolyse) konkurrieren.

12.2.2 Katalytische Wirkung bifunktioneller Katalysatoren unter dem Blickwinkel des HSAB-Konzeptes

Die im Kap. 11 diskutierten Prinzipien des Pearson'schen HSAB-Konzeptes zur Beschreibung acider Festkörpersäuren und deren Wirkungsweise stellen auch für die Behandlung von Wechselbeziehungen zwischen metallischen und aciden Zentren in bifunktionellen Katalysatoren sowie deren Systematisierung eine theoretische Basis dar.

Entsprechend der allgemeinen Regel von Pearson treten bevorzugt „harte" Säuren mit „harten" Basen und „weiche" Säuren mit „weichen" Basen in Wechselwirkung. Die härteste Säure ist nach der Klassifikation von Pearson das Proton. Die Elektronegativität eines gesättigten Kohlenstoffatoms ist geringer als die des Protons, das C-Atom ist demzufolge weicher. Auf dieser Grundlage kann man die Annahme treffen, dass ein weiches Nucleophil hauptsächlich das C-Atom angreift, während ein hartes Nucleophil mit dem Proton reagieren sollte. So kommt für eine Wechselwirkung zwischen dem als Intermediat auf der Katalysatoroberfläche gebildeten Carbokation als nucleophiles Zentrum vor allem die dem Brönsted-Säurezentrum korrespondierende Base (z. B. das Sauerstoff-Anion der Oberflächen-OH-Gruppe in einem aciden Zeolith), aber auch das nach der Reduktion auf der Trägeroberfläche vorliegende Metall in Betracht. Die Bindungsstärke des Protons (als extrem harte Säure) am nucleophilen Oberflächenzentrum eines aciden Zeoliths ist weitgehend ladungskontrolliert. Sie ist daher im Wesentlichen durch die Gesamtladung am Sauerstoff-Anion bestimmt, lässt sich jedoch durch weitere anwesende Nucleophile, z. B. ein Metall, beeinflussen. Umgekehrt nimmt durch das „Erhärten" des Metalls mit Protonen der elektrophile Charakter des Metalls zu, was sich bei einer bifunktionell katalysierten Reaktion sowohl in der katalytischen Aktivität als auch in der Produktselektivität niederschlägt.

Die Wechselbeziehung zwischen metallischen und aciden Zentren und deren Auswirkung auf die katalytischen Eigenschaften eines bifunktionellen Katalysators lassen sich durch eine Gegenüberstellung der katalytischen Aktivität Pt-haltiger Y-Zeolithe unterschiedlicher Acidität in der säurekatalysierten Spaltung von n-Hexan und der an der metallischen Komponente gleichzeitig stattfindenden Benzenbildung sehr anschaulich demonstrieren (Abb. 12.7). Der beobachtete monotone Anstieg der katalytischen Wirksamkeit des Metalls mit sinkender Trägeracidität weist auf die entscheidende Rolle der Nucleophilie/Elektrophilie des komplexen Zentrums Metall-Proton hin und lässt sich nicht mit der Veränderung der Metalldispersität oder mit der Erhöhung des Reduktionsgrades des Metalls in Verbindung bringen. Dagegen spricht die strenge Reversibilität des Aciditätseinflusses nach erfolgter Reduktion des Platins im Wasserstoffstrom (450 °C, 2 h, 3 l h^{-1}). Neutralisiert man in einer reduzierten Katalysatorprobe mit hoher Acidität Pt/HY die Oberflächen-OH-Gruppen durch zusätzliche Imprägnierung mit wässriger NaNO$_3$-Lösung, so steigt die Benzenbildungsgeschwindigkeit an. Umgekehrt zeigt sich: Überführt man die Katalysatorprobe auf neutralem Träger Pt/NaY nach erfolgter Reduktion in

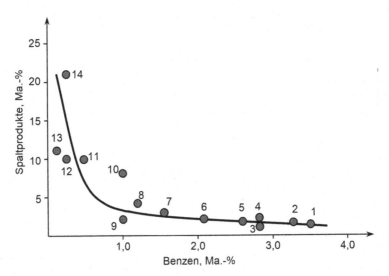

Abb. 12.7 Funktioneller Zusammenhang zwischen dem Spaltumsatz und der Benzenbildung bei der Umwandlung von n-Hexan an Pt-haltigen Y-Zeolithen unterschiedlicher Acidität bei 360 °C, Pt-Gehalt = 0,5 Ma.-%, Träger: (ionenausgetauschter) NaY-Zeolith. *1* Na$_{1,0}$-Y, *2* H$_{0,70}$Na$_{0,30}$-Y (nach Reduktion, Na$^+$-Vergiftung und thermischer Behandlung), *4* Ca$_{0,15}$Na$_{0,70}$-Y, *6* Ca$_{0,31}$Na$_{0,38}$-Y, *8* Ca$_{0,41}$Na$_{0,18}$-Y, *10* H$_{0,35}$Na$_{0,65}$-Y, *11* Na$_{1,0}$-Y (nach Reduktion, NH$_4^+$-Ionenaustausch und thermischer Behandlung), *13* H$_{0,70}$Na$_{0,30}$-Y, *14* SE$_{0,22}$Na$_{0,34}$-Y (SE = Seltene Erden)

die H-Form – durch thermische Zersetzung der durch Ionenaustausch mit wässriger NH_4NO_3-Lösung erhaltenen NH_4-Form – nimmt die Benzenbildungsgeschwindigkeit drastisch ab. Ist die Desorption des über das π-Elektronensystem gebundenen Benzens geschwindigkeitsbestimmend, so führt ein Elektronendichtedefizit am Metall zu einer erhöhten Stabilität des Adsorptionskomplexes und folglich zu einer verringerten Benzenbildungsgeschwindigkeit.

Die Elektronendichte am Metall stellt ein Symbioseprodukt aus der Polarisierbarkeit (Härte/Weichheit) des Metalls, der Elektronegativität des Protons der Trägeroberfläche und/oder des C-Atoms eines Kohlenwasserstoffmoleküls dar. Eine Reaktion, die die katalytischen Eigenschaften einer Metallkomponente deutlich widerspiegelt, ist die bei der bifunktionell katalysierten Isomerisierung von n-Hexan als unerwünschte Nebenreaktion ablaufende metallkatalysierte Hydrogenolyse des Kohlenwasserstoffmoleküls. Dabei unterscheidet man zwischen der einfachen und der vertieften Hydrogenolyse. Für die einfache Hydrogenolyse ist die Spaltung an einer Stelle im Molekül charakteristisch, bei der sich im Falle von n-Hexan gleiche Mengen von Molekülen mit C_1- und C_5-, C_2- und C_4- oder jeweils C_3-Strukturen bilden. Bei der vertieften Hydrogenolyse erfolgt die Spaltung des n-Hexanmoleküls in mehrere Bruchstücke, was besonders durch Überschuss an Methan im Reaktionsprodukt zum Ausdruck kommt. Somit lässt sich die Hydrogenolysetiefe (P_f), die sich zusammen mit der Wechselwirkungsstärke Reaktand-Metall verändert, wie folgt bestimmen:

$$P_f = \frac{\text{Mole Methan}}{\text{Mole Pentan}}$$

Der P_f-Wert nähert sich 1 bei einer einfachen Hydrogenolyse.

In Abb. 12.8 ist der P_f-Wert für die n-Hexanhydrogenolyse an einer Reihe unterschiedlicher Metall/Zeolith-Katalysatoren als Maß der relativen Weichheit der Metallkomponente miteinander verglichen. Wie aus der Abb. 12.8 ersichtlich, beobachtet man die höchste Hydrogenolyseaktivität (also auch die stärkste Reaktand-Metall-Wechselwirkung) bei den Ni- und Rh-haltigen Y-Zeolithen und die niedrigste bei Pt- und Pd-beladenen Zeolithen. Im ersten Fall dominiert die Wechselwirkung „hartes" Metall – „harte" Base und im zweiten Fall die Wechselwirkung „weiches" Metall – „harte" Base. Der harte Charakter der sonst relativ „weichen" d^{10}-Metalle Cu, Ag, Au nimmt im Ergebnis einer starken Wechselwirkung mit Protonen der Trägeroberfläche zu und nähert sich damit dem Verhalten der hydrogenolyseaktiven Metalle an. In der Reihe der verwendeten d-Metalle zeigt sich die folgende Gesetzmäßigkeit: Innerhalb der Nebengruppenelemente VIII und IB des PSE steigt der weiche Charakter der Metalle von oben nach unten und von links nach rechts im PSE sowie in der Diagonalen bis hin zu Pd und Pt an. Durch eine höher werdende Elektrophilie der Metalle bei der Anwendung hochacider Träger infolge des „Erhärtens" durch Protonen der Trägeroberfläche kommt es zur Steigerung des Chemisorptionsvermögens gegenüber dem „harten" Reaktanden und zur Erhöhung der Hydrogenolyseaktivität. Auf dieser Grundlage ist es sogar möglich, die hohe katalytische Wirksamkeit von Cu auf stark aciden Y-Zeolithen bei der Entwicklung

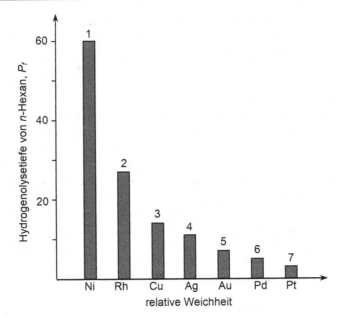

Abb. 12.8 Hydrogenolysetiefe von *n*-Hexan bei 360 °C als Maß für die relative Weichheit der Metallkomponente in unterschiedlichen Metall/Zeolith-Katalysatoren. *1* 5Ni/Na$_{1,0}$-Y, *2* 1Rh/H$_{0,80}$-Na$_{0,20}$-Y, *3* 5Cu/H-Mordenit, *4* 5Ag/H-Mordenit, *5* 1Au/H$_{0,80}$Na$_{0,20}$-Y, *6* 1Pd/H$_{0,80}$Na$_{0,20}$-Y, *7* 0,5Pt/H$_{0,70}$Na$_{0,30}$-Y

industrieller Hydrospaltkatalysatoren zu nutzen, um PdNi-haltige Katalysatoren mit Erfolg zu substituieren. Der Aciditätseinfluss auf die katalytischen Eigenschaften der Metallkomponente in bifunktionellen Katalysatoren deutet darauf hin, dass die Metall-Träger-Wechselwirkungen die bifunktionell katalysierte Umwandlung von Kohlenwasserstoffen stärker beeinflussen als bei einem unabhängigen Neben- oder Nacheinanderwirken metallischer und acider Zentren zu erwarten wäre.

12.3 Elektronische Metall-Träger-Wechselwirkung und ihre Konsequenzen für katalytische Reaktionen

Um die Natur der gegenseitigen Beeinflussung metallischer und acider Zentren und ihr Zusammenwirken während einer Reaktion näher charakterisieren zu können, ist es wichtig, katalytische und physikalisch-chemische Untersuchungen mit repräsentativen bifunktionellen Modell-Katalysatorsystemen durchzuführen. Hierzu eignen sich besonders gut Ni-haltige Y-Zeolithe. Einerseits, weil für Ni als „hartes" Metall im Sinne des HSAB-Konzeptes gilt, dass es mit dem Zeolith mit einer „harten" Oberfläche unter geeigneten Reaktionsbedingungen bevorzugt in Wechselwirkung tritt, was sich in den katalytischen Eigenschaften des Metalls niederschlägt. An-

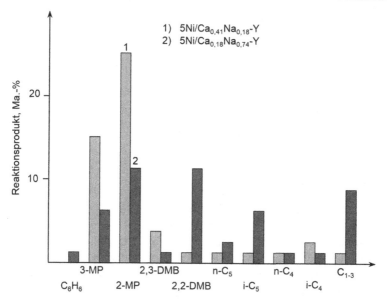

Abb. 12.9 Vergleich der Produktverteilung bei der Isomerisierung von n-Hexan an Ni-haltigen Y-Zeolithen mit hoher (*1*) und niedriger (*2*) Acidität bei gleichem Gesamtumsatz von 45 %

dererseits lässt sich die Acidität des Y-Zeoliths durch einfache Modifizierungen in sehr weiten Grenzen variieren.

Setzt man Ni-haltige Y-Zeolithe unterschiedlicher Acidität in einer gut untersuchten bifunktionell katalysierten n-Hexanisomerisierung als Katalysatoren ein, so stellt man fest, dass in der Produktverteilung bei der Umwandlung von n-Hexan an einem stark aciden und einem schwach aciden Ni-beladenen CaY-Zeolith wesentliche Unterschiede existieren (Abb. 12.9).

An dem Katalysator $5Ni/Ca_{0,41}Na_{0,18}$-Y mit hoher Acidität beobachtet man die Bildung von 2- und 3-Methylpentanen sowie von 2,3-Dimethylbutan als Hauptprodukte der Folgereaktion:

n-Hexan (H) $\rightleftarrows$ Methylpentane (MP) $\rightleftarrows$ Dimethylbutane (DMB)
Die wechselseitige Umwandlung
2-MP $\rightleftarrows$ 3-MP und 2,3-DMB $\rightleftarrows$ 2,2-DMB
erfolgt relativ schnell im Vergleich zu den Bildungsreaktionen, sodass man MP und DMB formalkinetisch als jeweils einheitliche Spezies betrachten kann. Das stimmt mit der Vorstellung überein, dass die Umlagerung des Carbeniumions bei einer Isomerisierungsreaktion auf zwei Wegen verlaufen kann:

- über die Umlagerung des Carbeniumions, die zu keiner weiteren Verzweigung oder Veränderung der Kettenlänge führt und sich als klassische 1,2-Alkylverschiebung auffassen lässt (2-MP $\rightleftarrows$ 3-MP) bzw. (2,3-DMB $\rightleftarrows$ 2,2-DMB);

- über den protonierten Cyclopropan-Übergangszustand, der zu einer (weiteren) Verzweigung des Kohlenwasserstoffgerüstes führt (H $\rightleftarrows$ MP) bzw. (MP $\rightleftarrows$ DMB).

Unter Einschluss der Crackreaktion ergibt sich für die *n*-Hexanumwandlung folgendes formale Reaktionsschema:

$$H \rightleftharpoons MP \rightleftharpoons DMB$$

$$\backslash \quad \downarrow \quad \diagup$$

Spaltprodukte

Wichtiges Nebenprodukt in diesem Beispiel ist *iso*-Butan, das als Spaltprodukt aus der Katalyse an den aciden Zentren hervorgeht.

An dem schwach aciden Katalysator $5Ni/Ca_{0,13}Na_{0,74}$-Y registriert man eine wesentlich stärkere Bildung von Hydrogenolyseprodukten und von 2,2-DMB (Abb. 12.9). Gleichzeitig erscheint etwas Benzen, das sich an dem hochaciden Katalysator nicht bildet. Hydrogenolyseprodukte und das 2,2-DMB entstehen im Ergebnis der metallkatalysierten Umsetzung, sodass man von einer höheren katalytischen Aktivität des Nickels in dem schwach aciden Katalysator gegenüber dem stark aciden ausgehen kann.

Für eine unabhängige Charakterisierung der katalytischen Eigenschaften der Metallkomponente in einem bifunktionellen Katalysator haben sich als Modellreaktionen die Cyclohexandehydrierung oder die Ethanhydrogenolyse bewährt. Mit Hilfe dieser Reaktionen gelingt es, bei gleich bleibender Metallbeladung den Einfluss der Trägeracidität auf die katalytische Wirksamkeit der Metallkomponente nachzuweisen. Vergleicht man beispielsweise die Umwandlungsgeschwindigkeit von Cyclohexan zu Benzen bzw. Hydrogenolyseprodukten an Ni-haltigen Y-Zeolithen, die über die gleiche Ni-Beladung verfügen, sich jedoch stark in ihrer Metalldispersität und Acidität unterscheiden, so zeigt sich, dass die Geschwindigkeit in beiden Reaktionen – Dehydrierung und Hydrogenolyse (bezogen auf die metallische Ni-Oberfläche) – mit steigender Metalldispersität sinkt (Abb. 12.10). Das könnte noch verständlich sein für die Hydrogenolysereaktion, die als strukturempfindliche Reaktion klassifiziert ist, kaum aber für die Dehydrierungsreaktion, die zu den strukturunempfindlichen Reaktionen gehört (Abschn. 8.1). Daher kann es in diesem Fall nicht die Metallteilchengröße sein, die die Änderung der katalytischen Aktivität der Metallkomponente verursacht, sondern ein Anstieg in der Trägeracidität, der zur Verminderung der katalytischen Wirksamkeit des Nickels führt. Entscheidend für die Hydrogenolysereaktion ist die Stärke der Kohlenstoff-Nickel-Bindung im Chemisorptionskomplex, die im Ergebnis der Wechselwirkung zwischen Nickel und dem aciden Träger herabgesetzt wird.

Man kann heute als erwiesen erachten, dass der wirkliche Zustand der aktiven Metallkomponente in einem bifunktionellen Metall/Zeolith-Katalysator unter den Bedingungen einer Reaktion in erster Linie durch die Lage des Gleichgewichtes

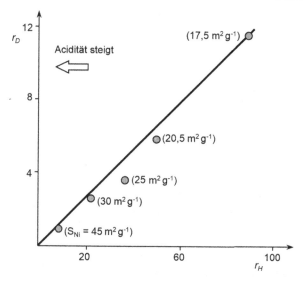

Abb. 12.10 Zusammenhang zwischen der Geschwindigkeit der Dehydrierung (r_D) und der Hydrogenolyse (r_H) von Cyclohexan an Ni-haltigen Y-Zeolithen unterschiedlicher Acidität bei 380 °C. r in mmol h^{-1} m^{-2} Ni

$$Me^0 + \text{Zeolith} \rightleftarrows [Me^{\delta+}] + [\text{Zeolith}^{\delta-}]$$

bestimmt ist, wobei die Stärke der Wechselwirkung Metall-Zeolith hauptsächlich von der Nucleophilie/Elektrophilie der Trägeroberfläche abhängt. Das korrespondiert mit der Tatsache, dass der Grad der Beeinflussung der katalytischen Eigenschaften der metallischen Komponente direkt mit der Trägeracidität verbunden (Abb. 12.10) und diese Beeinflussung reversibel ist (Abb. 12.7). In analoger Weise verhalten sich auch die Metallkomponenten Pt und Pd auf sulfatisiertem ZrO$_2$ oder anderen „superaciden" Trägern wie ZrO$_2$-TiO$_2$, ZrO$_2$-Al$_2$O$_3$ und ZrO$_2$-SiO$_2$.

Zur Erklärung des steuernden Einflusses des Trägers geht man davon aus, dass die katalytischen Eigenschaften der Metalle in starkem Maße auch durch deren elektronische Eigenschaften (Elektronendichte am Fermi-Niveau, Lage des Fermi-Niveaus u. a.) bestimmt werden. Im Fall acider Metall/Zeolith-Katalysatoren sollte die wirkungsvollste Art, eine Änderung dieser elektronischen Eigenschaften zu erzwingen, in der delokalisierten Wechselwirkung der Metallkomponente mit den aciden Oberflächen-OH-Gruppen bestehen, deren Stärke über die Natur des Trägers bei einem gegebenen Metall zielgerichtet veränderbar ist. Die Veränderung der elektronischen Eigenschaften der Metalle und damit seines katalytischen Verhaltens ist jedoch nicht nur durch die Trägeracidität möglich, sondern auch durch ein Einbringen anderer Elektronenakzeptoren in die Trägeroberfläche, wie z. B. nichtreduzierte Metallkationen, edle Metalle oder Nichtmetalle.

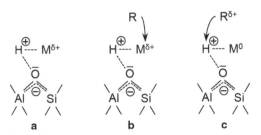

Abb. 12.11 Mögliche Wechselwirkungszustände im System Reaktand-Metall-Träger

Ist der Elektronentransfer vom Metall zum aciden Zentrum des Trägers (Brönsted-Säurezentrum) für die Geschwindigkeit und Richtung einer Reaktion verantwortlich, so muss man im System Reaktand-Metall-Träger die in Abb. 12.11 dargestellten Zustände unterscheiden.

In Abwesenheit des Reaktionsmediums tritt für den Fall der stark aciden Träger
die Wechselwirkung Metall-Proton in den Vordergrund, die zum elektronendefizitären Zustand der Metallatome führt (Abb. 12.11a). In Gegenwart eines Reaktanden (Abb. 12.11b und Abb. 12.11c) ist der Zustand des Systems Metall-acider
Träger auch von den Redox-Eigenschaften dieses Reaktanden abhängig. Beim Vorliegen einer „weichen" Base (z. B. Benzen) im bifunktionellen Katalysatorsystem
mit einem elektrophilen Zentrum Metall-Proton bleibt die starke Metall-Träger-
Wechselwirkung (engl. *Strong Metall Support Interaction, SMSI*) dominierend
(Abb. 12.11b) und die Metallkomponente behält den Zustand des Elektronende-
fizits. In diesem Fall ist die spezifische und relative Aktivität dieser Komponente
in den typischen metallkatalysierten Reaktionen niedriger als die des reinen Metalls, da elektronendefizitäre Metallteilchen an der Reaktion unbeteiligt sind. Der
in Abb. 12.11c dargestellte Zustand tritt auf, wenn ein Reaktand als „harte" Base
(z. B. Paraffin) mit der „harten" Oberfläche des Katalysators bevorzugt in Wechselwirkung tritt. Dann kann die katalytische Aktivität der Metallkomponente auf dem
Träger im Vergleich zum reinen Metall sogar zunehmen.

12.3.1 Einfluss auf die katalytische Wirksamkeit der d^{10}-Metalle

Für ein Herausbilden der hohen katalytischen Aktivität und Selektivität eines Über-
gangsmetalls ist sowohl die Präsenz oder eine bestimmte Zahl der Lücken im d-
Band als auch eine hohe Elektronendichte am Fermi-Niveau entscheidend. Die d^{10}-
Metalle besitzen demnach die geringste Neigung zur Ausbildung der einer katalytischen Reaktion vorausgehenden chemisorptiven Bindung. Eine Ausnahme bildet
Palladium. Seine äußere Elektronenschale enthält zwar 10 d-Elektronen, sie zeichnen sich aber durch eine hohe Labilität aus, sodass bereits eine Anregungsenergie
von 0,8 eV genügt, um einen Elektronenübergang aus dem d- in das s-Band und die
Entstehung ungepaarter Elektronen zu erreichen. Außerdem muss man das gegen-

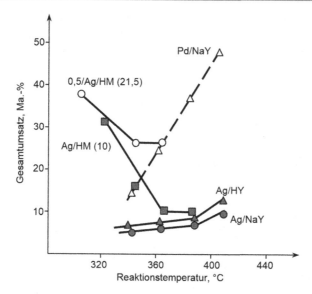

Abb. 12.12 *n*-Hexanumwandlung an Ag-haltigen Zeolithen unterschiedlicher Acidität als Funktion der Reaktionstemperatur

über anderen Metallen außergewöhnlich hohe Adsorptionsvermögen von Palladium bezüglich Wasserstoff berücksichtigen.

Die mitunter beobachtete katalytische Wirkung der geträgerten d^{10}-Metalle Kupfer und Silber in Wasserstoffaktivierungsreaktionen bzw. Hydrier-/Dehydrierreaktionen erklärt man mit der Modifizierung der Elektronenstruktur dieser Metalle im Ergebnis eines durch den Träger initiierten d-s-Elektronenübergangs. In der Tat liegen die mit Hilfe von MO-Berechnungen vorgenommenen Abschätzungen der Ionisierungspotenziale kleiner Pd_4- und Ag_4-Cluster auf einem Y-Zeolith-Träger bei 5,5–8,0 bzw. 4,7–6,0 eV. Das entspricht in beiden Fällen einem Energieminimum der elektronischen Wechselwirkung zwischen dem Metall-Cluster und Elektronenakzeptorzentren des Trägers. Zu den Trägern, die solche Zentren enthalten, gehören neben den aciden Alumosilicaten auch die mit Chlor bzw. Fluor modifizierten Aluminiumoxide. Reines SiO_2 ist diesbezüglich in erster Näherung inert.

Vergleicht man das katalytische Verhalten von Pd-haltigen nur schwach aciden Y-Zeolithen in der Hydroisomerisierung von *n*-Hexan mit dem von Silber auf einem hochaciden H-Mordenit als Träger, so stellt man eine überraschend hohe katalytische Aktivität von Ag/H-Mordenit fest, die dem Pd-System ebenbürtig oder gar überlegen ist (Abb. 12.12). Dieser Befund, wie auch das Auftreten von beträchtlichen Mengen an Olefinen (vorwiegend Butenen) und *iso*-Butan (Ähnlichkeit mit Pd) im Spaltprodukt, weist auf eine verstärkte Chemisorption von *n*-Hexan an den hochaciden Ag-Systemen hin. Man kann davon ausgehen, dass durch die Wechselwirkung von Silber mit den Brönsted-Säurezentren des Trägers die für eine gute Hydrier-/Dehydrier- bzw. Hydrogenolyseaktivität erforderliche Lücke im d-Band erzeugt wird. Je stärker acid der Träger ist (H-Mordenit (Modul = 21,5) > H-Mordenit (Modul = 10) > H–Y), umso größer ist die Elektronenverschiebung vom Metall zum Proton und umso größer ist die Änderung der Elektronendichte des Metalls am Fermi-Niveau. Dadurch werden die sonst relativ „weichen" d^{10}-Metalle „erhärtet", was letztlich in der Folge sogar den Übergang zu einer völlig neuen Qualität des Metalls bezüglich seines katalytischen Verhaltens ermöglicht: Cu wird Ni-ähnlich, Ag wird Pd-ähnlich und Au wird Pt-ähnlich.

12.3.2   Effekt der Zusatzkomponenten mit Elektronenakzeptoreigenschaften

Die Einführung promotierend wirkender Zusätze ist prinzipiell auch für bifunktionelle Katalysatoren eine Möglichkeit zur gezielten Modifizierung ihrer katalytischen Eigenschaften. Dabei wirken die Zusatzkomponenten (z. B. nichtreduzierte Übergangsmetallionen, Legierungsmetalle, Nichtmetalle) nicht nur als strukturelle Verstärker, sondern verändern auch die elektronischen Eigenschaften der katalytisch aktiven Metallkomponente. Beispielsweise kann man durch ESCA-Untersuchungen nachweisen, dass die Elektronendichte an der Fermi-Grenze des Platins in durch Zusatz von Mo- bzw. W-organischen Verbindungen modifizierten Pt/SiO$_2$-Katalysatorsystemen geringer ist als in Pt/SiO$_2$-Katalysatoren, die keine Zusätze von Mo oder W enthalten. Eine solche Änderung der Elektronendichte beeinflusst die Stärke der Wechselwirkung zwischen der aktiven Metallkomponente und dem Reaktandmolekül und damit auch die katalytischen Eigenschaften des Metalls. Die Elemente der VI. Nebengruppe des PSE in mittleren Oxidationsstufen eignen sich besonders gut für die Modifizierung der katalytischen Wirksamkeit bifunktioneller Katalysatoren.

Die katalytischen Konsequenzen einer Einführung von Übergangsmetallionen der VI. Nebengruppe des PSE sei im Folgenden am Beispiel der Modifizierung von Ni-haltigen Y-Zeolithen und ihrer Austestung in der n-Hexanumwandlung demonstriert. In Abb. 12.13 ist die Geschwindigkeitskonstante 1. Ordnung der Spaltung von n-Hexan als Maß für die Spaltaktivität in Abhängigkeit vom Atomverhältnis Zusatzkomponente: Nickel für Cr-, Mo- und W-Ionen enthaltende Ni/Y-Zeolithe dargestellt. Daraus ist eine deutliche Abhängigkeit der Spaltaktivität von der Metallzusammensetzung zu erkennen: Am Ni-haltigen Y-Zeolith ohne die Zusatzkomponenten verzeichnet man die höchste Aktivität, die mit steigendem Anteil der Zusatzkomponente immer mehr zurückgeht. Die beobachtete Abstufung der Spaltaktivität je nach Art der Zusatzkomponente weist darauf hin, dass sich die Elektronenakzeptorfähigkeit dieser Zusätze von Wolfram über Molybdän in Richtung Chrom verstärken. Man kann sowohl mit Hilfe der temperaturprogrammierten H$_2$-Reduktion als auch mittels ESCA-Untersuchungen zeigen, dass Chrom-, Molybdän- bzw. Wolfram-Ionen in diesen Katalysatorsystemen in unterschiedlich niedrigen Oxidationsformen zwischen +2 und +4 existieren und daher in der Lage sind,

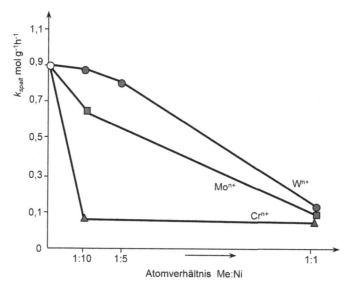

Abb. 12.13 Katalytische Aktivität von Metall/Zeolith-Katalysatoren unterschiedlicher Metallzusammensetzung beim Hydrospalten von *n*-Hexan bei 300 °C

als Elektronenakzeptoren gegenüber Nickel zu wirken. Infolge der Wechselwirkung zwischen dem Grundmetall und diesen Elektronenakzeptorzentren kommt es zur Verringerung der metallkatalysierten Spaltaktivität von Nickel, die im Fall eines stark aciden Trägers im Ergebnis der Metall-Proton-Wechselwirkung von vornherein weitgehend unterdrückt ist.

12.3.3 Einfluss auf die Schwefelbeständigkeit

Die starke Chemisorption von schwefelhaltigen organischen Verbindungen oder H_2S kann zur raschen Vergiftung der Metallkomponente in bifunktionellen Katalysatoren führen. Die Schwefelvergiftung basiert auf der Unterdrückung der Hydrier-/ Dehydrier-Funktion. Die acide Funktion des Katalysators bleibt dabei nahezu unbeeinflusst. Die Ursache der Vergiftung der Metallkomponente mit Schwefelverbindungen liegt darin begründet, dass sich im Ergebnis der s-d-Orbitalüberlappung das Auffüllen der d-Lücke im d-Band des Metalls (S^{2-}-Anion wirkt als Elektronendonator) vollzieht, was letzten Endes das Absinken der für die C–H- oder C–C-Bindungsschwächung erforderlichen Akzeptorfähigkeit dieses Metalls verursacht. Es ist nahe liegend, dass die Wechselwirkung der „weichen" Säure Metall mit der „weichen" Base Schwefel-Anion dann schwächer ist, wenn an den Metallatomen von Anfang an ein Elektronendefizit existiert, d. h., wenn das Metall vorher „erhärtet" wird. Ein solcher elektrophiler Charakter lässt sich durch eine starke Wechselwirkung des Metalls mit geeigneten Elektronenakzeptorzentren in der Oberfläche

Tab. 12.2 Schwefelbeständigkeit übergangsmetallhaltiger Zeolithe bei der n-Heptanumwandlung bei 360 °C in Gegenwart von 5 Ma.-% Thiophen

Nr.	Probe	U_0, Ma.-%	U_s/U_0
1	$5Ni/Na_{1,0}$-Y	70	0,02
2	$4Ni6Cu0,2Pt/Na_{1,0}$-Y	74	0,25
3	$5Ni/H_{0,8}Na_{0,2}$-Y	13	0,46
4	$4Ni6Cu0,2Pt/H_{0,8}Na_{0,2}$-Y	67	0,38
5	$0,5Pt/Na_{1,0}$-Y	16	0,28
6	$0,5Pt/Ca_{0,3}Mg_{0,17}Na_{0,06}$-Y	80	0,52
7	$0,5Pt/H$-Y$(SiO_2/Al_2O_3=352)$	35	0,40

des Trägers (z. B. stark saure Brönsted-Zentren, Übergangsmetallionen in mittleren Oxidationsstufen u. a.) herbeiführen bzw. verstärken.

Diese Möglichkeit der Verbesserung der Schwefelresistenz von bifunktionellen Katalysatoren durch die erhöhte Trägeracidität bzw. beim Zusatz von als Elektronenakzeptoren auf das Grundmetall wirkenden Übergangsmetallionen oder Legierungsmetallen sei am Beispiel übergangsmetallhaltiger Zeolithe bei der n-Heptanumwandlung demonstriert. Zur Abschätzung der Schwefelbeständigkeit kann man die Größe des Verhältnisses U_s/U_0 verwenden, wobei U_s der in schwefelhaltiger Atmosphäre erhaltene Umsatz und U_0 der unter gleichen Bedingungen und an demselben Katalysator in schwefelfreier Atmosphäre erreichte Umsatz darstellt. In Tab. 12.2 ist die katalytische Aktivität metallhaltiger Zeolithe unterschiedlicher Zusammensetzung bei der n-Heptanumwandlung in Gegenwart von Thiophen als Schwefelquelle gegenübergestellt. Daraus ist ersichtlich, dass Schwefel die Aktivität solcher Katalysatoren am stärksten herabsetzt, die als Hydrier-/Dehydrierkomponente Nickel enthalten und/oder schwach acid sind (Proben 1 und 2). Der Zusatz von Cu und Pt zu Ni (Probe 2) verringert stark die Neigung des Grundmetalls zur Vergiftung mit Thiophen. In analoger Weise verbessert sich die Schwefelbeständigkeit metallhaltiger Zeolithe, wenn man dem Metall/Zeolith-System weitere Zusatzkomponenten mit Elektronenakzeptoreigenschaften, wie im Abschn. 12.3.2 demonstriert, zusetzt. Den größten Beitrag zu einer hohen Schwefelbeständigkeit liefert der Träger mit seiner Acidität (Probe 3 und 4). Auch der Katalysator $0,5Pt/Na_{1,0}$-Y, bei dem die Metall-Träger-Wechselwirkung nur schwach ausgeprägt ist, unterliegt in wesentlich stärkerem Maße der Vergiftung durch Thiophen als der Pt-haltige HY-Zeolith, der über stark acide Brönsted-Säurezentren verfügt (Probe 6). Verringert man die Konzentration der Protonenzentren im Zeolith, z. B. durch eine Dealuminierung des Zeolithgerüstes (Probe 7), nimmt die Wechselwirkungswahrscheinlichkeit Metall-Proton im Metall/Zeolith-System ab. Das schlägt sich in der verminderten Resistenz solcher Katalysatoren gegenüber schwefelhaltigen Verbindungen nieder (vgl. Probe 6 und 7).

12.4 Wechselwirkung bifunktioneller Katalysatoren mit Kohlenstoffmonoxid

Durch das Studium selektiver Adsorptionsreaktionen an bifunktionellen Katalysatoren kann man wichtige Informationen über den Verteilungsgrad, den Oxidationszustand und die Reaktivität der Metallkomponente gewinnen. Kohlenstoffmonoxid als „weiche" Base geht mit Metallen, die „weiche" Säuren darstellen, starke Wechselwirkungen ein. Entsprechend den bindungstheoretischen Vorstellungen für die Übergangsmetall-Carbonylkomplexe ist die Wechselwirkung von CO mit Übergangsmetallen zunächst durch die Bildung einer σ-Bindung gekennzeichnet. Diese Bindung entsteht im Ergebnis der Überlappung von Molekülorbitalen mit Elektronenübertragung von der besetzten σ-Bahnfunktion des Kohlenstoffs in eine leere σ-Funktion des Metalls. Durch die starke Neigung von CO zur Aufnahme von Elektronen aus den d_π-Bahnfunktionen des Metalls in das leere antibindende π^*-Orbital ist auch die Möglichkeit zur Ausbildung einer π-Bindung gegeben. Eine Zunahme der Rückbindung vom Metall zum CO führt zur Verstärkung der Metall-Kohlenstoff-Bindung und zur Schwächung der CO-Bindung. Das ruft eine Verschiebung der im IR-Spektrum zu beobachtende CO-Valenzschwingungsbande zu niederen Wellenzahlen im Vergleich zu dem für das gasförmige Molekül charakteristischen Wert hervor. Steigt der elektrophile Charakter des Metalls infolge der Wechselwirkung mit Elektronenakzeptorzentren der Trägeroberfläche, so geht das „erhärtete" Metall schwächere Bindungen mit Kohlenstoffmonoxid ein, was zu höheren Werten der CO-Valenzschwingung im IR-Spektrum führt. Da die Natur des Adsorptionszentrums den Zustand des adsorbierten Moleküls beeinflusst, ist die IR-spektroskopische Charakterisierung der CO-Adsorption für das Studium der Metall-Träger-Wechselwirkung in bifunktionellen Katalysatoren von besonderem Interesse.

Im Folgenden sei dies am Beispiel der IR-spektroskopischen Verfolgung des Einflusses einer unterschiedlichen Trägeracidität in reduzierten Ni/Y-Zeolithen auf die Wechselwirkung von CO mit Ni demonstriert. Tabelle 12.3 zeigt die nach der Bandentrennung erhaltenen separierten Bandengruppen und Einzelbanden sowie die Bandenzuordnung. Die Ni^{2+}–CO-Wechselwirkung (Bande bei 2214 cm^{-1}) und die Adsorption von CO am Zeolith (Banden bei 2150–2200 cm^{-1}) beobachtet man nur an den stark aciden Metall/Zeolith-Systemen. Während der CO-Adsorption bildet sich in einer relativ langsamen Reaktion $Ni(CO)_4$, das am Zeolith in zwei verschiedenen Formen adsorbiert vorliegt:

- als α-$Ni(CO)_4$, in dem ein CO-Ligand mit dem Zeolith unter Ausbildung einer C_{3v}-Symmetrie wechselwirkt, und
- als β-$Ni(CO)_4$, in dem zwei CO-Liganden mit dem Zeolith in Wechselwirkung treten und dabei die T_d-Symmetrie des ungestörten Moleküls zu einer C_{2v}-Symmetrie verändern.

Beide Formen existieren im Gleichgewicht, wobei der Anteil der α-Form mit der Zeolithacidität wächst. Die Banden bei etwa 2090 cm^{-1} sind auf Kohlenstoffmonoxid zurückzuführen, das am metallischen Ni^0 oder am elektronendefizitären $Ni^{\delta+}$ ge-

Tab. 12.3 Bandentrennung und Zuordnung der CO-Banden im IR-Spektrum

Bandenlage, cm^{-1}		Zuordnung
5Ni/Na$_{1,0}$-Y	5Ni/H$_{0,8}$Na$_{0,2}$-Y	
2088	2094	Ni$^{\delta+}$ – CO oder Ni^0 – CO
2136	2135	β-Ni(CO)$_4$
2076	2074	
2036	2031	
2003	1998	
2059	2060	α-Ni(CO)$_4$
2007	2011	
–	2214	Ni^{2+} – CO

bunden ist. Die Lage dieser Bande ist von der Elektrophilie der Metallkomponente abhängig und steigt für Ni/Y-Zeolithe extrem unterschiedlicher Acidität von etwa 2085 cm^{-1} im Falle des schwach aciden Systems auf etwa 2095 cm^{-1} bei der stark aciden Variante.

Damit kann die Lage der CO-Valenzschwingungsbande im IR-Spektrum bei ca. 2090 cm^{-1} als ein quantitatives, physikalisch-chemisch begründetes Maß für die Stärke der Metall-Träger-Wechselwirkung dienen. Dieses Maß lässt sich korrelieren mit dem aus einer katalytischen Reaktion abgeleiteten Parameter für die Wechselwirkungsstärke, z. B. mit der im Abschn. 12.2.2 definierten Hydrogenolysetiefe P_f in der n-Hexanhydrogenolyse. In Abb. 12.14 sind die beiden Parameter, die Hyd-

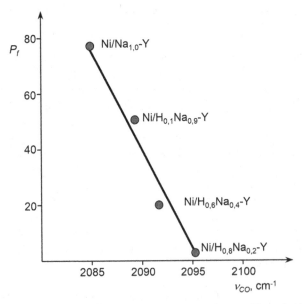

Abb. 12.14 Korrelation zwischen der Hydrogenolysetiefe (P_f) von n-Hexan bei 350 °C und der Frequenz (v_o) der CO-Schwingungsbande im linearen Ni–CO-Komplex

rogenolysetiefe und die Bandenlage der charakteristischen CO-Valenzschwingung, für eine Reihe von Ni/Y-Zeolithen unterschiedlicher Acidität gegeneinander aufgetragen. Die erhaltene direkte Korrelation zwischen beiden Größen ist ein weiterer Beleg für die Existenz einer starken Metall-Träger-Wechselwirkung in Katalysatorsystemen mit hoher Acidität, die zur Herabsetzung der metallkatalysierten Hydrogenolyseaktivität führt. Deshalb können stark acide Ni-haltige Zeolithe auch als Hydrospaltkatalysatoren eingesetzt werden, ohne dass dabei eine unerwünschte Gasbildung durch die Hydrogenolysereaktion eintritt.

12.5 Reaktionsbeispiele industrieller bifunktioneller Katalyse

Katalytisches Reformieren Mit dem katalytischen Reformieren verfolgt man vorrangig das Ziel, die Klopffestigkeit der Schwerbenzinfraktion der Erdöldestillation für deren Einsatz als Vergaserkraftstoff zu verbessern. Daneben ist das Reformieren eine der wichtigsten Quellen der Petrochemie für die aromatischen Kohlenwasserstoffe (BTX-Aromaten; B = Benzen, T = Toluen, X = Xylen) und Wasserstoff. Die Reforming-Katalysatoren müssen bifunktionell sein, d. h. sowohl eine hohe Hydrier-/Dehydrieraktivität als auch eine hohe Isomerisierungsaktivität aufweisen. Diese Eigenschaften besitzen verschiedenartige bifunktionelle Metall/Träger-Katalysatoren. Als hydrier-/dehydrieraktive Komponenten eignen sich z. B. Edelmetalle (Pt, Pd) und Metalloxide (ZnO, NiO) oder Mischoxide (Fe_2O_3–Cr_2O_3). Die isomerisierende Wirkung erreicht man durch saure Katalysatorträger wie γ-Al_2O_3 oder Alumosilicate. Gegenwärtig verwendet man bevorzugt Pt/Träger-Katalysatoren mit einem Platingehalt von 0,36 bis 0,62 Ma.-%, wobei als Träger fast ausschließlich das mit Fluor- oder Chlorverbindungen in Mengen von 0,7 bis 1,75 Ma.-% modifizierte γ-Al_2O_3 dient. Das entsprechende Reforming-Verfahren bezeichnet man nach diesem Katalysator als *Platforming*. Das Katalysatorsystem Pt/γ-Al_2O_3(+Cl) enthält neben dem metallischen Platin auch „demetallisierte" elektronendefizitäre $Pt^{\delta+}$-Ionen, die infolge der starken Wechselwirkung metallischer Zentren mit den aciden Zentren der Trägeroberfläche entstehen. Eine Erhöhung der Katalysatoraktivität, -selektivität und -standzeit lässt sich durch verschiedene Zusatzdotierungen erreichen. Beispielsweise drängen Re oder Ir durch die selektive Hydrierung der Koksvorläufer eine übermäßige Koksbildung zurück, und Ge, Sn oder Pb verhindern ihrerseits eine Koksablagerung auf der Pt-Oberfläche. Die katalytische Aktivität von Platin ist umso höher, je höher dispers das Platin in der Trägeroberfläche verteilt ist. Re-Zusätze sorgen dafür, dass der hochdisperse Pt-Zustand bei zwischenzeitlich erforderlichen Regenerierungen nicht verloren geht und eine Katalysatorlebensdauer von bis zu 12–15 Jahren gewährleistet wird. Diese Katalysatoren gaben dem betreffenden Verfahren den Namen *Rheniforming*. Diese bimetallischen Katalysatorsysteme sind jedoch gegenüber Schwefel-, Stickstoff- und metallorganischen Verbindungen sehr empfindlich. Daher unterwirft man das Einsatzgemisch vor dem katalytischen Reformieren einer hydrierenden Raffination (engl. *Hydrotreating*) in Gegenwart von sogenannten „NiMo"- oder „CoMo"-Katalysatoren.

Dem katalytischen Reformieren liegen folgende Hauptreaktionen zugrunde:

- Dehydrierung von Sechsring-Naphthenen zu Aromaten, z. B. von Cyclohexan zu Benzen:

  Cyclohexan $\rightarrow$ Benzen$+ 3H_2$ $\Delta_R H^\varnothing = + 221 \, kJ \, mol^{-1}$

- Isomerisierung von *n*-Paraffinen zu *iso*-Paraffinen sowie von Fünfring-Naphthenen zu Sechsring-Naphthenen:

  n - Hexan $\rightarrow$ *iso* - Hexane $\Delta_R H^\varnothing = -5 \, kJ \, mol^{-1}$

  Methylcyclopentan $\rightarrow$ Cyclohexan $\Delta_R H^\varnothing = -16 \, kJ \, mol^{-1}$

- Dehydrocyclisierung von *n*-Paraffinen zu Fünf- und Sechsringnaphthenen:

  n - Heptan $\rightarrow$ Methylcyclohexan$+ H_2$ $\Delta_R H^\varnothing = + 266 \, kJ \, mol^{-1}$

Daneben ist auch eine gewisse Hydrospaltaktivität der eingesetzten Katalysatoren beobachtbar. Die Dehydrierung von Sechsring-Naphthenen zu Aromaten verläuft nur an metallischen Zentren, und – im Vergleich zu anderen Reaktionen – um das mehrfache schneller. So verhalten sich die Geschwindigkeiten der Dehydrierung, Isomerisierung und Dehydrocyclisierung an einem Katalysator mit stabiler Aktivität wie 4:2:1.

Bei der technischen Realisierung des katalytischen Reformierens muss man berücksichtigen, dass dehydrierende Reaktionen stark endotherm verlaufen und somit eine stete Wärmezufuhr zum Reaktionssystem erforderlich ist. Diese Reaktionen liefern große Mengen an Wasserstoff, den man im Prozess selbst oder in parallel betriebenen Hydroraffinations- oder Hydrospaltanlagen benötigt. Je nach Ausführung der Anlagen und des Katalysatortyps arbeitet man heute beim katalytischen Reformieren in einer Wasserstoffatmosphäre bei Drücken zwischen 1 und 5 MPa und Temperaturen um 500 °C.

Es existieren heute mehrere verfahrenstechnische Varianten des katalytischen Reformierens, von denen das halbkontinuierliche (zyklische) und kontinuierliche Verfahren von besonderem Interesse sind, da sie eine Katalysatorregenerierung ermöglichen, ohne die Anlage abzustellen. Während im halbkontinuierlichen Verfahren der Einsatz eines Reaktors mit regeneriertem Katalysator anstelle eines Reaktors mit desaktiviertem Katalysator nach einem vorgegebenen Zyklus erfolgt, der normalerweise mehrere Wochen oder Monate betragen kann, erlauben kontinuierliche Verfahren eine ständige Entnahme eines Katalysators aus dem Reaktionsraum und seine erneute Zufuhr, wenn die Katalysatordesaktivierung und seine Regenerierung sehr schnell ablaufen. Diese Wanderbett-Technologie ist technisch sehr anspruchsvoll und stellt auch hohe Anforderungen an die mechanische Stabilität des Katalysators.

Die halbkontinuierliche Fahrweise (Abb. 12.15) basiert auf der Anwendung einer Kaskade von Vollraumreaktoren, von denen sich mehrere (z. B. drei) im katalytischen Betrieb befinden, während ein vierter Reaktor auf Regenerierung geschaltet ist. Die auf die Reaktionstemperatur vorgeheizte Schwerbenzinfraktion wird mit Wasserstoff dem ersten Reaktor zugeführt, in dem aufgrund der sehr schnell ablaufenden, stark endothermen Dehydrierreaktionen die Temperatur um etwa 50 K ab-

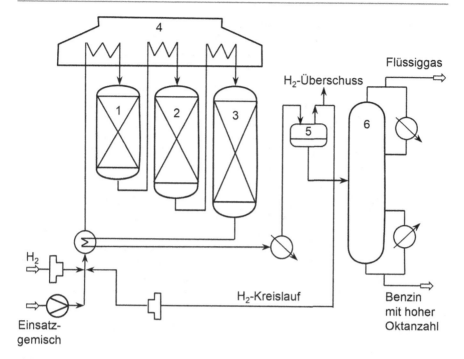

Abb. 12.15 Verfahrensfließbild einer Anlage zum katalytischen Reformieren, bestehend aus einer Kaskade von Vollraumreaktoren mit Zwischenheizung. *1, 2, 3* Reaktoren, *4* Röhrenofen, *5* Separator, *6* Trennturm (Stabiliser)

sinkt. Wenn die Kaskade richtig dimensioniert ist, sollen im zweiten Reaktor bevorzugt Isomerisierungsreaktionen ablaufen und im letzten Reaktor Cyclisierungs- und Spaltvorgänge, aber kaum noch eine Dehydrierung stattfinden. Um stets eine hohe Reaktionsgeschwindigkeit entlang der Reaktorkaskade zu gewährleisten, muss man die Reaktionsmischung nach jedem der Reaktoren immer wieder auf die Arbeitstemperatur des Katalysators aufheizen und außerdem die Katalysatormenge von Reaktor zu Reaktor erhöhen. Aus dem den letzten Reaktor verlassenden Produktgemisch scheidet sich das Reformatbenzin (Siedebereich ~25–155/210 °C je nach Prozessführung) in einem mit Wasser gekühlten Kondensator flüssig aus. Die anfallende Gasphase, die je nach Prozessbedingungen 20–45 Ma.-% Wasserstoff enthalten kann, führt man im Kreislauf, wobei ständig so viel Gas entspannt wird, wie sich im Prozess neu bildet.

Hydrocracking Die katalytische Spaltung in Gegenwart von Wasserstoff, das Hydrospalten, ist ein petrochemisches Verfahren, dessen Aufgabe es ist, besonders wasserstoffarme Erdölfraktionen oder Rückstandsöle zu hellen Produkten (Benzin, Kerosin, Diesel) umzuwandeln. Dabei werden Kohlenwasserstoffe gespalten und gleichzeitig die entstehenden ungesättigten Verbindungen hydriert. Somit müssen die verwendeten Katalysatoren beide Funktionen erfüllen und bifunktionell sein. Als Hydrier-/Dehydrierkomponente kommen Elemente der VI. oder VIII. Gruppe des PSE, meistens in Form von Oxiden bzw. Sulfiden, seltener jedoch als Metall in Betracht. Als saure Komponente und Träger eignen sich wie gewöhnlich γ-Al_2O_3, amorphes Alumosilicat oder Zeolithe. Hydrospaltkatalysatoren kann man je nach gestellten Anforderungen in Katalysatoren einteilen, die nur eine relativ moderate Hydrier-/Dehydrieraktivität und eine hohe Wirksamkeit in der Säurekatalyse aufweisen, sowie, umgekehrt, in Katalysatoren, die über eine ausgeprägte hydrierende/dehydrierende Wirkung, aber über eine niedrige Aktivität in säurekatalysierten Reaktionen verfügen. Bei einer geringen Hydrier-/Dehydrierfähigkeit des Katalysators (Ni-, Mo- oder W-Oxide bzw. Sulfide) erhält man ein Produktgemisch, das dem bei der katalytischen Spaltung mit erhöhtem Anteil an aromatischen und verzweigten Kohlenwasserstoffen ähnelt und typisch für Benzine ist. Setzt man als Hydrier-/Dehydrierkomponente Metalle wie Pt, Pd oder Ni ein, erzeugt man bevorzugt durchhydrierte Produkte, die sich zur Herstellung von Diesel oder Düsentreibstoff eignen. Das Verhältnis von *iso*-Paraffinen zu *n*-Paraffinen ist in diesem Fall niedriger wie beim katalytischen Spalten. Demzufolge begünstigt ein Übergewicht der Hydrier-/Dehydrieraktivität gegenüber der Wirkung acider Zentren die Bildung von Diesel.

Generell lässt sich die Summengleichung für das Hydrospalten sehr vereinfacht wie folgt formulieren:

$$R-CH_2-CH_2-CH_2-R' + H_2 \rightarrow R-CH_2-CH_3 + CH_3-R'.$$

Je nach Reaktorbetriebsweise und Katalysatortyp kann mit unterschiedlicher Intensität gespalten werden, sodass sich verschiedene Produktzusammensetzungen aus dem gleichen Einsatzstoff ergeben. Für eine Flüssiggas- und Benzinfahrweise verwendet man als Katalysatorträger in der Regel ein mit Seltenen Erden ausgetauschten Y-Zeolith in Kombination mit aluminiumoxidgeträgertem Nickel- und Molybdänoxid. Für die Herstellung von Diesel oder Düsentreibstoffe setzt man hingegen ein mit Pt beladenes amorphes Alumosilicat bzw. einen Pt-, Pd- oder Ni-haltigen, partiell dekationisierten Y-Zeolith ein. In diesem Fall ist jedoch die vorherige Entfernung von Heteroverbindungen im Einsatzgemisch erforderlich. Eine besondere Variante des Hydrospaltens ist der *Selectoforming-Prozess*, bei dem man mit Hilfe des engporigen Pt- oder Ni-haltigen Erionits die wenig klopffesten *n*-Paraffine aus Benzinfraktionen formselektiv entfernt. Eine Erweiterung der Katalysatorpalette auf die metallbeladenen, meso-/mikroporösen Alumosilicate vom Typ MCM-41/ZSM-5 macht es möglich, auch flüssige biogene Reststoffe als Alternative zu fossilen Rohstoffquellen sehr effektiv zu Grundchemikalien umzuwandeln. So kann man z. B. mit einem Katalysatorsystem NiMo/(Al-MCM-41/ZSM-5) beim tiefen Hydrospalten von Pflanzenölrückständen eine Ausbeute an kurzkettigen Olefinen von über 60 % erreichen.

Das Hydrospalten von schweren Gasölfraktionen, Vakuumdestillaten und flüssigen biogenen Reststoffen führt man je nach Katalysatortyp bei Temperaturen

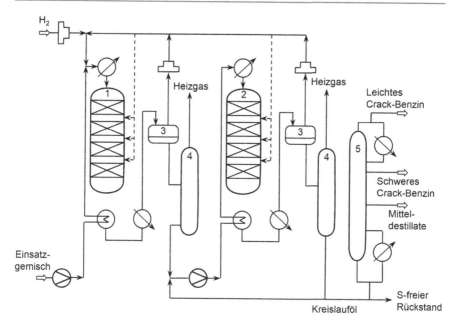

Abb. 12.16 Verfahrensfließbild einer zweistufigen Hydrospaltanlage. *1, 2* Reaktoren, *3* Separator, *4* Abstreiferkolonne (Stripper), *5* Fraktionierkolonne

zwischen 320 und 420 °C und Drücken zwischen 10 und 20 MPa durch. Die technische Realisierung des Hydrospaltens ist auf verschiedene Weise möglich. Den prinzipiellen Aufbau einer zweistufigen Hydrospaltanlage gibt Abb. 12.16 wieder. In der ersten Stufe erfolgt die Entfernung von Schwefel-, Stickstoff- und metallorganischen Verbindungen aus dem Einsatzgemisch durch die klassische Hydroraffination. Nach Abtrennen der gelösten Gase und C_1- bis C_4-Kohlenwasserstoffe leitet man das hydroraffinierte Produkt zusammen mit Wasserstoff in den eigentlichen Hydrocracker ein. Im Reaktor ist der Hydrospaltkatalysator in mehreren Schichten übereinander angeordnet, sodass man das Reaktionsgemisch durch die Zufuhr des kalten Wasserstoffgases jeweils zwischen den Schichten kühlen kann. Nach erfolgter Reaktion trennt man die flüssigen Produkte von den gasförmigen ab, und führt den überschüssigen Wasserstoff zusammen mit Frischwasserstoff in den Kreislauf zurück. Die Produktzusammensetzung ist je nach Prozessführung und Katalysatortyp in weiten Bereichen steuerbar. So kann man im Hydrocracker entweder fast ausschließlich Benzin (Siedebereich ~ 25–170 °C) oder überwiegend Mitteldestillate wie Dieselkraftstoff und leichtes Heizöl (Siedebereich ~ 170–340/360 °C) gewinnen.

Im praktischen Betrieb unterliegen Hydrospaltkatalysatoren einer mehr oder weniger schnellen Desaktivierung. Die Hauptursache der Katalysatordesaktivierung ist die Koksablagerung an den sauren Zentren des Trägers, aber auch die Abscheidung von Schwermetallionen. Die Änderung der Partikelgröße der metallischen Aktivkomponente tragen zur Desaktivierung bei. Die Menge des abgeschiede-

nen Kokses ist umso geringer, je höher der Wasserstoff-Partialdruck ist. Die Regenerierung der desaktivierten Hydrospaltkatalysatoren findet meistens *in situ* und
unter äußerst kontrollierten Bedingungen statt, zunächst durch eine Behandlung in
Wasserstoff bei der jeweiligen Reaktionstemperatur zur Entfernung von Ölrück-
ständen und danach durch ein Abbrennen des Kokses in Luft und Wasserdampf bei
450 °C.

Bildnachweis

Abb. 01.01.
Foto: W. Reschetilowski

Abb. 01.02.
(a) „JohannWolfgangDoebereiner" von Stich von C.A.Schwerdgeburth nach der Zeichnung von F.Ries – Hans Wahl, Anton Kippenberg: Goethe und seine Welt, Insel-Verlag, Leipzig 1932 S. 213.
Lizenziert unter Gemeinfrei über Wikimedia Commons – http://commons.wikimedia.org/wiki/File:JohannWolfgangDoebereiner.jpg#/media/File:JohannWolfgangDoebereiner.jpg.
(b) „J J Berzelius" von P.H. van den Heuvell – http://www.theodeboer.com – uploader –Kuebi 18:05, 11 April 2007 (UTC).
Lizenziert unter Gemeinfrei über Wikimedia Commons – http://commons.wikimedia.org/wiki/File:J_J_Berzelius.jpg#/media/File:J_J_Berzelius.jpg.
(c) „Wilhelm Ostwald"
Copyright © The Nobel Foundation 1909.

Abb. 01.03.
(a) „Fritz Haber" von The Nobel Foundation – http://nobelprize.org/chemistry/laureates/1918/index.html.
Lizenziert unter Gemeinfrei über Wikimedia Commons – http://commons.wikimedia.org/wiki/File:Fritz_Haber.png#/media/File:Fritz_Haber.png.
(b) „Carl Bosch" von The Nobel Foundation – http://nobelprize.org/nobel_prizes/chemistry/laureates/1931/bosch-bio.html.
Lizenziert unter Gemeinfrei über Wikimedia Commons – http://commons.wikimedia.org/wiki/File:Carl_Bosch.jpg#/media/File:Carl_Bosch.jpg
(c) „Gerhard Ertl" Copyright © Fritz-Haber-Institut/MPG.

© Springer-Verlag Berlin Heidelberg 2015
W. Reschetilowski, *Einführung in die Heterogene Katalyse*,
DOI 10.1007/978-3-662-46984-2

Verwendete und weiterführende Literatur

Lehrbücher, Monografien und Nachschlagewerke

Anderson JR (1975) Structure of metallic catalysts. Academic Press, London

Asinger F (1987) Methanol – Chemie- und Energierohstoff. Akademie-Verlag, Berlin

Baerns M, Behr A, Brehm A, Gmehling J, Hofmann H, Onken U, Renken A (2006) Technische Chemie. Wiley-VCH, Weinheim

Beller M, Renken A, van Santen RA (2012) Catalysis – from principles to applications. Wiley-VCH, Weinheim

Bond GC (1962) Catalysis by metals. Academic Press, London

Breck DW (1974) Zeolite molecular sieves – Structure, chemistry, and use. Wiley, New York

Bremer H, Wendlandt K-P (1978) Heterogene Katalyse – Eine Einführung. Akademie-Verlag, Berlin

Chorkendorff I, Niemantsverdriet JW (2003) Concepts of modern catalysis and kinetics. Wiley-VCH, Weinheim

Cornils B, Herrmann WA, Wong C-H, Zanthoff H-W (Hrsg) (2013) Catalysis from A to Z – A concise encyclopedia. Wiley-VCH, Weinheim

Ertl G, Knözinger H, Schüth F, Weitkamp J (Hrsg) (2008) Handbook of heterogeneous catalysis. 8 Volumes, Wiley-VCH, Weinheim

Farrauto RJ, Bartholomew CH Fundamentals of industrial catalytic processes. Blackie Academic & Professional, London

Gates BC (1992) Catalytic chemistry. Wiley, New York

Gates BC, Katzer JR, Schuit GCA (1979) Chemistry of catalytic processes. McGraw-Hill Book Company, New York

Hagen J (1996) Technische Katalyse – Eine Einführung. VCH, Weinheim

Ioffe II, Pissmen LM (1975) Heterogene Katalyse – Chemie und Technik, Akademie-Verlag, Berlin

Keil F (1999) Diffusion und Chemische Reaktionen in der Gas/Feststoff-Katalyse, Springer, Berlin

Kripylo P, Vogt F (1993) Praktikum der technischen Chemie. Deutscher Verlag für Grundstoffindustrie, Leipzig

Kripylo P, Wendlandt K-P, Vogt F (1993) Heterogene Katalyse in der chemischen Technik. Deutscher Verlag für Grundstoffindustrie, Leipzig-Stuttgart

Krylov OV (2004) Heterogeneous catalysis. Akademkniga, Moscow

Moulijn JA, van Leeuwen PWNM, van Santen RA (Hrsg) (1993) Catalysis – An integrated approach to homogeneous, heterogeneous and industrial catalysis. Elsevier, Amsterdam

Muchlenov IP (Hrsg.) (1976) Technologie der Katalysatoren. Deutscher Verlag für Grundstoffindustrie, Leipzig

Niemantsverdriet JW (2000) Spectroscopy in catalysis – An introduction. Wiley-VCH, Weinheim

Ozkan US (Hrsg) (2009) Design of heterogeneous catalysts – New approaches based on synthesis, characterization and modeling. Wiley-VCH, Weinheim

Reschetilowski W (2002) Technisch-chemisches Praktikum. Wiley-VCH, Weinheim

© Springer-Verlag Berlin Heidelberg 2015
W. Reschetilowski, *Einführung in die Heterogene Katalyse,*
DOI 10.1007/978-3-662-46984-2

Reschetilowski W, Hönle W (Hrsg) (2010) On catalysis. Verlag für Wissenschaft und Bildung, Berlin

Romanowski W (1982) Hochdisperse Metalle. Akademie-Verlag, Berlin

Satterfield CN (1980) Heterogeneous catalysis in practice. McGraw-Hill Book Company, New York

Schlosser EG (1972) Heterogene Katalyse. Verlag Chemie, Weinheim

Somorjai GA (1994) Introduction to surface chemistry and catalysis. Wiley, New York

Thomas JM, Thomas WJ (1997) Principles and practice of heterogeneous catalysis. VCH, Weinheim

Volkenshtein FF (1960) Elektronnaya teoriya kataliza na poluprovodnikah. Fismatgiz, Moskau

Wachs IE (1992) Characterization of catalytic materials. Butterworth-Heinemann, Boston

Wedler, G (1970) Adsorption – Eine Einführung in die Physisorption und Chemisorption. Verlag Chemie, Weinheim

Weitkamp J, Gläser R. (2003) Katalyse. In: Dittmeyer R, Kreysa G, Keim W, Oberholz A (Hrsg) Chemische Technik, Bd. 1. Wiley-VCH, Weinheim, S 1–74

Wijngaarden RI, Kronberg A, Westerterp KR (1998) Industrial catalysis – Optimizing catalysts and processes. Wiley-VCH, Weinheim

Originalpublikationen

Kapitel 1

Bremer H, Wendlandt K-P, Niedersen U (1986) Zur Entwicklung der heterogenen Katalyse und ihrer Konzepte, Wiss Zeitschr THLM 28:8–26

Mittasch A (1933) Über die Entwicklung der Theorie der Katalyse im neunzehnten Jahrhundert. Die Naturwissenschaft 42:745–749

Mittasch A (1936a) Über Katalyse und Katalysatoren in Chemie und Biologie. Die Naturwissenschaften 49:770–777

Mittasch A (1936b) Über Katalyse und Katalysatoren in Chemie und Biologie – Schluss. Die Naturwissenschaften 50:785–790

Mittasch A (1939) Kurze Geschichte der Katalyse in Praxis und Theorie. Springer, Berlin

Reschetilowski W (2012) Vom energetischen Imperativ zur nachhaltigen Chemie. Nachrichten aus der Chemie 60:134–136

Schlögl R (1993) Heterogene Katalyse – Immer noch Kunst oder schon Wissenschaft? Angew Chem 105:402–405

Schüth F (2006) Heterogene Katalyse. ChiuZ 40:92–103

Taube R (2004) Wilhelm Ostwald und die Katalyse. Jahrbuch 2003 der Deutschen Akademie der Naturforscher Leopoldina 49:369–381

Thomas JM (1994) Wendepunkte der Katalyse. Angew Chem 106:963–989

Kapitel 2

Bond GC, Keane MA, Kral H, Lercher JA (2000) Compensation phenomena in heterogeneous catalysis: General principles and a possible explanation. Catal Rev 42:323–383

Boudart M (1995) Turnover rates in heterogeneous catalysis. Chem Rev 95:661–666

Cremer E (1955) The compensation effect in heterogeneous catalysis. Adv Catal 7:75–91

Däumer D, Räuchle K, Reschetilowski W (2012) Experimental and computational investigations of the deactivation of H-ZSM-5 zeolite by coking in the conversion of ethanol into hydrocarbons. ChemCatChem 4:802–814

Emig G (1987) Wirkungsweise und Einsatz von Katalysatoren. ChiuZ 21:128–137

Reschetilowski W (2003) Katalysatormultifunktionalität – ein Weg der Prozessintensivierung. Wiss Z TU Dresden 52:121–126

Riekert L (1985) Observation and quantification of activity and selectivity of solid catalysts. Appl Catal 15:89–102

Sagalovich AV, Klyachko-Gurvich AL (1971) Comparison of the activities of catalysts for heterogeneous catalytic reactions. Russ Chem Rev 40:581–593

Kapitel 3

Coughlin RW (1967) Classifying catalysts: Some broad principles. Ind Eng Chem 59:45–57

Komiyama M (1985) Design and preparation of impregnated catalysts. Catal Rev-Sci Eng 27:341–372

Kotter M (1983) Herstellung von Tränkkatalysatoren als verfahrenstechnische Aufgabe. Chem Ing Tech 55:179–185

Manzer LE, Rao VNM (1993) Towards catalysis in the 21st century chemical industry. Adv Catal 39:329–350

Puppe L (1986) Zeolithe – Eigenschaften und technische Anwendungen. CiuZ 20:117–127

Reschetilowski W, Toufar H (2007) Zeolithe – Maßgeschneiderte „Reaktionsgefäße" mit Nanodimensionen. Wiss Z TU Dresden 56:67–73

Thomas JM (1988) Uniforme heterogene Katalysatoren – die Rolle der Festkörperchemie bei der Katalysatorentwicklung. Angew Chem 100:1735–1753

Kapitel 4

Brunauer S, Emmett PH, Teller E (1938) Adsorption of gases in multimolecular layers. J Am Chem Soc 60:309–319

Dąbrowski A (2001) Adsorption – From theory to practice. Adv Colloid Interf Sci 93:135–224

Ertl G (1994) Reaktionen an Festkörperoberflächen. Ber Bunsenges Phys Chem 98:1413–1420

Fahrenfort J, van Reijen LL, Sachtler WMH (1960) The decomposition of HCOOH on metal catalysts. In: The Mechanism of heterogeneous catalysis. Elsevier, Amsterdam S 23–48

Freund H-J (1997) Adsorption von Gasen an komplexen Festkörperoberflächen. Angew Chem 109:444–468

Freundlich HMF (1906) Über die Adsorption in Lösungen. Z Phys Chem 57:385–470

Langmuir I (1916) The constitution and fundamental properties of solids and liquids, Part I Solids. J Am Chem Soc 38:2221–2295

Peter M, Canacho JMF, Adamovski S, Ono LK, Dostert K-H, O'Brien CP, Cuenya BR, Schauermann S, Freund H-J (2013) Trends in der Bindungsstärke von Oberflächenspezies auf Nanopartikeln: Wie verändert sich die Adsorptionsenergie mit der Partikelgröße? Angew Chem 125:5282–5287

Seifert J, Emig G (1987) Mikrostrukturuntersuchungen an porösen Feststoffen durch Physisorptionsmessungen. Chem Ing Tech 59:475–484

Kapitel 5

Baiker A (1981a) Experimentelle Methoden der Katalysatorcharakterisierung: I. Gasadsorptionsmethoden, Pyknometrie und Porosimetrie. Chimia 35:408–419

Baiker A (1981.) Experimentelle Methoden der Katalysatorcharakterisierung: II. Röntgendiffraktion, Temperaturprogrammierte Desorption und Reduktion, Thermogravimetrie und Differentialthermoanalyse. Chimia 35:440–446

Baiker A (1981c) Experimentelle Methoden der Katalysatorcharakterisierung: III. Elektronenmikroskopie, Elektronenstrahl-Mikroanalyse, Augerelektronenspektroskopie, Photoelektronenspektroskopie und Sekundärionen-Massenspektroskopie. Chimia 35:485–492

Bukhtiyarov VI (2007) Modern trends in the development of surface science as applied to catalysis. The elucidation of the structure-activity relationships in heterogeneous catalysts. Russ Chem Rev 76:553–581

Fyfe CA, Thomas JM, Klinowski J, Gobbi GC (1983) MAS-NMR-Spektroskopie und die Struktur der Zeolithe. Angew Chem 95:257–273

Hunger M, Weitkamp J (2001) In-situ-IR-, -NMR-, -EPR- und -UV/Vis-Spektroskopie: Wege zu neuen Erkenntnissen in der heterogenen Katalyse. Angew Chem 113:3040–3059

Klemt A, Reschetilowski W (2002) New hydrocracking catalysts based on mesoporous Al-MCM-41 materials. Chem Eng Technol 25:137–139

Klinowski J (1991) Solid-state NMR studies of molecular sieve catalysts. Chem Rev 91:1459–1479

Kukovecz Á, Kónya Z, Mönter D, Reschetilowski W, Kiricsi I (2001) UV-VIS investigations on Co, Fe and Ni incorporated into Sol-Gel SO_2-TiO_2 matrices. J Mol Struct 563–564:403–407

Liepold A, Roos K, Reschetilowski W, Esculcas AP, Rocha J, Philippou A, Anderson MW (1996) Textural, structural and acid properties of a catalytically active mesoporous aluminosilicates MCM-41. J Chem Soc Faraday Trans 92:4623–4629

Minachev Kh M, Antoshin GV, Shpiro ES (1978) Application of photoelectron spectroscopy in the study of catalysis and adsorption. Russ Chem Rev 47:1111–1132

Reschetilowski W, Unger B, Wendlandt K-P (1989) Study of the ammonia-zeolite interaction in modified ZSM-5 by temperature-programmed desorption of ammonia. J Chem Soc Faraday Trans 85:2941–2944

Simon P, Huhle R, Lehmann M, Lichte H, Mönter D, Bieber T, Reschetilowski W, Adhikari R, Michler GH (2002) Electron holography on beam sensitive materials: organic polymers and mesoporous silica. Chem Mater 14:1505–1514

Thomas JM (1999) Design, Synthese und in-situ Charakterisierung neuer Feststoffkatalysatoren. Angew Chem 111:3800–3843

Weckhuysen BM (2009) Chemische Bildgebung von räumlichen Heterogenitäten in katalytischen Festkörpern auf unterschiedlichen Längen- und Zeitskalen. Angew Chem 121:5008–5043

Kapitel 6

Christoffel EG (1982) Laboratory reactors and heterogeneous processes. Catal Rev-Sci Eng 24:159–232

Moulijn JA, Tarfaoui A, Kapteijn F (1991) General aspects of catalyst testing. Catal Today 11:1–12

Pérez-Ramirez J, Berger RJ, Mul G, Kapteijn F, Moulijn JA (2000) The six-flow reactor technology – A review on fast catalyst screening and kinetic studies. Catal Today 60:93–109

Rüfer A, Reschetilowski W (2012) Application of design of experiments in heterogeneous catalysis: Using the isomerization of n-decane for a parameter screening. Chem Eng Sci 75:364–375

Schneider P, Emig G, Hofmann H (1985) Systematik bei der Entwicklung von Katalysatoren für Oxidationsreaktionen. Chem Ing Tech 57:728–736

Kapitel 7

Blackmond DG (2005) Kinetische Reaktionsfortschrittsanalyse: eine Methode zur mechanistischen Untersuchung komplexer katalytischer Reaktionen. Angew Chem 117:4374–4393

Kiperman SL (1978) Kinetic models in heterogeneous catalysis. Russ Chem Rev 47:1–21

Levenspiel O (1972) Experimental search for a simple rate equation to describe deactivating porous catalyst particles. J Catal 25:265–272

Mars P, van Krevelen DW (1954) Oxidations carried out by means of vanadium oxide catalyst. Chem Eng Sci 3:41–59

Rieckert L (1970) Sorption, diffusion, and catalytic reaction in zeolites. Adv Catal 21:281–322

Roberts GW, Satterfield CN (1966) Effectiveness factor for porous catalysts. Langmuir-Hinshelwood kinetic expressions for bimolecular surface reactions. Ind Eng Chem Fund 5:317–325

Sundaram KM (1982) Catalyst effectiveness factor for Langmuir-Hinshelwood-Hougen-Watson kinetic expressions. Chem Eng Comm 15:305–311

Temkin MI (1979) The kinetics of some industrial heterogeneous catalytic reactions. Adv Catal 28:173–281

Thiele EW (1939) Relation between catalytic activity and size of particle. Ind Eng Chem 31:916–920

Weisz PB, Prater CD (1954) Interpretation of measurements in experimental catalysis. Adv Catal 6:143–196

Kapitel 8

Balandin AA (1962) The multiplet theory of catalysis – Structural factors in catalysis. Russ Chem Rev 31:589–614

Balandin AA (1964) The multiplet theory of catalysis – Energy factors in catalysis. Russ Chem Rev 33:258–275

Blakely DW, Somorjai GA (1976) The dehydrogenation and hydrogenolysis of cyclohexane and cyclohexene on stepped (high Miller index) platinum surfaces. J Catal 42:181–196

Boudart M (1969) Catalysis by supported metals. Adv Catal 20:153–166

Cheng J, Hu P (2008) Utilization of the three-dimensional volcano surface to understand the chemistry of multiphase systems in heterogeneous catalysis. J Am Chem Soc 130:10868–10869

Engels S (1969) Zum Begriff des „Valenzelektrons" in metallischen Systemen. Z Chem 9:161–170

Fritsche H-G, Kadura P, Künne L, Müller H, Bauwe E, Engels S, Mörke W, Rasch G, Birke P, Spindler H, Wilde M, Lieske H, Völter J (1984) Der hochdisperse Metallzustand. Z Chem 24:169–179

Hauffe K (1955) Anwendung der Halbleiter-Theorie auf Probleme der heterogenen Katalyse. Angew Chem 67:89–216

Kobozev NI (1956) Fizicheskiye i matematicheskiye osnovy teorii aktivnych tsentrov. Usp Khim 25:545–631

Noller H (1956) Kennzeichnung und katalytische Wirkung von Festkörpern. Angew Chem 68:761–792

Pauling L (1949) A resonating-valence-bond theory of metals and intermetallic compounds. Proc Roy Soc (London) A 196:343–362

Rienäcker G (1958) Elektronenbindung in festen Katalysatoren und ihre Beziehung zu den katalytischen Eigenschaften. Acta Chimica Academiae Scientiarum Hungaricae 14:173–195

Schaefer H (1977) Neue Erkenntnisse bei der Untersuchung und neue Wege zum Verständnis der heterogenen Katalyse. Chemiker-Zeitung 101:325–342

Schwab GM (1955) Neuere Gedanken zur Natur der heterogenen Katalyse. Angew Chem 67:433–438

Sinfelt JH (1973) Specificity in catalytic hydrogenolysis by metals. Adv Catal 23:91–119

Taylor HS (1925) A theory of the catalytic surface. Proc Roy Soc (London) A 108:105–111

Thomas JM, Raja R, Lewis DW (2005) Heterogene Single-Site Katalysatoren. Angew Chem 117:6614–6641

Twigg GH, Rideal EK (1940) The chemisorptions of olefins on nickel. Trans Faraday Soc 36:533–537

Vol'kenshtein FF (1966) Experiment and the electronic theory of catalysis. Russ Chem Rev 35:537–546

Kapitel 9

Babenkova LV, Naidina IN (1994) The role of adsorbed hydrogen species in the dehydrogenation and hydrocracking of saturated hydrocarbons on supported metal catalysts. Russ Chem Rev 63:551–557

Beeck O (1950) Hydrogenation catalysts. Discuss Faraday Soc 8:118–128

Böttcher S, Hoffmann C, Räuchle K, Reschetilowski W (2011) Pore structure and surface acidity effects of ordered mesoporous supports on enantioselective hydrogenation of ethyl pyruvate. ChemCatChem 3:741–748

Brill B, Richter E-L, Ruch E (1967) Adsorption von N_2 an Eisen. Angew Chem 79:905

Cossee P (1964) Ziegler-Natta catalysis I. Mechanism of polymerization of α-olefins with Ziegler-Natta catalysts. J Catal 3:80–88

Ertl G (1990) Elementarschritte bei der heterogenen Katalyse. Angew Chem 102:1258–1266

Heitbaum M, Glorius F, Escher I (2006) Asymmetrische heterogene Katalyse. 118:4850–4881

Horiuti I, Polanyi M (1934) Exchange reactions of hydrogen on metallic catalysts. Trans Faraday Soc 30:1164–1172

Klabunovskii EI, Sheldon RA (1997) Catalytic approaches to the asymmetric synthesis of beta-hydroxyesters. CatTech 2:153–160

Maier WF (1989) Reaktionsmechanismen in der heterogenen Katalyse, C-H-Bindungsaktivierung als Fallstudie. Angew Chem 101:135–146

Mattson B, Foster W, Greimann J, Hoette T, Le N, Mirich A, Wankum S, Cabri A, Reichenbacher C, Schwanke E (2013) Heterogeneous catalysis: The Horiuti-Polanyi mechanism and alkene hydrogenation. J Chem Educ 90:613–619

Morgenschweis K (1998) Zur katalytischen Wirkung chiral modifizierter Pt/Träger- Katalysatoren bei der enantioselektiven Flüssigphasenhydriesung von Ethylpyruvat. Shaker Verlag, Aachen, S. 104–108

Navalikhina MD, Krylov OV (1997) Heterogeneous hydrogenation catalysts. Russ Chem Rev 67:587–616

Ozaki A, Aika K (1981) Catalytic activation of dinitrogen. In: Anderson JR, Boudart M (Hrsg) Catal Sci Technol, Bd. 1, Springer, Berlin, S 87–158

Reschetilowski W (2007) Hydroraffinationskatalysatoren in der Erdölverarbeitung – Stand und Perspektive. Chem Ing Tech 79:729–740

Reschetilowski W (2013) Alternative ressources for the methanol economy. Russ Chem Rev 82:624–634

Rozanov VV, Krylov OV (1997) Hydrogen spillover in heterogeneous catalysis. Russ Chem Rev 66:107–119

Sabatier P, Senderens JB (1902) Hydrogenation of CO over Nickel to produce methane. J Soc Chem Ind 21:504–506

Sehested J, Dahl S, Jacobsen J, Rostrup-Nielsen JR (2005) Methanation of CO over nickel: mechanism and kinetics at high H_2/CO ratios. J Phys Chem B 109:2432–2438

Somorjai GA, Park JY (2008) Molekulare Faktoren der katalytischen Selektivität. Angew Chem 120:9352–9368

Spencer ND, Schoonmaker RC, Somorjai GA (1982) Iron single crystals as ammonia synthesis catalysts: Effect of surface structure on catalyst activity. J Catal 74:129–135

Twigg GH (1950) The mechanism of the catalytic hydrogenation of ethylene. Discuss Faraday Soc 8:152–159

Kapitel 10

Arends IWCE, Sheldon RA, Wallau M, Schuchardt U (1997) Durch Redox-Molekularsiebe vermittelte oxidative Umwandlung organischer Verbindungen. Angew Chem 109:1191–1211

Cui Y, Shao X, Baldofski M, Sauer J, Nilius N, Freund HJ (2013) Bindung, Aktivierung und Dissoziation von Sauerstoff an dotierten Oxiden. Angew Chem 125:1–5

Downie J, Shelstad KA, Graydon RG (1960) Kinetics of the vapor-phase oxidation of naphthalene over a vanadium catalyst. Can J Chem Eng 38:102–107

Ertl G (2008) Reaktionen an Oberflächen: vom Atomaren zum Komplexen (Nobel-Vortrag). Angew Chem 120:3578–3590

Freund HJ, Meijer G, Scheffler M, Schlögl R, Wolf M (2011) Die CO-Oxidation als Modellreaktion für heterogene Prozesse. Angew Chem 123:242–275

Krylov OV, Matyshak VA (1995) Intermediates and mechanisms of heterogeneous catalytic reactions – Oxidative reactions with molecular oxygen and sulfur participation. Russ Chem Rev 64:167–186

Margolis LYa, Korchak VN (1998) Interaction of hydrocarbons with partial oxidation catalysts. Russ Chem Rev 67:1073–1082

Moro-Oka Y, Morikawa Y, Ozaki A (1967) Rugularity in the catalytic properties of metal oxids in hydrogen oxidation. J Catal 7:23–32

Rienäcker G, Schneeberg G (1955) Über die Beeinflussung oxydischer Katalysatoren durch Zuschläge. Die Oxydation des Kohlenoxyds an Silber/Chrom-Oxydmischkatalysatoren. Z anorg allg Chem 282:222–231

Stone FS (1962) Chemisorption and catalysis on metallic oxides. Adv Catal 13:1–53

Wintterlich J, Völkening S, Janssens TVW, Zambelli T, Ertl G (1997) Atomic and macroscopic reaction rates of a surface-catalyzed reaction. Science 278:1931–1934

Kapitel 11

Bunnett JF, Olsen FP (1966) Linear free energy relationships concerning reaction rates in moderately concentrated mineral acids. Canad J Chem 44:1917–1931

Csicsery SM (1984) Shape-selective catalysis in zeolites, Zeolites 4:202–213

Fripiat JJ, Léonard A, Uytterhoeven JB (1965) Structure and properties of amorphous silicoaluminas. II Lewis and Brönsted acid sites. J Phys Chem 69:3274–3279

Hammett LP (1935) Reaction rates and indicator acidities. Chem Rev 16:67–79

Hammett LP, Deyrup AJ (1932) A series of simple basic indicators. I The acidity functions of mixtures of sulfuric and perchloric acids with water, J Am Chem Soc 54:2721–2739

Milliken TH, Mills GA, Oblad AG (1950) The chemical characteristics and structure of cracking catalysts. Discuss Faraday Soc 8:279–290

Olsbye U, Svelle S, Bjørgen M, Beato P, Janssens TVW, Joensen F, Bordiga S, Lillerud KP (2012) Umwandlung von Methanol in Kohlenwasserstoffe: Wie Zeolith-Hohlräume und Porengröße die Produktselektivität bestimmen. Angew Chem 124:5910–5933

Pearson RG (1963) Hard and soft acids and bases. J Am Chem Soc 85:3533–3539

Peri JB (1965a) Infrared and gravimetric study of the surface hydration of γ-alumina. J Phys Chem 69:211–219

Peri JB (1965b) A model for the surface of γ-alumina. J Phys Chem 69:220–230

Peri JB (1965c) Infrared study of adsorption of ammonia on dry γ-alumina. J Phys Chem 69:231–239

Thomas CL (1949) Chemistry of cracking catalysts. Ind Eng Chem 41:2564–2573

Ward JW, (1967) The nature of active sites on zeolites. I The decationated Y zeolite. J Catal 9:225–236

Weitkamp J, Ernst S, Dauns H, Gallei E (1986) Formselektive Katalyse in Zeolithen. Chem-Ing-Tech 58:623–632

Wendlandt KP, Reschetilowski W (1986) Acide und katalytische Eigenschaften modifizierter Alumosilicate. Systematisierende Konzepte. Wiss Zeitschr THLM 28:456–466

Zamaraev KI, Zhidomirov GM (1987) Active sites and the role of the medium in homogeneous, heterogeneous and enzymatic catalysis. Izv Sib Otdel Akademii nauk SSSR 12:3–17

Kapitel 12

Archibald RC, Grensfelder BS, Holzman G, Rowe DH (1960) Catalytic hydrocracking of aliphatic hydrocarbons. Ind Eng Chem 52:745–750

Busse O, Räuchle K, Reschetilowski W (2010) Hydrocracking of ethyl laurate on bifunctional micro-/mesoporous zeolite catalysts. ChemSusChem 3:563–565

Ciapetta FG, Wallace DN (1972) Catalytic naphtha reforming. Catal Rev 5:67–158

Engels S, Than TK, Wilde M (1974) Untersuchungen an Metallkatalysatoren. Zur Dispersität, Phasengestaltung und Aktivität von Pt-Re-Katalysatoren. Z Chem 14:492–493

Hagen J (1985) Das HSAB-Konzept in der Übergangsmetallchemie und homogenen Katalyse, Teil I und II. Chemiker-Zeitung 109:63–75 und 109:203–213

Hedden K, Weitkamp J (1975) Das Hydrocracken schwerer Erdölfraktionen. Zur Flexibilität des Verfahrens und zum Reaktionsmechanismus. Chem-Ing-Tech 47:505–513

Hobert H, Marx R, Weber I, Reschetilowski W, Wendlandt K-P (1986) Infrarotspektroskopische Untersuchung der Wechselwirkung Ni-haltiger Y-Zeolithe mit Kohlenmonoxid. Z anorg allg Chem 539:211–218

Mills GA, Heinemann H, Milliken TH, Oblad AG (1953) (Houdriforming reactions) Catalytic mechanism. Ind Eng Chem 45:134–137

Olah GA (1973) Carbokationen und elektrophile Reaktionen. Angew Chem 85:183–225

Rabo JA, Pickert PE, Mays RL (1961) Pentane and hexane isomerization. Ind Eng Chem 53:733–736

Reschetilowski W, Wendlandt K-P (1989) Die Wirkungsweise bifunktioneller Metall/Zeolith-Katalysatoren und das HSAB-Konzept. Wiss Zeitschr THLM 31:186–196

Rüfer A, Werner A, Reschetilowski W (2013) A study on the bifunctional isomerization of n-decane using a superior combination of design of experiments and kinetic modelling. Chem Eng Sci 87:160–172

Schulz FH, Weitkamp J (1972) Zeolite catalysts. Hydrocracking and hydroisomerization of n-dodecane. Ind Eng Chem Prod Res Dev 11:46–53

Sinfelt JH (1964) Bifunctional catalysis. Adv Chem Eng 5:37–74

Sinfelt JH, Hurwitz H, Rohrer JC (1960) Kinetics of n-pentane isomerization over Pt-Al$_2$O$_3$ catalyst. J Phys Chem 64:892–894

Weisz PB (1962) Polyfunctional heterogeneous catalysis. Adv Catal 13:137–190

Weitkamp J (1982) Isomerization of long-chain n-alkanes on a Pt/CaY zeolite catalyst. Ind Eng Chem Prod Res Dev 21:550–558

Wendlandt K-P, Bremer H, Vogt F, Reschetilowski W, Mörke W, Hobert H, Weber M, Becker K (1987) Metal carrier interactions in zeolite Y catalysts containing nickel. Appl Catal 31:65–72

Sachverzeichnis

© Springer-Verlag Berlin Heidelberg 2015
W. Reschetilowski, *Einführung in die Heterogene Katalyse*,
DOI 10.1007/978-3-662-46984-2

Printed in the United States
By Bookmasters